UI/UE系列丛书

Design Strategies from Silicon Valley

Understanding Creative Problem Solving and UX Design from Tech Leaders

硅谷设计之道

探寻硅谷科技公司的体验设计策略

王欣（Jason Wang）◎著

机械工业出版社

China Machine Press

图书在版编目（CIP）数据

硅谷设计之道：探寻硅谷科技公司的体验设计策略 / 王欣著 . —北京：机械工业出版社，2019.2
（UI/UE 系列丛书）

ISBN 978-7-111-61899-7

I. 硅… II. 王… III. 人机界面 – 程序设计 IV. TP311.1

中国版本图书馆 CIP 数据核字（2019）第 013222 号

硅谷设计之道：探寻硅谷科技公司的体验设计策略

出版发行：机械工业出版社（北京市西城区百万庄大街 22 号　邮政编码：100037）
责任编辑：罗丹琪
责任校对：李秋荣
印　　刷：中国电影出版社印刷厂
版　　次：2019 年 3 月第 1 版第 1 次印刷
开　　本：147mm×210mm　1/32
印　　张：12.25
书　　号：ISBN 978-7-111-61899-7
定　　价：119.00 元

　　"所以，硅谷的设计师是做什么的？"在贯穿硅谷的高速公路
101 上，我的 Uber 司机如是问。他告诉我，他以为设计就是时尚
设计和广告设计，没有想到科技也需要设计。

　　几十年来，硅谷经历了无数技术创新，孕育了像Apple、
Facebook、Google 这样影响世界的公司。同时，硅谷也见证了
设计这一行业的转变——科技创新给设计师提供了全新媒介，设计
师不再局限于传统的平面设计，而是有机会去定义人如何和科技互
动。硅谷丰富的商业和学术资源也在帮助设计师整合业界和学界的
知识，建立以用户为中心的设计思想和方法。

　　与此同时，硅谷公司对设计的理解，也从装饰主机外观这样的
审美范畴，逐渐发展到将设计视为公司战略的一环。现在，设计师
的任务早已不是"把东西做得好看"，而是寻找最优解，能够同时
满足用户需求、解决技术问题、实现商业目标，从而帮助产品落
地、迭代、成功。

　　业余时间，我和几位朋友一起主持设计播客"UX Coffee 设计
咖"。在录制过程中，我很高兴地发现，很多硅谷设计师在公司战

略里找到了一席之地。有人在创业公司通过设计寻找产品和市场的契合点，有人用设计推动探索科技的可能性，还有人用设计思维寻找硅谷公司在中国本土化的方式。这些嘉宾的经历让我看到了设计的可能性。所以，我一直很期待有人能把硅谷的设计方法总结成册，分享给国内的小伙伴，帮助大家把它们纳为己用。

我和 Jason 是在同一个团队工作的战友，而且还是同桌。能有他这样的同桌，我觉得自己很幸运。Jason 是我见过的执行力最强的人，为了写这本书，他主动联系各个公司的设计高管，向他们学习领导经验。就像他在书里写的，他很注重反思和总结"思维框架"，他做的每个项目 PPT 都像一个"作品"，始于市场调查、数据研究和问题分析，终于反复推敲后的解决方案，条理清晰，令人信服。这种"仰望星空，脚踏实地"的设计流程是每个设计师的必备技能。从 Jason 身上，我学到了太多。所以，我很高兴 Jason 写了这本书，把他从工作中学到的硅谷的设计流程总结成文，分享给大家。

本书是 Jason 在多家硅谷公司工作多年之后总结的设计心得。Jason 很好地在"术"和"道"之间找到了平衡——不仅有视觉设计技巧、如何和工程师交付设计、如何做好设计冲刺这样的工具，也有如何调整心态面对设计反馈、如何展现设计领导力这样的职业心得。无论你处于设计师进阶的哪个阶段，都能有所收获。

邵可嘉（Hoka）

Google 设计师

设计播客"UX Coffee 设计咖"主播

为什么要写这本书

"预言未来的最佳方式是创造未来。"

来自发明面向对象编程与图形界面的美国计算机科学家 Alan Kay 的这句名言，解释了包括我在内的很多用户体验设计从业人员对于这个行业的热爱：我们在创造未来。

体验设计让我们如同电影《盗梦空间》中的筑梦师一样，对用户的每一个"未来的细节"进行设想与创造。用户体验设计在微观层面可以改变用户的局部行为，在宏观层面则是在创造一个个新的工具，深远地影响着社会的纹理与人类的生活方式。如果说科技产品是以一种民主的方式来投票决定世界的哪一部分需要改进，那么设计便是所有从业人员去畅想未来并且一步一步让未来变为现实的基础。

好的设计来自于多元的思维，在全球化的当今社会，没有任何产品是可以脱离全球化思维而独立成功的。硅谷的产品成功地影响了世界的很多角落，中国的科技行业同样在飞速发展，有很多卓越的产品也在改变世界上越来越多的地方。但是由于语言与文化的阻碍，很多西方设计社区对中国的设计行业知之甚少。我常常开玩笑说，要改变缺乏交流的现状，可能需要派一个美国人去中国的科技公司工作和体验一番，然后用英语写一本《中国科技公司设计之道》，回来分享给美国的读者，这样或许才能帮助他们抓住重点。

本书在很大程度上是与以上想法相呼应的结果。作为一个在中国长大、接受中美两国教育、在中美都有工作经验的设计师，我把自己想象成一部纪录片的摄影师，用中文记录和理解硅谷科技公司的思维方式与设计方法，用英文与设计从业者和领导者交流探讨。在 Google 这样的团队文化里工作，越是深入地探索，便越发能感受到硅谷的设计从业者对设计这份工作的敬畏。他们不仅仅在乎产品商业上的成功，还积极地倡导设计的包容性和社会责任感；他们不仅对设计有像素级完美的追求，更对设计本身有如同学术界对待科学研究一般的严谨。

很多人到硅谷来访问，希望发掘是什么让这里成为全世界创新产品的发源地，究竟有哪些方式方法是他们可以带回去发展和复用的。我在书里用得最多的一个词是"思维框架"（thinking framework），这个概念非常微妙。如果我们如同菜谱一般讨论设计策略——第一步放油，第二步放盐——那么这些梳理结果的适用范围必定很狭窄，读者只能照此做出一成不变的菜肴。而"思维框架"则强调在思维层面更加抽象，发现和总结思考问题时应该顾及的各个方面，如同大厨来跟你分享对味道、食材、火候的拿捏，鼓励你寻找适合自己的菜系，甚至创造出新的融合菜肴。

记录硅谷的产品设计思维框架，分享设计团队的设计策略，便是本书努力的目标。

读者对象

- 对硅谷设计策略感兴趣的用户体验设计师和产品设计师。
- 想要获得更多思维框架的交互设计师、视觉设计师、UX 工程师、用户研究员。
- 设计团队的领导者。
- 与用户体验设计团队合作的科技行业从业者，如产品经理、项目经理、前端工程师等。
- 想要转行到体验设计行业的朋友。
- 开设相关课程的院校与教育机构。

本书特色

　　硅谷有很多乐于分享的设计师，所以在本书中，你会发现我引用了很多观点，这些内容绝对不是我一个人所能轻易积累出来的。首先，很多设计策略来自于硅谷以及全世界的设计从业者和领导者，他们已经在 Medium、YouTube 或者自己的博客上花费了大量的时间与精力分享自己的智慧。我所做的只是引述并对比他们的观点，让读者从多角度来理解设计策略。如果没有这些观点的交汇乃至交锋，这本书充其量也就是我的一部流水账。有了多方的声音，这本书才更像是大家一起坐在炉火边畅谈，聊一聊设计过程中的各种挑战和应对方法：没有任何内容是像菜谱一样可以直接拿去复制的，但是所有内容都可以抛砖引玉，变成"你的思考"。

　　自然而然地，我会发现一些有趣的甚至是互相冲突的观点，这些冲突驱使我做更深入的研究，与持支持和反对意见的从业者对话来探索其中的本质。例如，很多设计师对"用户画像"这个设计工具的诟病就引起了我的兴趣。这个工具的初衷是什么？问题又是什么？成功运用这个策略的人为什么成功？摒弃这个方法的人又为什么反对？这些探索让我自己对设计过程也有了新的领悟。

最后，我个人的经历与知识有限，但是我的好奇心帮助我找到了很多合适的人来展开对话并寻找答案。我与采访嘉宾聊设计领导力，聊如何寻找职业导师，聊各个职能之间的合作，聊各种设计方法与研究方法……没有他们的无私分享和对采访邀约的热情支持，很难想象这本书能够有任何有趣的内容。在这些对话中，我更加确信了本书"记录与传播"的使命。

如何阅读本书

全书的主要内容如下。

- 第 1、2 章介绍了什么是用户体验设计，概述了硅谷的设计行业简史，并分析了当前在各大公司和组织里用户体验设计所扮演的角色。

- 第 3 章讨论创意流程。不仅仅是用户体验设计，任何创意行业其实都遵循着一个共通的创意流程。书中通过几个贯穿前后的例子来阐释用户体验设计有着怎样的创意流程，从而搭建起深入讨论设计策略的思维框架。

- 第 4~8 章在读者对设计流程及其背后的思路有了充分理解后，每章都针对设计流程中的设计策略展开讨论，不仅分享了设计心态，还列出了很多设计工具或思维工具。

如果你希望对用户体验设计有全局和系统的理解，第 1~3 章会为你提供很多有用的框架和例子。

如果你对用户体验设计已经有了充分的理解，可以考虑有选择性地跳过前两章，从第 3 章开始阅读，然后进入后半部分。

勘误和支持

由于我的水平有限，加之编写时间仓促，书中难免会出现一些错误或者不准确的地方，恳请读者批评指正。如果你有更多的宝贵意见以及工作邀约，也欢迎发送邮件至 jasonwang.connect@gmail.com，期待能够收到你的真挚反馈。

致谢

首先要感谢我的挚爱晓月（Lily），是她对我无条件的支持与鼓励，才使这本书的顺利编写成为可能。

还要感谢在撰写过程中给予我反馈和指导的良师益友（按 A～Z 排序）：范凌、胡晓、邵可嘉、唐沐、张锡鹏。感谢在采访的前期和后期做了大量支持工作的 Ben Huggins、Ellen Dong、Jon Ann Lindsey、Jenn Chen、Lai Yee Ho、自灵。感谢对我的采访邀约全力配合的嘉宾们：Catherine Courage、Christian Gonzalez、丰睿、Julie Zhuo、Noah Richardson、Joseph Huang、Kathy Baxter、Steven Clark、熊子川和赵苒。感谢李静、James Zhao、Jeven Zhang、杨瑞、战晓对本书的积极促成与全力支持。

感谢为本书贡献封面设计和插画设计的 Cindy Chang，你的画笔让这本书瞬间有了灵魂。

最后感谢我的爸爸、妈妈和姐姐，你们教会我对这个世界充满热情与好奇。

谨以此书献给所有热爱用户体验设计的朋友们!

王欣（Jason Wang）

2018 年 11 月

于加利福尼亚州半月湾

目 录
CONTENTS

XII

什么是用户体验设计

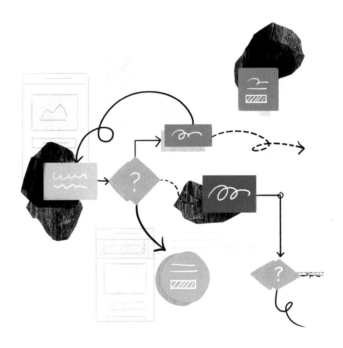

1.1　日常中的用户体验

如果让你用一句话介绍什么是用户体验设计，你会怎么回答？

如果你跟我一样，曾经在各种场合听过"UX Design""UED""HCI""产品设计""交互设计""视觉设计""用户研究"等不同的专业名词，但其实并不太清楚这些词究竟有什么区别，更别提什么是"用户体验设计"了。不要担心，大多数人，甚至很多IT从业人员都不能马上精准地回答这个问题。

我们可以先讨论几个例子。每个人都经历或者目睹过这样的场景，如下图所示。有一条预先规划好的道路，可能还铺得非常平整，这条路通向一间教室，而这间教室总是有一节大清早就要开始的课，学生们为了多睡一会儿，都愿意早上上课时抄近路……其实不需要为图中的"捷径"编更多的理由。鲁迅先生曾经说过："这个世界上本来没有路……"你应该已经领会到这张照片中的意思：规划好的道路不受欢迎。如果设计没有符合人们的需要，使用者会自己进行再创造，让产品尽量符合他们的需求。如果你是这条路的管理者，那么你认为现在的路径规划问题出在哪？这时你是应该插上"踩草坪罚款"的标识，还是重新思考原来的路径规划？如果你规划了新的路径，你如何确定其一定会被行人接受？从直觉上来说，用户体验设计就是这个道路规划者，应设计出符合用户需求、习惯、理念和态度的产品和服务供用户使用。

图片来源：Schreiber

其实生活中经常能见到这样的场景。所以"产品和服务"是用户体验设计的输出。产品和服务被设计出来以满足用户的需求，而用户的需求也时刻影响着产品和服务的设计。

为了理解用户体验设计，我们可以从"用户""体验"和"设计"三个角度展开分析。

1.1.1　用户

很多书籍和文献都详细讨论了"以用户为中心的设计"（User-Centered Design，UCD）这个概念。很多产品和服务的开发过程会侧重于商业目标，基于先进的科技，或者是一个华丽的功能。这些过程忽视了产品开发过程中最重要的一个环节——终端用户。这样的产品在我们的生活中其实很常见：一打开网页，首先看到的是广告而不是这个网站的核心价值；一款全景摄影应用科技先进，但是你想不起来下次什么时候会用到它。UCD 是一套从用户角度出发的设计过程。它强调从终端用户的视角理解用户如何看待和使用这个产品，让产品顺应用户需求和现有的习惯、理念、态度，从而开发出对用户友好并让用户满意的产品。回到开篇抄近路的例子，行人的想法可能是"节省时间比遵守这里的规则更重要"，道路的设计者如果把这个因素考虑进去，会不会有不一样的设计思路？

但是有一个问题，每个用户的需求都不一样，设计师如何能顾及千差万别的需求呢？我们常常提到的个性化服务，指的是让每个人独特的需求都得到满足吗？其实稍微想想也会知道这是不可能的。用户体验设计中，最常用的一个工具叫用户画像（persona）。大多数情况下，用户研究员会采访（interview）和量化调查（survey）一个目标用户群，然后用这些数据整理出具有代表性的用户画像，描绘这些用户的目标和行为。好的用户画像应该是数据驱动的。也就是说，设计师可以在做设计决策时对用户画像里描述的特征进行优化，这样就能达到目的。这些工具在后面的章节里会继续讨论。

1.1.2　体验

"体验"与"产品和服务"是有区别的。

举个例子来说，上海迪士尼乐园的乐园本身是由产品和服务构成的——梦幻的乐园设计，引人入胜的游乐设施，城堡和烟花，雪糕和糖果。而体验是由人和事件来承载的。让我们来统一定义一下，"迪士尼乐园的体验"指的是游客跟迪士尼乐园所有的接触点（touch point）互动的过程。设想一个三口之家，从他们知道有迪士尼乐园，到父亲真的想带家人造访这片乐土，再到从网上订票，然后一家人从机场赶到下榻的酒店，第二天早上去公园游玩，乘坐

"七个小矮人矿山车"（我在奥兰多迪士尼世界最喜欢的项目）以及各种游乐设施，拍很多照片，晚上回来在社交网络上分享……所有的这些接触点，造就了世界闻名的"迪士尼乐园"体验。

可以看到，如果说迪士尼乐园是一个产品，那么这个产品的用户体验不仅仅是你在公园里面的时光，而是在上面描述的所有时间轴上，接触点给游客提供的服务所"协奏"而成的体验。如果你是乐园的总设计师，面对千万级的人流量，如何让每一位到访的客人都有一次独一无二的迪士尼乐园体验？每一个和游客的接触点都需要考虑种类繁多的游客的需求。

当用户衡量一种体验的好坏时，体验是一个整体。（试想乐园游乐设施非常棒，但是天气炎热，没有避暑降温措施，又或者烟花很美，但是没有足够的站立空间去观看。）而产品团队在设计和开发这些体验时，势必只能分工协作，注意力都集中在体验中的某一个片段。这里就有一个关键问题：当集中注意力到一个局部时，人们容易忘记整体。"管道视觉"（tunnel vision）⊖是心理学上的一个现象，讲的是人们会因为资源稀缺（比如时间、金钱、饥饿），有选择地注意视线范围内的兴趣物，而忽略其他的事物。用户体验设计师常常需要有这种元认知和意识，克服"管道视觉"的心理现象——当我们在设计和开发整个体验中的一部分时，应从用户的视角多维地关注全局的体验。所有的需求都是被放在体验的上下文里去满足的。毕竟一天结束以后，游客们评价一整天的乐园体验时，考虑的是所有体验片段的总和。这就好比一场交响音乐会，听众称之为天籁的不是某种乐器，而是所有乐器协奏而成的声音。

下次当你与家人去迪士尼乐园时，不妨留意一下体验里的每个

⊖　https://www.nngroup.com/articles/tunnel-vision-and-selective-attention/

环节是如何帮助你留下美好的迪士尼体验的。然后再试想一下如果你是乐园的设计者，你会如何改进某个环节。

1.1.3　设计

设计究竟是什么？

设计作为一个动词，在牛津词典里是这样被解释的：

Do or plan (something) with a specific purpose in mind.

即有目的地去做或者计划某件事。要谈论广义的设计，恐怕涉及面太广。Todd Olson 就曾在"用户体验设计"的上下文里来尝试定义"设计"，内容比较详尽。[⊖]

设计是在为解决一个问题或者满足某种需求的前提下，创造一个产品或者服务来改善人的体验。把这个定义展开来说，可以从以下几个角度来阐述：

- **设计是有预设好的"目的"的**。Facebook 的设计团队非常强调好的产品实际是充满"意向性"（intentionality）的。Facebook 的设计总监 Julie Zhuo 的一句话非常打动我："一个伟大的设计师的标记就是他们的每一个设计决策都充满了意向性。"一把椅子，除了显而易见的功能，还有非常多的设计视角：谁会坐它？每天有多少人会坐它？这把椅子摆在哪？和什么其他物件摆在一起？为什么要选择这个材料？外观的风格是什么？想要表达的背后的故事是什么？下一次你走进像 Design Within Reach 这样的设计师家具商店，销售人员会很乐意跟你详细探讨每一件家具的更多细节。
- **设计是可以被实现的**。字面上看起来有点浅显，但是在实际的用户体验设计工作中，一个设计会花费多少资源来实现，是

⊖　https://medium.com/the-design-innovator/https-medium-com-the-design-innovator-so-what-is-design-anyway-4f99128b51c4

设计成败的关键因素。举个例子，超音速客机（Supersonic Transport，SST）早在 20 世纪 60 年代末就出现了。英国、法国联合研制的协和飞机，以及苏联的图 -144 客机，是有史以来仅有的两种量产并尝试商业运营的飞机（美国科罗拉多州有一家叫 Boom 的创业公司，正在尝试建造普通民航商务舱票价的超音速飞机）。但是协和飞机与图 -144 客机都失败了。它们的失败不是体验上的主要缺陷（谁不希望 5 个小时就可以从旧金山飞到东京？），而是科技上的里程、温度、噪音、费用无法达到商业上可行的平衡。以著名的 Concorde 飞机为例，它的油耗巨大，仅能携带 100 名乘客从英国飞到美国东岸。而同样的油耗可以让一架波音 747 飞机携带 400 人飞双倍的距离。

- **设计的产出是产品或者服务，而这两者服务的对象是人而不是其他的事与物。**这里强调了用户体验设计是以人为本的。很多时候人们会称他们的决策是为了用户，但是实际上却有其他的短期目的——更多的广告收入，取悦合作伙伴，节省研发开支等。用户体验设计师常常要提醒整个研发团队，产品服务的对象是谁，每一个决策如何改善或者阻碍这个原则。

- **设计可以改善人的体验。**无论是商业上的成功、人道主义的影响、精神上的丰富、生理上的需求，设计带来的改善应该是可以衡量的。"改善"说明设计者有自己的观点，说明某些方面变得更"好"了。但是这个"更好"同样也是依托于上下文的（试想一件冲锋衣在严酷的室外条件下可能非常好，但是在室内恒温条件下却失去了意义）。千万不要小觑"改善"的价值，也不要假设"改善"就意味着只是 10% 更好。在 Google，研发团队常常讲的一个词是如何创造一个"10x"的产品，意思是，创造一个不是只改进 10% 的产品而是改进 10 倍的好产品。人们往往愿意为这种"改善"付出平常难以理解的高价。戴森的吹风机，可以把长头发用户吹干头发的时间降低到原来的一半，一年可以节省人们十几个小时的时间（假设用户认为吹头发时间更短＝改善），用户愿意付出普通吹风机 10 倍的价钱。

● **设计是被创造出来解决一个具体问题的**。比如说，你不可能创造一个设计，让人们突然更快乐。你只能创造一个设计，解决某一部分人在某个场景下的一个需求，从而让这部分人心生愉悦。其实这里想要强调的东西，反过来可能更好理解。想要解决一个设计问题，往往要回归到清晰地定义和探索这个设计所要解决的问题是什么。比如现在有一个命题，要设计一款理想的钱包。设计师首先要做的不是开始在纸上画草图，而是思考谁在用这款钱包？这些人现在的钱包有什么问题？这些人的什么需求没有满足？"理想的钱包"是不存在的。把要解决的问题定义清楚了，这个空虚的设计命题就变成了"为 XX 人士设计一款具有 A 与 B 特性，能主要解决他们 X 和 Y 问题的钱包"，从而成为可以解决的问题。

1.1.4　小结

综上，我们从直觉、定义以及一些简单的心理学概念的角度，结合日常生活中的用户体验例子，尝试理解"用户体验设计"这个领域。如果你有兴趣，这个章节的结尾有一些中英文延展阅读，对以上的话题做了专业、详尽的讨论。

1.2　企业里的用户体验

企业级的用户体验（Enterprise UX，EUX）是另一个最近越来越热门的话题，而且大众消费者一般接触较少。

回忆一下你第一次入职一家公司，你需要登记各种信息，比如：登记银行账户或者邮寄地址以便于薪水发放；在美国，雇主需要为员工提供医疗保险和 401K 退休金计划，你还需要通过企业的内部系统来填写受益人信息；如果你是按小时计费的员工，你可能会有一个每日打卡的系统；如果你要申请休假，就有一个休假计时系统。这些都是人力资源相关的系统，你肯定还能回想起当你需要查询组织架构时的人事系统，需要采购时的订单系统，需要解决 IT 问题时的票单系统等。这可能还只是运营企业的通用需求，各个职能部门还需要销售系统、客户服务系统、数据分析系统等，根据职业不同，你肯定接触到了很多这样的系统，我们统称其为企业级服务。企业软件服务，指的是用于满足一个组织（而非个人）的需求的软件服务。商业组织、非盈利组织、学校、图书馆、政府等组织都需要企业软件服务来支撑其信息化。

当我列举完这些系统，对它们稍微有一些接触的读者，脑海中马上能联想到的关键词大致会有以下几个：

不好看，不好用，还非得用。

为什么会这样？为什么企业级的服务不能像消费级产品一样把用户体验放在最重要的位置？为什么企业级服务的可用性普遍较差？为什么一个组织不能换个好点的软件让组织成员使用？

为了回答这个问题，我们还是可以围绕用户、体验和设计三个关键词，梳理一下在企业级服务的上下文里，Enterprise UX 的独特之处。

1.2.1　用户

EUX 里面的用户一般比较多元，各个用户群在这个组织里扮演的角色也各不相同。举个例子，在一家公司的客户服务中心，可能有三个不同层级的客户服务专员，帮助终端客户解决问题。这些客户服务专员可能会有他们的团队领导，团队领导的主要工作是把控客服专员的服务质量，提高客服中心的满意度或者缩短等待时间，查看数据报表等。根据业务需求的不同，这个客服中心可能还有现场服务人员（field service，比如电信服务需要上门安装路由器），那么这里还涉及现场服务专员和中心调度员。对于庞大的企业服务，一般会有管理员和开发人员负责维护这套系统。仅仅只是这个简单的划分我们就找到了五种不同的角色，可以想象他们每天的工作流程和需要的工具也完全不一样。但是他们所输入和输出的信息都在这个企业系统里时刻交换着。

所以当我们讨论 EUX 的用户时，用研团队常常需要通过调研建立更清晰的多用户画像。不同的用户需求不再是一个平面，而更像是一个网状结构——我们不仅要关心每一个用户的需求、目标、行为，还需要关心用户如何直接交互，如何让他们彼此之间的合作和信息流动更顺畅。举一个网状结构用户特征的例子，在客服中心里，第一层客服专员因为资历尚浅，常常需要向他们的主管提问。在很多客服中心，很多客服专员会举手示意今天值班的主管过来看某一个问题。我们可以为这两个用户在系统里设计一个"举手"的功能，让主管在自己的电脑上就能看到所有的信息，实时与提问的专员沟通，从而提高效率。这里面要关心的不光是一个举手提问的功能，还涉及这两个人的微妙心理区别：这个主管是希望下属多提问还是少提问？现场举手可能要比在电脑系统里举手提问要麻烦，下属会不会因此而进行更多的提问？主管是否有时间来应付可能增加的工作量？这个改动对这个客户组织是利大于弊还是反之？以上几个问题都没有确定的答案，每个组织都有自己的目标和特点，企业服务要做的并不是在这个问题上提供一个观点（Point of View，PoV），而是要提供灵活性，让系统里的用户可以根据自己实际的情况和需求来配置这个产品。

从上面这个例子中，你大概也开始体会到，在消费级产品里，用户是以个人为单位。用户从自身角度出发去衡量这个产品是否能提供个性化需求，可用性是否好，界面交互是否吸引人。而对于企业软件服务，由于需求往往根植于组织需求，且要与不同的人互动，用户所关注的层面会更多元。

1.2.2　体验

对于企业级服务的体验，有很多层面值得关注：

- **有效性**（availability）：保证服务在约定好的范围内总是有效的。比如医疗系统的客户服务，如果医疗器械出了问题，往往涉及病人的生命安全，所以医疗系统的客服都是 7×24 的，那么他们所需要的企业服务也要有极高的有效性去支持他们的承诺。

- **规模的可扩展性**（scalability）：随着企业的发展，它的员工数量就会增加。或者，企业服务的用户同时在线数会在某个时间段（例如美国感恩节的黑色星期五或者中国的双十一）激增，如果这个企业采购了某款企业级服务，那么服务必须在一个范围内可扩展规模，并且保证一定的 Service Level Agreement（SLA），否则企业会陷入用巨大的人力和财力成本去替换现有企业服务的困境。

- **可靠性**（reliability）：硬件、软件、网络、操作系统、存储系统等可以可靠地协作，提供上述 SLA，比如整个系统必须 99.9% 可靠。要知道这代表一年当中会有 8.76 个小时的系统瘫痪，这对于很多企业来说是完全不可接受的！

- **安全性**（security）：信息时代，企业信息就是这个企业的生命。在云服务时代以前，企业信息存储在本地服务器里，服务器本身可能存在安全隐患。以 Salesforce 为代表的云计算公司把企业产品做成了云服务（Software as a Service, SaaS），安全性更是所有公司最需要保障的基础。

- **可交换性**（interoperability）：企业服务产品需要跟不同的企业产品框架整合。很多企业的销售系统、客服系统、人力资源系统可能是由三个不同的服务提供商提供，如果可交换性差，用户可能就要注册多个不同的账号，面临"明明这里有的数据那边却没有"的困境。在我对很多客户的实际观察中，往往需要手动复制或者导出，而后在另外一个地方导入的动作时，就警示了其可交换性差。

- **可维护和可扩展性**（maintainability and extensibility）：企业系统可以在不影响系统里其他组件的情况下增加、减少或者修改一个组件的功能。企业的需求每天都在变化，如果像个人电脑一样安装一个系统功能就必须要重新启动整台电脑，那么这个企业服务的有效性和可靠性都难以保障。其实企业服务特别像盖房子，在后面的章节里这个比喻可能会被反复用到。可维护性和可扩展性，就是在保证房子还能继续住人的前提下，可以维修一面墙或者装修一个区域。

- **无障碍**（accessibility）：美国在 1973 年颁布了 Rehabilitation Act，其中的 508 Section 规定了联邦政府开发、使用、维护和采购的电子信息产品必须是对残疾人（比如色盲用户、盲人用户）友好的。无论是消费级产品还是企业级产品，都应该让所有用户，包括残疾人用户，可以方便地使用。但是企业级产品的客户常常是政府，政府的法律法规在无障碍方面往往会有具体的规定需要遵循。

说了这么多企业级服务关注的特性，我们还是要回到体验本身。之前提到的迪士尼乐园体验的概念还是存在于每一个用户的需求里，用户还是会更青睐好用、美观的产品，这一点不会因为以上多出来的特性而改变。只不过好用和美观，变成了企业级服务众多体验需求的一部分。并且，大概你也能感受到，好用和美观对于企业来说，可能没有"有效性"或者"可扩展性"重要（critical）。而这个重要优先级，会影响在设计企业产品时的决策。

1.2.3　企业用户体验的设计

在理解了消费级产品设计的概念以后，我们着重来讨论一下企业服务设计相较于消费级产品设计的不同点。

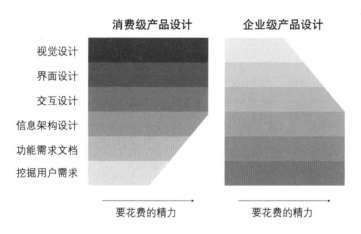

- 设计一款产品的落脚点是这个设计解决了什么问题。企业级服务所要解决的问题或者需求往往非常复杂，这就意味着功能的需求和信息架构常常会很复杂，而归结到界面设计和视觉设计上，要求往往没有消费级产品的需求高。这个区别对设计师的技能、关注的内容以及工作方法都会提出新的要求。本书后面会对这个话题进行更深入的讨论。
- 设计消费级产品时，用户往往就是做消费决定的人（给儿童

的产品除外）。用户的满意度往往和消费行为高度关联。而设计企业产品时，由于企业产品的采购部门、维护部门、最终使用者往往是不同的团队，产品的开发设计常常会是"销售驱动"的。销售流程中销售人员和采购人员会更关注功能需求能否满足组织需要的指标，而不是"这个产品的设计可以让最终用户少点几次鼠标"这样的可用性指标。这个特点导致了很多企业产品"能够用但是非常难用"的窘境。

- **企业服务的每个用户都是趋向于规避风险的**。除了以上提到的有效性、可靠性等切实的需求，对系统做出任何的改变都有可能付出巨大的代价：人们可能已经习惯了现在的解决方案（尽管不好用，但是大家都会用了），但新的方案如果不好用，可能会有成百上千的人排队去找公司的IT支持部门！或者，他们的生产力反而会因为用户不知道新的方案如何使用而降低。这就意味着对企业服务做设计时，现行的方案会产生很大的习惯引力，设计师如果要引入一个新的方案，甚至只是视觉上的翻新，都要非常谨慎。

以上只是列举几个常见的企业级服务产品设计的不同点。但是从根本上，"设计是在以解决一个问题或者满足某种需求的前提下，创造某种产品或者服务来改善人的体验"，这个定义依然有效。企业服务设计的设计需求可能更复杂、更广泛，目标也会融合进很多商业的或者组织上的元素，但是设计最终的目的不应该有变化。一种好的企业服务应该是能改善人的体验的。

1.2.4　时刻变化的企业产品

企业产品也是在不断发展变化的。

2015 年被称为中国企业级服务的融资元年。2015 年下半年资本寒冬来袭，企业服务领域在 2016 年的获投事件数仍高居所有行业之首。尽管从 2015 年以来，业界数据披露的融资数量浩大，但是这些企业需要更多的时间和市场机遇才能增长到市值 10 亿美元以上。中国市场对企业产品的需求量巨大。太平洋彼岸的美国企业服务相对成熟，2000 多家企业级服务公司里，仅 Salesforce.com（1999 年由 Marc Benioff 创建）一家市值就高达 450 亿美元，市场相对成熟和饱和。从某种程度上来讲，中国的企业级服务市场更加让人兴奋，加上电子商务和 O2O 产品的成熟发展，很有可能会创造出更伟大的产品。但是美国市场在这个领域已经发展了二十多年，加上我自己曾在 Salesforce 工作过，所以在后面的内容中，本书会侧重以美国市场和产品的上下文（context）来理解这里面的概念。本书后面的创意流程与设计方法都是通用的，国家的不同或者市场的差异并不会影响它们的实用性。

在美国，尤其是现在的新兴企业级服务公司和龙头企业的发展趋势，都是"企业服务的消费产品化"（consumerization of enterprise product）。其实说的就是企业级产品越来越讲究用户体验，越来越希望企业服务产品可以好看、好用。人们开始用消费级产品的用户期望去看待企业级产品，其中有三个浪潮推动了这一变化：移动产品、云服务和人工智能。以前企业服务都在桌面端，但是随着科技公司的 BYOD（Bring Your Own Device——用你自己的设备来办公）的出现，人们在安全允许的情况下开始使用自己的移动设备（比如 iPhone）访问企业数据。像 iPhone、iPad 这样用户体验较好的消费电子产品，开始进入企业级服务领域。云服务是一个存在多年的概念，但是移动计算的普及和云服务则让信息共享和协作更加容易。云服务不需要客户公司自己搭建和维护服务器，而是按月按用户量收费（subscription）。这让中小型企业甚至是初创公司都能用得上优质的企业服务。小型公司的需求相对比较统一，市场上就出现了像 Zendesk 这样的公司，开始针对中小企业（Small Medium Business，SMB）的企业服务做产品供给。这些产品的用户体验往往被优化得很好，也提高了人们对企业级服务的用户体验的期望。人工智能则是近几年开始在企业服务中扎根生长。Google、Amazon 和苹果已经把人工智能的很多应用普及到消费产品和服务上。人们也就自然开始希望人工智能可以自动分类工作邮件、安排会议；自动给潜在客户评分并且可以回答客户的一些基本问题；又或者初步筛选出有问题的产品样本再由人工检查……这个需求和企业提高效率、降低人力成本的需求是高度吻合的。Salesforce 在 2016 年的 Dreamforce 开发者大会上就率先全面推进企业服务的人工智能化，而这个趋势也深深地受消费级产品的影响，因为这家公司看到了人工智能可以让企业服务产品本身更可用，可以让工作流（workflow）得到优化，并且可以借由人工智能分析数据做出更锐利的决策。

1.2.5 小结

这个章节对 EUX 的特点以及消费产品化做了快速介绍。在消费级产品用户体验设计的基础上，讨论了用户的网状特性，体验的更多层面，以及设计的几个不同点。如果这些概念听起来还是很陌生，没有关系。书中的很多专业领域知识（domain knowledge）都会在后面再次举例并讨论，所以我们可以先不管它。但是为了回答"什么是用户体验设计"这个问题，我们还可以用一种方法，就是去看看不好的用户体验，或者"反体验"。

随处可见的"反体验"

每个人是不是都曾经遇到过一扇这样的门，看起来高端、美观、大方，但当你准备拉开它时，它却嘎一声卡在原地——你拉错方向了。你四处看了几眼，还好没有别的同事在身边，你赶紧推开这扇门走过去，告诉自己下次一定要向外推。可是下次真的来了的时候，你是记得需要向外推，可是我现在是在"里面"还是"外面"呢？在《设计心理学》里，作者唐纳德·A.诺曼把这种让人搞不清到底是应该推还是拉的门叫作"诺曼门"（如下图），提醒人们这种看似不错但是设计糟糕的门在我们的生活里到处都是。

不知道是推还是拉的门

图片来源：https://www.pexels.com/photo/architectural-design-architecture-building-
business-418806/

"诺曼门"是一个简易但又非常好的例子，我们借此来检视用户体验的几个关键环节——设计的易发现性（discoverability）、能供性（affordance）、状态与期望（state & expectation）、反馈（feedback）。

　　首先图中这扇门的易发现性只能算一般。你有没有见到过有人一边打电话一边转弯过来然后撞到门上的？或者是有些店家最后不得不在透明玻璃门上贴上"别撞我，我是玻璃"的文字提醒？当然，这扇门的视觉可通透性也带来一个好处：如果里外同时有人，起码可以避免大家一起拉门或者一方推门碰到另一方的尴尬。那么有没有可能让这扇门的可发现性更好，同时又保留它的视觉可通透性呢？

　　我们再看看这扇门的能供性。美国心理学家詹姆斯·吉布森（James Jerome Gibson）于 1977 年最早提出"能供性"的概念。Gibson 认为，能供性是独立于人的物体的一种属性，但和每个人的能力又息息相关。之后，唐纳德·A.诺曼将可供性的概念运用到人机交互领域。举个例子来说，比如一张纸，你可以拿它来写写画画，你也可以将它对折几次垫桌角。你可以用它折出好看的折纸，还可以在纸画画并贴在窗户上做装饰。纸有固定的属性，但是人也可以根据自己的主观需求对它的属性加以组合利用。将能供性应用到人机交互领域，比如一个色块加上文字，如何更像一个按钮。放在上面"诺曼门"的例子中，这个门把手不能准确地释放出"推"或者"拉"的属性信号，正是可用性出现问题的地方。

　　我们假设这扇门有两个状态——关闭状态与打开状态。现在门清晰地传递了出状态信息——它是关闭的。但是我们知道门还有一个作用是可以上锁。这扇门可能并没有区分"关闭但是未锁"与"关闭但是已锁"。回想一下，很多时候商场关门了，但是因为里面灯亮着，我们还会去拉一下门打算进去，结果才发现门已经锁上了，原来是这里出了问题。

　　那么期望又是什么？以这扇门为例，期望可以是门现在是否能推（未上锁），也可以是需要推多远才能把门固定在打开状态——

很多门是被推到 90 度之后就会固定在 90 度保持打开的状态，但是我发誓我还遇过很多的门在推到 90 度后又弹了回去。我们必须设定一个合理的期望，让用户在还没有推或者拉门之前就有合理的期望，理解如何把门推到下一个状态（从保持关闭到保持打开）。

最后是反馈。门如果反方向拉不开，就会"咣当"一声卡住，但是我们是否能设计一个更优雅的反馈，让误操作的人可以轻松地按设计的方法去使用这扇门呢？举例来说，能否不是让拉门"咣当"一声被挡住，而是施加更大的阻力，让拉门可以稍微打开一点，但是足够提醒人们方向反了。又或者有人会提问，图中的门能否去掉正反方向的概念，而是推和拉都可以？

好的设计要让用户容易做对的事情，让他们很难犯错；用户真的存在"犯错"这一说吗？如果我们抛出一个命题，"没有会犯错误的用户，只有不够好的设计"，你会如何持正方和反方的观点？如果说用户的行为预期跟他获得的结果不一致，如何让用户能从容优雅地从这种不一致中恢复回来，是做用户体验设计的过程中最有乐趣的事情。

从这几个角度来观察我们的周围，会出现很多有趣的见解。

我们再来看看纸币这个产品。作为流通的产品，纸币最重要的两个方面是安全和无障碍可用性。美元，如下图右边显示，抛开它的金融价值，从可用性角度来看确实不怎么样——所有的纸币（无论是 1 美元、5 美元还是 100 美元）都是一样大小，颜色也类似！记得我刚到美国生活时，常常 1 美元里面夹杂着大额的纸币，有时特别害怕一不小心把 100 元当作 1 块钱消费出去。相比起来，人民币、欧元等纸币的设计在这个方面就更胜一筹：颜色、大小都有相应的区分。如果你是一位盲人，这些微不足道的区别都会成为重要的可用性指标。

从左往右：欧元、人民币、美元

图片来源：https://www.pexels.com/photo/bank-note-banknote-banknotes-bill-259251/
https://commons.wikimedia.org/wiki/File:17-12-01_PRC_RenMinBi_
banknotes.jpg; https://www.maxpixel.net/Dollar-Bills-Money-Banknotes-
Dollars-388687

生活中的反体验还有很多，很多时候我们觉得一个东西不好用、不方便、容易坏，都是反体验的信号。当我们下次留意到这样的信号时，不妨一起尝试从设计的易发现性、能供性、状态与期望、反馈这四个方面分析一下，如何能够改善一个产品的用户体验。

一个好的设计师的特征是充满了意向性（intentionality）并且思虑周全（thoughtfulness），从生活中留意细节甚至开始思考一样事物可以如何改进，这就是一个最简易的锻炼我们的意向性和思虑周全的方法了。

1.2.6　保留初心

英文里有个俗语叫"知识的诅咒"，说的是一旦你获得了某种知识，就会忘记没有这种知识时的感受，你会习惯性地假设别人也知道这种知识。值得注意的是，"习惯"周遭事物，并对事物做出合理的"假设"，是我们人类进化出来的认知本领和优势。它让我们将熟悉的事物放到认知的背景里去，从而对新鲜或危险的事物集中注意力。记得你第一次开车时的感受吗？反正我第一次上路时可是全身每一根汗毛都竖起来了，每一个毛孔都在观察路上的行人以及红绿灯等杂乱的信号。但是在开了几个星期的车以后，人行道上的行人以及一些不相关的讯号却都神奇地"消失"了，因为我们已经"习惯"了开车。

但是，在设计过程中，"假设"和"习惯"是设计师的大敌，它会让我们忽略用户真实的体验而只是为假设和习惯在做设计。举个例子，在亚洲很多国家，当我说起电梯按钮时大家可能都会想到这样的设计：楼层号码写在按钮上，按下去楼层也就触及了那一层的按钮（如下图）。但是大部分的读者可能都没有考虑到一个问题：盲人怎么按？（如果提到无障碍设计，这些按钮的位置、高度可能都值得探讨，但是这里我们仅仅关注按钮设计。）

图片来源：https://www.flickr.com/

我第一次到美国时，进了电梯却不知所措了，因为我看到的第一个电梯按钮面板是下图这样的。如果我要去 4 楼，那我就按"4"吧。可是无论我怎么按"4"那个黑色的圆圈，按钮都不会动，右边那个指示灯也不亮，真是急人。

图片来源：https://pixabay.com/en/elevator-buttons-elevator-buttons-248639/

　　这时电梯里进来一位阿姨，她熟练地按下了图中右边白色那个我以为是指示灯的"按钮"，我这才明白，左边的圈是数字和数字的盲文（解决了无障碍设计的需求），右边统一是按钮。虽说我觉得这个设计有很多可以改善的地方，但是读者朋友感受到了吗？我们的习惯和假设（大家都知道这个电梯按钮其实是右边那一个）驱动着很多设计决策（按钮布局）。但是对于没有建立这些习惯的用户来说，一切就会非常难以理解。

　　"初心"（zen，beginner's mind）是日本禅者铃木俊隆的书《禅者的初心》（据说乔布斯深受这本书的影响）里的一个概念，它要求人们摒弃假设，把自己重新置于初学者的心态，回到一个开放的状态去感受事物。

　　做设计要"保留初心"，归根结底，是要求设计师用一种开放的心态去为用户做设计，而不是为自己已经建立起来的习惯做设计。若是从这个角度展开讨论，其实我们接下来整本书所想讲述的，都是一些方法与思维工具，帮助设计师从用户的角度出发，拥抱这种开放与初学者的心态，"保留初心"。

1.3　章节练习

1. 从脑海里回想一个产品，可以是你的手机，也可以是新下载的手机 App，或者是给自己买的按摩椅。尝试回忆一下从你打开它到学习如何使用它的过程。如果你喜欢这个体验，为什么？如果你放弃使用这个产品了，又是为什么？如果你是这个产品的设计师，你会做一件什么事情来改善它？
2. 搜集一些关于纸币设计的资料，看看纸币设计中都有哪些考量。了解一下盲人如何使用纸币，了解一下为什么澳大利亚在 2016 年新推出了可以触摸出区别的纸币。

1.4　扩展阅读

1. 访问 http://www.useronboard.com/，看看作者 Samuel Hulick 如何拆解和评论最新的 App 和网站（英文）。
2. 《设计心理学》(唐纳德·A. 诺曼) 这本经典的作品里详细讨论了本章涉及但是没有详细讨论的话题：思维模型，行动模型，是人犯错还是设计不好，以及设计思维。

硅谷的设计

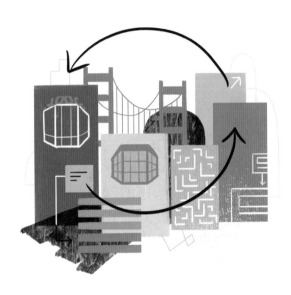

　　到硅谷的访客们都想顺道去看看硅谷各个科技公司颇有特色的办公室：位于库比提诺如宇宙飞船一般的苹果总部、位于山景城与大学校园如出一辙的谷歌、位于门罗公园如同迪士尼乐园一样的 Facebook（当然还有他们可以眺望湾区的屋顶公园）、位于旧金山 SoMa 地区室内装修充满活力的 Airbnb、位于旧金山金融区全市最高的 Salesforce 塔楼。这些公司有魅力的地方不仅仅只是他们理想国般的办公室，更因为这些公司虽然拥有不到 50 年的历史（事实上大部分的公司甚至没有 20 年的历史），却透过科技的力量深远地影响了人们的生活与工作方式。

　　这么深远的影响，绝不仅仅来自于一部成功的手机、强大的服务或者是吸引人的 App。它来自于硅谷的设计文化，让设计思维与企业家精神相结合，在全世界生根发芽。Herbert Simon 在他的《The Sciences of the Artificial》一书中写道："自然科学关心事物本身怎样，而设计则关心事物应该成为怎样。"（The natural sciences are concerned with how things are. Design, on the other hand, is concerned with how things ought to be.）Simon 有一句话说得特别好："每个能通过一系列行动把现状导向更好的情况的人都是设计师。"在过去，纽约、米兰、东京、伦敦的设计大师更像是艺术家，站在时尚和生活的前沿。而今天，硅谷的设计把"设计"的含义范围扩大到了更多的方面——医疗设备、无人驾驶、人工智能语音、企业解决方案等。设计师最初是设计一个物件，让它好看、好用，设计师更多地是在设计一个系统[⊖]，让它去解决更大的问题：如何让更多人享用高质量低价格的医疗服务，如何把人类从手动驾驶中解放出来，如何让普通消费者与人工智能对话，如何让销售、客服、市场人员与客户有更好的接触。

我们生活在一个让人兴奋的时代，如果我们尝试描绘一条人类科技发展的曲线（如下图），过去的 500 年可能有非常多的人文艺术成就，但是科技并没有太多的突破。而过去的 50 年里，人类的科技发展出现了指数级别的增长。很多以前觉得是天方夜谭的想象，正在一步一步走出实验室走入商业化。并且这些激动人心的变化似乎都刚刚发生在昨天和今天，让人无比期待明天的到来。

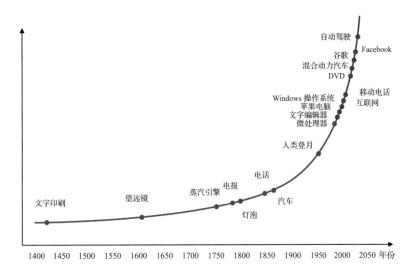

加速的科技发展曲线（简略图）

图片来源：https://milfordasset.com/

⊖　Barry M. Katz,《Make it New, the history of silicon valley design》。

2.1 硅谷的科技简史

本章我们要讨论硅谷的设计，当然需要讨论设计在科技行业的现状与趋势。如果你关心像 36 氪或者 TheVerge 这样的科技博客，很容易追踪时下最近的动态。但是我们不妨先让时间倒退几十年，回到计算机的萌芽时期，看看设计在硅谷这个所谓的全球创新中心，是如何发展到今天并影响全世界的。

2.1.1 HP35 计算器

今天从衣柜里翻出一块智能手表，很久没用过了，看看它的配置——一款手上能佩戴的移动设备，已经拥有 1000 倍于当年美国登月时阿波罗向导计算机的计算能力。我们很难想象在 20 世纪 80 年代，一台只能运算加减乘除的惠普（Hewlett-Packard）计算器可以大到需要一整张桌子才能放得下。虽然惠普的计算器在商业上大获成功，但很难想象这样一个庞然大物能够在市场上普及。当时惠普的 CEO Bill Hewlett 做了一个在当时看来非常异类的决定：他不顾市场调研的反对、科技的限制甚至是当时来自惠普内部高层的坚决反对，拿出了 100 万美元赞助一个内部项目，想要把他们桌面计算器中非常成功的 9100 系列，开发成一个迷你的可以放进口袋的便携计算器。现在的人可能会想，计算器当然需要有便携性，跟 60 寸电视机一样谁会用？但是这个想法放在 20 世纪 80 年代初却是一个非常具有突破性的概念，有点类似于今天我们要把无人机做得跟蜜蜂一样大，把增强现实眼镜做成隐形眼镜一样。1972 年 7 月 1 日，在 Packard 的坚持下，惠普成功研发并开始向市场上销售这款可以放进口袋里的计算器。这款产品（当时售价 395 美元，相当于 2016 年的 2262 美元）遇到了前所未有的需求——惠普当时有 1600 多款产品在售，每个产品每天可能卖不出 10 件，而这个

HP35 计算器（如下图）一天就能卖出 1000 台。一年以后，这款计算器所带来的利润占了惠普公司的 41%。

惠普 HP35 计算器

图片来源：https://commons.wikimedia.org/wiki/File:HP_35.jpg

在 HP35 的产品说明书里，有一句介绍的话："这部 HP35 是专门为你而设计的。我们在计算器的键盘布局、功能选择以及外观设计上花费了和内部电器设计一样多的时间。"这句话所代表的，是硅谷在 20 世纪 80 年代（其实时至今天也仍然如此）产品开发的一个特征——由永远在快速迭代的科技驱动着产品的开发，同时颠覆现有的产品。而 HP35 的设计出发点，第一次把用户而不是科技的可行性摆在了最高的地位，用以驱动这个产品的开发。这在当时的工业设计实操中是非常罕见的——大部分的机械和电器设计都会在外观设计之前完成，对外观的设计只是设计一个包裹一切零件的躯壳。而 HP35 显然用的是相反的方法。

惠普的设计企划案中写道，"我们要设计一款可以放进口袋里的计算器"。这个宣言成为一个非常有力量的指引。我们听到过的"100 美元笔记本"或者是"能自动从洛杉矶开到纽约的汽车"，都是重要的宣言。在产品设计开发的流程中，这些宣言不断向人们提问：这款计算器最后能否放进口袋？我们做出各种权衡以后，能否把成本控制到 100 美元以下，让发展中国家的人们可以负担得起？我们还需要做什么，才能让汽车安全抵达纽约？HP35 计算器是一个非常激动人心的例子，硅谷的产品第一次有了"产品"的理念，由产品和商业用例去驱动科技的开发。

2.1.2　计算机的角色转变

在 20 世纪 70 年代的美国，有大量的商业研究将注意力放在了"人体工学可用性"上。著名的办公室家具设计品牌 Herman Miller 就组建了一个研发部门，专门"发现家具产业以外的问题并寻找解决方案"。同期，几乎垄断复印机产业的 Xerox 公司宣布，在硅谷的帕罗·奥托（Palo Alto）开设顶级研发实验室 PARC（Palo Alto Research Center），去寻找和设计"未来办公室"。而就在帕罗·奥托附近几英里的门罗公园的斯坦福研究院（Stanford Research Institute），在工程师及发明家 Douglas Engelbart 的带领下，致力于让知识工作者跨时间和空间协作。

在这个时代背景下，计算机在硅谷的角色开始由被设计的对象，逐步转变成既是被设计的对象也是设计本身的工具。而在这个让计算机从实验室逐渐向消费者市场转变的过程中，产生了一个科学家与工程师无法单独填补的缝隙（也是潜力巨大的机会）——如何把研发成果（通常是一项科技的突破）转变成用户可以接受、公司能够生产出来的产品。

这些产品深刻地影响了计算机这个工具本身，也影响了下一个世纪。其中一个例子就是 Douglas Engelbart 在斯坦福大学时发明的鼠标（如下图）。

Douglas Engelbart 发明的第一个鼠标

图片来源：https://commons.wikimedia.org/wiki/File:SRI_Computer_Mouse.jpg

如果你看到工程师发明的第一个鼠标，有一种"哇，原来鼠标是在斯坦福大学诞生的，而且是木头做的"的惊叹，那么 PARC 发明出来的东西足以让我们每一个人更加大吃一惊：

- **图形界面**（Graphical User Interface，GUI）：如果你出生在 2000 年以后并且不从事科技行业，你可能不需要知道"命令行"是何物。但是在 GUI 以前，人们都是需要用命令行跟计算机进行沟通的。这有点类似于今天我们跟聊天机器人（chatbot）交互，但是只限制在计算机能理解的繁复的命令结构。
- **所见即所得文字编辑器**：打一个字就能看见一个字，在这之前用户需要把文件打印出来才能看见输入了什么（试想如果是在 50 年前写这本书，我可能想要把自己打晕过去吧）。
- **面向对象编程**：工程师可以添加一个功能而不用再把整个程序重新写一遍。如果没有这项发明，软件工程这个概念应该根本不会存在了。
- **互联网**：当时是 PARC 与美国国防部合作的一个叫 ARPANet（Advanced Research Projects Agency Network）的项目，利

用 PARC 的各种技术将计算机用以太网连接起来。关于究竟是谁发明了互联网现在有一些争议，但是事实上 ARPANet 确实是国防部与 PARC 在 Bob Taylor 带领下合作成功的项目。美国政府在这个项目中也起到了关键的推动作用——20 世纪 60 年代的美国电信商 AT&T 和当时的 IBM 都是视 ARPANet 为敌的，AT&T 怎么也没有想到当年他们极力反对的项目今天成为他们的主要业务。

- **个人计算机**（Personal Computer，PC）：这个当时造价 12 000 美元的机器（当时实际售价可能超过 40 000 美元）给当时年轻的史蒂夫·乔布斯带来了灵感（如下图）。乔布斯的苹果公司当时生产的 Lisa 和 Macintosh（今天 Macbook 和 iMac 的前身）最终把个人计算机带给了大众消费者。

世界上第一台个人计算机 Xerox Alto

图片来源：https://www.flickr.com/photos/blakespot/19323949728

如果你看到这里对 PARC 有了更多兴趣，想了解这个实验室在计算机时代到来时扮演了什么角色，可以关注这一章末尾的扩展阅读 1，那是一本很不错的书。

以上简短的历史片段作为硅谷历史的一个缩影，描绘了 20 世纪 80 年代这样的一幅图像：随着科技和研究的不断进步，尤其是计算机的普及与其可用性的增加，加速了我们今天的信息时代的到来。而我们今天所说的用户体验设计，在那个时候的硅谷还是一个很陌生的概念。提到设计，人们可能更多联想到的是工业设计，强调的是它的物理外观与特性。

2.1.3　硅谷设计行业的成型

有一个人正好在中途进入硅谷设计历史的画面，这个人就是苹果公司的联合创始人史蒂夫·乔布斯。如果说是乔布斯让设计在科技公司里成为一个重要的支点，是一点都不为过的。1979 年苹果的创意服务总监第一人 James Ferris 回忆说："对于乔布斯来说，他不仅专注于产品甚至整个品牌的设计，而是拥有完整的设计心智，一种思考与理解事物的方式。"1984 年接管苹果公司创意服务团队的 Clement Mok 也回忆道："我从他（乔布斯）身上学到了如何设计，你需要把里面、外面甚至是周围的所有东西都设计好。"当乔布斯用"设计"这个词时，他会倡导所有的方面，包括硬件、软件、广告宣传、沟通、用户体验设计等。[⊖]

但是苹果公司是如何从一家车库公司成长到一家像宝马、索尼这样非常有品牌辨识度的国际公司的呢？早在公司成立的第二年，乔布斯就聘请了美国工业设计师 Jerry Manock 设计了 Apple Ⅱ 的外观。乔布斯本人对设计的要求也非常高，然而在苹果公司成立 5

⊖　Barry M. Katz,《Make it New, the history of silicon valley design》。

年的时候，它的产品线看起来依然各不相同，好像是几家不同的公司设计的。为了扭转这个局面，苹果做了好几个关键的决定，其中最重要的是一个代号叫"白雪公主"的项目⊖，负责寻找和统一公司的品牌形象⊖。白雪公主成功地奠定了1984年～1990年二十多款苹果硬件的设计语言和设计风格，直到苹果的这套白雪公主设计风格被太多竞争对手模仿，苹果的秘密工业设计团队才把白雪公主逐渐淡出舞台。

　　苹果的人机界面组（human interface group）也出现了一批"界面设计师"，专注于设计软件图形界面。这个职位逐渐演变成了设计数字产品全部界面的"交互设计师"（interaction designer）职位。其实不仅在苹果，那个时期的硅谷云集着以青蛙设计、IDEO和Lunar Design（2015年被麦肯锡收购）为首的各种设计公司、工作室和咨询服务。人们开始认识到，工业设计师所倡导的"形式要遵循功能"（form follows function）过于教条，也意识到一批新的设计师可以把新科技转变成可用的、有意义的而且受人们喜爱的产品，这批设计师就是刚刚提到的"交互设计师"。市场调研的职位开始被用户体验设计的职位所取代。强调物理可用性的人体工学设计开始被扩展到关心行为、心理、认知各个方面的human factor设计所代替。这些设计师的一个共同点是，他们尤其关注用户现有的心理模型（mental model），以及新的产品会给用户建立什么样的新的心理模型。如果你有时间，就去了解一下第1章扩展阅读里提到的《设计心理学》，其第2章的内容对心理模型相关的概念做了很详细的阐述。至此，硅谷设计的核心框架初现棱角。虽然很多

　⊖　https://en.wikipedia.org/wiki/Snow_White_design_language
　⊜　"白雪公主"这个名字的来源是当时苹果内部的七个重要项目，而最后竞标成功拿到这个项目的青蛙设计（frog design）创始人Hartmut Esslinger把七个项目比作七个小矮人，用白雪公主作为隐喻为这个项目命名。

概念还不够清晰，相关的从业人员还非常稀少，但是从今天看来，当时的模糊性也预示着硅谷设计的巨大机会。

当时 PARC 的母公司 Xerox 新聘请的人体工学和工业设计经理 Arnold Wasserman，就很好奇为什么 Xerox 的复印机市场开始被日本的竞争对手蚕食。Xerox 的工程师面对竞争压力的第一反应就是为复印机增加更多的功能——这只会让原本的问题变得更加糟糕。Wasserman 当时做出了一个后来被用户体验设计领域称为标杆的决定：他把手下的一批人体工学专家派遣到实际客户那边，尝试使用人种志（ethnography）的方法记录和了解客户究竟遇到了哪些困难。这在今天就是用户体验设计中很常见的用户研究的部分，但是在当时，这种做法在大型组织里是相当罕见的。这个举动开始让用户研究从业人员从关注"我们如何构造一个产品"，转变到"用户如何使用我们的产品"上。

现在我们把时间拉回来，从硅谷设计行业基本成型转换到高度发达的最近十年，便会发现每家公司的设计文化发展进程各不相同。谷歌的第一位设计师出现在公司规模达到 100 人以后（公司先聘请了大厨，然后才请了设计师）。在很长一段时间里，谷歌众多不同的产品，及其在不同设备上的体验，都是快速迭代且不一致的。2014 年，内部代号为 Quantum Paper 的项目正式在 2014 年的谷歌全球开发者大会上发布，这才结束了谷歌在移动优先时代各种设备体验设计的统一性问题，也成为很多公司建立自己的设计系统的框架。在企业软件方面，Salesforce 内部代号为 Aloha 的设计风格从公司创立开始就没有变化（试想你的设计一直使用 15 年前的视觉交互风格），直到 2015 年的 Lightning Design System 才一举使 CRM 软件的用户体验现代化，为企业级用户体验树立了标杆。关于设计系统我们在后续章节会详细讨论，但是你可以从这几个时间点清晰地感知到，硅谷的设计工作方法是随着科技的指数级增长而快速迭代的。没有什么东西是完美的，甚至不需要完美。这是一个激动人心的时代，并不是因为前辈们已经为我们铺设好了道路和桥梁，而是因为我们每一个科技从业人员都知道自己就在这波浪潮里，新科技风起云涌，每一个做产品的人都有可能改变这个时代。

2.2 什么是产品设计

第 1 章讨论了用户体验设计这个概念。刚刚我们讨论了硅谷设计的缩影，在本节，我们来详细讨论一下产品设计（product design）这个概念。如果你在科技行业里工作，你肯定会接触到产品设计相关的概念。从前面几页的内容你肯定也发现了，这个行业是一直在变化的（比如人工智能或者增强现实都会影响产品设计的很多流程）。但是在今天的硅谷，我们大致可以把产品设计拆解成以下几个角色：

- **用户研究**（user research）。用户研究关心用户的需求和痛点，把用户反馈梳理成可执行的信息传递到设计和产品团队。人们心口不一和存在偏见（bias）都是心理学论证过的现象。所以用户的反馈不一定都是正确的或者可执行的，深入挖掘用户心理诉求往往需要用户研究员接受专业的训练。如果读者对用户研究感兴趣，本章的扩展阅读 4 是我的良师益友 Kathy Baxter 参与撰写的一本非常全面和专业的理解用户研究的书，这本书现在被加州大学伯克利分校的 HCI 项目用作教材。在后面我们也有专门采访 Kathy 和谷歌的用户研究员 Christian，跟我们一起聊聊用户研究。
- **交互设计 / 用户体验设计**（interaction design/UX design）。第 1 章对用户体验设计做了详细的讨论。交互设计和用户体验设计常常被交替使用，设计师主要负责理解用户的行为和心理模型，设计合理的信息架构（information architecture）和设计样式（design pattern）。设计师往往可以提出多重解决方案，在早期通过评估来管理风险。设计师关心的也是用户端到端（end-to-end）的完整体验。

- **视觉设计**（graphic design/visual design）。视觉设计的工作基本上就是所有不是设计师的人认为设计师做的工作——用像素级的细致做出好看好用的产品。你今天所用的每一款 App 的外观形式都是由视觉设计师完成的。但是视觉设计远远不止好看，而是需要拟定视觉风格和视觉样式，从而奠定产品的视觉基因。视觉设计还需要考虑可用性和无障碍性。在项目变得庞大以后，设计的一致性往往成为挑战，视觉设计需要站在系统的角度创建设计系统，让视觉设计变得模块化以便于管理。最后，视觉设计还需要为开发做交付，达到像素级的精准。这个和电影行业里面的 Production Design 有异曲同工之妙。

- **动效设计**（motion design/animation design）。当你看到一款 App 有非常惊艳的动画效果或者衔接时，这都是动效设计的功劳。但是如同视觉设计一样，动效设计的产出是最终精致的动效（motion graphic），但是动效设计需要考虑的是如何通过动效来表达静态视觉设计无法准确传达的反馈、注意力导向、期待设定、状态表达等。好的动效与视觉设计是互补而成系统的。好的动效还会定义一个产品的性格特点，赋予产品生命力。

- **原型工程**（UX engineering/prototyper）。做原型的最大特点是高保真但是成本相对较低。无论是早期的策略制定还是设计评审和用户测试，原型工程都能绕过复杂的后台和数据连接用设计师的产出打造快速原型。在硅谷的设计团队，对于移动设备设计，很多设计师都在使用 Principle 和 Flinto 这两款无需编程就可创建、可交互原型的软件。如果设计师具有一定编程背景，还可以尝试 Framer.js 和 Facebook 的 Origami（基于苹果的 Quartz Composer）。对于桌面网页设计，Invision（不需要编程）和 Bootstrap（需要懂得 HTML 和 CSS）也是很好的工具。新的工具会不断出现，但是原型工程在产品开发的过程中起到的核心作用是相对不变的。

- **设计写作 / 内容策略**（UX writing/content strategy）。设计写作是指为产品设计涉及语言的地方做写作。《哈佛商业评论》有一篇文章提出："你的公司的好坏由你的文字所决定"[⊖]。谷歌的内容策略和用户体验总监 Maggie Stanphill 在 2017 年的 Google I/O 演讲中提到谷歌的设计协作有三点原则：清晰、简练、有用。如果界面设计上的文字是一个品牌与客户的直接对话，如何让公司众多产品跟客户的对话有统一的品牌形象，则是设计协作需要关注的更大、更重要的问题。人们对文字的理解常常很主观，所以设计写作自然涉及很多可用性的考虑。在没有专门的设计作家操刀的时候，设计写作是由产品经理与交互设计 / 用户体验设计师共同完成的。本章的扩展阅读 5 是一个非常好的资源，描述了设计写作中所有需要关心的工作。

- **数据研究**（data analysis）。数据研究会从海量的数据里筛选出有用的数据，组织有效的定量用户实验。这些实验往往是在已经上线的产品记录（log）里进行挖掘。在一些非常重

⊖　https://hbr.org/2013/07/your-company-is-only-as-good-a

视数据驱动设计的公司里，数据研究结果通常被当作评选设计方案的最终标杆。把千百万用户的数据整理成可以采取行动的信息，是数据研究的艺术。

- **商业策略**（business strategy）。商业策略关心为什么要选择现在的这个解决方案，这个方案如何能够帮助组织实现阶段性目标以及长远目标。商业策略由于其本质的抽象性，很多时候需要反复提醒和维护。如果商业策略有改变，很多设计工作便需要从头再来。

  Salesforce 的 Service Cloud 设计 VP Noah Richardson 曾经有过一个很贴切的比喻：产品设计师需要脚踩在实地上，头扎在云端里。"实地"指的是具体细节的设计工作，而"云端"则指的是长远的商业策略和项目进程。人在工作时很容易一头扎进细节中，为了不重要的事情耽误进程。设计师独特的工作角度，需要我们常常从细节的设计工作中抽身出来，反复评估现在的项目进度是否还在实现商业策略的轨迹上。需要注意的是，这里的商业是泛指的，不一定是盈利机构，也有可能是非盈利机构、政府甚至是个人，这些都需要有一个策略来切入现有的环境。

- **设计项目制作人**（UX production/program management）。如果设计团队日渐庞大，设计师要做的必要的沟通工作也会越来越多。敏捷开发（scrum）需要了解设计团队现在的工作状态和工作量，了解公司设计部门之间的合作和评审的时间表安排，了解公司战略并且让设计部门融入到更高的决策层，等等。这些工作如果分散到每一个设计师身上，会分散团队的注意力而且可能不会非常有效。设计项目制作人的工作就是调整团队工作的优先级，从宏观角度让团队高效运转。

从传统角度来说，以上角色都是由不同的人来"扮演"的，很多公司的设计团队依然保留着这种划分，不是每一个角色都存在于所有的团队。但是这个列表囊括了产品设计流程中的关键步骤。同一个人是可以肩负多个责任流程的。近年来，很多公司（比如Facebook或者Salesforce）所设定的产品设计师就是一个包含多重角色的职位。而在谷歌的内部，虽然保留有交互设计师、视觉设计师等职位的划分，但是角色彼此之间的界限和要求都逐渐模糊。作为设计师，当你加入一个新的公司时，首先需要梳理清楚在团队里，什么职位扮演了以上哪些职能，分别有多少个人，从而从人员布置的角度观察团队现在的状况和机遇。

产品设计是以上角色的总和。从理想的角度来说，如果有一个产品设计师能肩负起以上所有职责（这种人被称为独角兽），那么她可以从这九个非常重要的方面考量和设计一款产品，极大地减少沟通成本。如果你向她提一个问题，她会提出产品调研框架，寻找有见地的数据分析，锐利地总结商业策略。她会把产品从线框图推向带有动效的完整设计。她还可以一边有效地和工程师团队沟通，制定工作计划，必要的时候写一些关键的代码，一边组织一些验证性的用户调研，修正产品设计的一些缺陷。反过来，如果你给她提供一个设计好的方案，她会回溯你列举的关键数据和调研结果，尝试挑战你的商业策略和产品想要解决问题的方式。她会从交互体验、视觉体验、动画细节、文字把控的角度评论（critique）你的解决方案。如果你问她："那么你会怎么做？"她会给你几个不同的解决方案以尝试解决同一个问题，并且能清晰地描述这几个方案的优缺点。

你可能也跟我一样在想，就算有一帮人非常有天分，可以肩负上述所有责任分工，但是这样会有效率吗？如果需要不停地切换工作情境和思维模式，如何保证思维全面？这个问题很难有统一的答案。首先，不同的公司因为项目需求不一样，对以上每一个责任部分的需求也就不一样，所以产品设计师各个职责的比重也就产生了变化。其次，有一些职责确实由专业的团队甚至是中心团队来担任会更有效率，公司也会组建相关的团队与产品设计师一起工作。但是，这并不影响产品设计师对每一个环节设定科学的期待与合理的目标。产品设计师不用亲自担负起每一个环节的责任，但是她可以给专职人员提供有建树的反馈，这被称为产品研发流程中的"胶水"。最后，关于思维全面，无论是设计的哪一个环节，哪一种类型的设计师都需要在设计流程中频繁地索要反馈，以获得不同的观点（point of view）。在企业级产品设计中，由于最终用户的专业性，产品设计师还需要打破人们从自身需求出发的天性，去移情于专业最终用户，及时地获得反馈，以得到更加全面的解决方案。

如果要把一个产品设计师所需要考虑的各个方面做一个归类，下面这张图（源自《用户体验要素》）是很好的梳理和总结。

表层 视觉上的呈现，动效、声音设计

骨架 界面和导航设计，交互设计

结构 信息架构，用户体验

范围 功能与内容需求

策略 用户需求挖掘，商业策略

Facebook 的设计师 Eric Eriksson 总结道：

产品设计师帮助你发现、深入理解、验证一个问题，然后设计、打磨、测试并且最终上线一个解决方案。

　　这就对产品设计师提出了更高的要求：随着项目的成型和推进，产品设计师需要帮助整个研发团队在正确的时间关注正确的层面。

　　在项目初期，产品、开发和设计都只有一个模糊的概念，产品设计师可以从自己的"工具箱"里拿出一些设计相关活动的工具，帮助团队提高认知问题的清晰度（clarity）和统一度（alignment）。产品设计师还可以在这个时候和产品经理、用户研究员、数据分析师协作，洞察到解决问题的关键（insight），分享给所有的合作者。这个时候，产品设计师的领导力主要体现在从无到有的组建框架能力，以及能代表不同职能的人的需要而把大家统一到同一个策略上。

　　随着项目的推进，产品设计师又会利用另外一些设计工具展开有效的头脑风暴，识别要设计的用户体验中的关键节点和问题，开始发散尝试各种解决方案，并且最终逐渐聚焦到几个有效的方案上。这个时候，产品设计师主要从信息架构的层面关心交互的输入输出。随着这一部分的探索有了初步结果，产品设计师会跟自己的核心合作伙伴讨论可行性，逐步确定产品的范围，并且与合作伙伴确定最小可行性方案（Minimal Viable Product，MVP），或者我更喜欢的最小可爱方案（Minimal Loveable Product，MLP）。这个时候也是产品设计师快速迭代的原型和定性的用户测试的好时机，在大团队投入大量开发资源前，对团队的思路做一次早期的检验。我的导师 Dev Yamakawa 曾经打过一个关于范围的比方，一个产品的各个功能好比一个人的各个器官：有一些功能是五脏六腑，缺一不可；有一些功能是四肢，如要砍去，要关心是否还能让产品发挥应有的功能；有一些功能是发肤，摒弃了一部分可以再补上。在制定范围时，产品设计师要清楚地知道这些功能的划分，让一个产品在 MVP 的框架里仍然可以解决一开始要解决的问题，保留核心价值和竞争力，对未来有高度的兼容度。

在项目的策略、范围、结构都已相对稳定时，产品设计师会关心每一个环节的设计细节——外观、交互、可用性等。这里面涉及更多的是设计的一致性和未来的兼容性。工程师团队在开发的过程中会遇到新的问题，项目会出现内在和外在的变化，产品设计师需要在这个时候对设计做出调整和督促。在这个时期，当产品开发团队交付了阶段性成果时，设计师与用研人员可以开始着手驱动更多的用户测试，在产品开发还有一定灵活性的时候对任何局部问题做出调整。

可以将上面的描述看作一次正向的循环周期。当下一个研发周期临近时，产品设计师又将和团队一起定义下一个问题，开始一个新的周期。

所以从这个角度来看，如果说产品设计师只是负责设计一种好看的产品，实在是对产品设计师价值的忽视——几乎每一种产品的失败最终都会归结到没有满足用户（新的）需求。试想前面提到的 Xerox 产品团队发现日本竞争对手蚕食了自己的市场，它们的反应如果不是由用研人员去观察问题的究竟（可用性），而是加塞更多的功能，那将是一次多么大的灾难！

2.2.1　与 Facebook 产品设计师的对话

产品设计师丰睿在这里跟我们一起讨论了在 Facebook 的上下文里，"产品设计师"具体是什么概念。

笔者：你怎么看待产品设计师身兼数职的现象？

丰睿：设计师要懂得的东西变得更多元了。比如，我作为广告增长组的人，除了交互、视觉和做高保真原型外，还要去看数据和产品指标。设计师不能消化人家的二手信息，要为团队真正产生价值，设计师需要站在信息整理的一线岗位。这个已经超越了传统设计师职责的定义。能够从很高的视角来想问题，从项目最前期的机会挖掘，到后面甚至要承担一部分项目经理的工作，这些都是产品设计师要具备的能力。

笔者：设计师从公司的角度设定产品，而不是区分交互、视觉，这能给公司带来什么好处？

丰睿：全栈工程师省略了很多沟通的衔接和沟通的成本。Facebook 的工程师也是自己写程序、自己测试。我们挑人的时候也一定会注重这些方面，我们要看到面试候选人的潜质，得是这些工作都基本能做的人。当然人无完人，一个人不可能什么都会。所以说产品设计师也有细分，在实际工作时是会有所侧重的，比如说会根据你的强项来进行分配。如果这个人的视觉表达特别强，他选组的时候可能会去专门做视觉系统的团队。

2.2.2　小结

这一章主要讨论了硅谷设计史上一些比较有意义的事件，是硅谷设计史的一个简单缩影。然后对产品设计做了概括，对核心概念和过程做了简单的梳理。很多内容没有具体的例子，如果你觉得有些内容比较晦涩，后面的章节会对创意流程做详细的讨论，并且引入大量的案例帮助大家建立直觉。

2.3　章节练习

1. 选择两款你喜欢的"年事已高"的数字产品，一款来自美国，一款来自中国（比如已经停止销售的 iPod Classic，以及逐渐淡出市场的大疆精灵一代）。了解它们背后的品牌故事，是什么样的时代背景和产品特征让这款产品意义非凡？
2. 选择一款你喜欢的工具类 App，打开它然后找到它的核心功能，用以上讨论的产品设计的不同职能，思考这个核心功能的每一步都有哪些工作要做。如果你想要寻找答案，很多科技产品公司都有自己的博客，会分享自己的团队是如何设计这款产品的，非常值得阅读。如果你习惯阅读英文，Medium.com 上面有很多优秀设计师分享的经验（尝试搜索"UX Design"或者"Product Design"）。

2.4　扩展阅读

1. Dealers of Lightning: Xerox PARC and the Dawn of the Computer Age。
2. Barry M. Katz,《Make it New, the history of silicon valley design》。
3.《史蒂夫·乔布斯传》，作者沃尔特·艾萨克森，中信出版社出版。
4. Understanding Your Users: A Practical Guide to User Requirements Methods, Tools, and Techniques (Interactive Technologies) by Kathy Baxter, Catherine Courage。这本书现在正在被翻译成中文版。
5. Tech Writing Handbook, https://www.dozuki.com/tech_writing。

什么是创意流程

　　如果说设计是"有目的地去做或者计划某件事"，那么创意流程作为产出设计的一个行为，其实就是清晰、准确地定义这个"目的"，然后定义行动计划。这个"目的"可以是局部的目的，比如"在不打扰用户整场听音乐流程的前提下，如何使用户愿意支付月费以获得会员专业服务"，或者"如何让用户在一个预约要迟到的情境下，尽快通知商家以免预约被取消"。也可以是全局的目的，比如"如何把全世界的数字信息都整理出来，可以更便捷、无障碍地访问（谷歌）"，又或者对于一个商家来说，如何"让客户的终端用户喜爱他们（Salesforce）"。那么自然地，基于目的的预设范围，要做的事情可以是一个小的设计变动，也可以是整个公司的产品策略。创意流程，是一切为了得到目标产出的活动的总和。

3.1　创意流程的特点

　　其实用到"流程"这个词，本身的出发点就已经在假设创意活动是线性的，是有先后、有过程的。事实上，如果我们问从事任何创造性工作的人士，他们的工作流程是什么样的，下面这张图可能更贴切：

开始设计 —— 结束设计

虽然有一些夸张，但可能有些伟大的艺术家就是这样的吧。更有趣的问题是，我们如何把看起来凌乱的创意工作流程提炼出阶段和方法，让这个难以捉摸的过程变得可以管理呢？创造不是线性的，那应该用什么样的线条来描述创意工作呢？

我们先来梳理几个比较"缥缈"的概念。

没有始终

上面这张图除了夸张外，还有一个问题：它暗示了创意活动是"有始有终"的。随着书中更多地讨论创意流程，我们会发现在创意工作中没有"结束"，也没有最好的方案，而是具有极大的模糊性。创意流程，其实就是一个思维框架和一系列思维工具，把设计师从模糊性里解放出来——定义何时为阶段性完成，建立评判设计好与不好的标准，驱动设计过程以增加确定性。

大脑的"查克拉"

牛顿被苹果砸的故事有很多争议，但是这个故事却能让我们常常回忆起曾经经历的类似场景：前一晚一直在思考的一个问题思路完全堵塞，去洗个热水澡或者大睡一觉起来反而有了很多新的想法。前一晚我们的大脑明显感觉到"能量"不够了，已经不想再思考任何与逻辑相关的问题了，那么，这个时候上图那一团乱麻确实是真实状态的写照。我们暂且把大脑比作一块电池驱动的机器，"查克拉"（借用《火影忍者》中的一个概念）是电池的"电"。机器到了晚上不运转了，可以理解成电池电量不足了，跟那些老式收音机一样，电量不足以后声音开始变小，进而扭曲。细心的读者会感觉到，有时到了晚上，脑子像被油炸过一样，但是我们却有力气去楼下跑个步。这里要把"查克拉"与体力区分开。更精确地说,"查克拉"驱动的那一部分大脑,叫"前额叶皮质"(prefrontal cortex),这一部分大脑仅仅只有人类大脑4%~5%的体积,并且是人类进化过程中最后发展出的一块区域(见下图)。不要小看这个区域,HBO电视剧《西部世界》里的机器人与人类唯一的区别就在于这一小块前额叶皮质。它是我们人类产生自我意识、与外部世界交互的枢纽。耶鲁大学医学院的神经生物学教授Amy Arnsten解释道:"人类的前额叶皮质存放着你的心智在任何一个时间的内容。它负责存放我们自己的心智产生的内容,而不是外界与感官产生的信息"。这块区域负责我们的注意力、短期记忆和执行力。这些功能都是我们在从事创意活动时必要的能力。David Rock在他的著作《工作中的大脑》⊖里提出前额叶皮质运转需要消耗的能量,并且对一系列抽象思维活动所需要消耗的能量做出了生动有趣的比喻。这种能量在神经学上有个名词叫cortical energy ⊜,但是cortical energy太晦涩了,所以延续David的风格,我们在本书里就用"查克拉"来代替它。

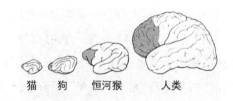

猫　狗　恒河猴　人类

前额叶皮质的进化

图片来源:https://commons.wikimedia.org/wiki/File:Evolution_of_the_prefrontal_
cortex.jpg

⊖ 《Your Brain at Work》by David Rock。

⊜ The cortical energy needed for conscious perception, https://www.ncbi.nlm.
nih.gov/pmc/articles/PMC2330065/。

提到"查克拉"这个概念，有两个相关的问题：

- 在创意流程中，我们需要关注自己的"查克拉"是否够用。哪些活动对查克拉的消耗大？如果不够了如何给自己补充查克拉（贴士：吃饭并不能直接补充）？如何安排自己的日程表，让我们在还有查克拉余额的时候，去更多地从事创意工作以优化产出结果？
- 在创意流程中，我们需要注意我们的合作者也都有这么个查克拉能量槽。如何在创意合作中激活他们的能量槽？如何确保在创意合作过程中让他们也在能量满满的时候参与进来？

"查克拉"相关的概念在讨论创意流程的部分都会涉及。

谁用得到创意流程

这本书专注讨论的是用户体验设计行业的创意流程，但是创意流程对于一切创意相关的工作都是相通的。创作的目的与计划的事情可能不会再局限于数字产品，可以是一件精美而又符合人体工学的家具，也可以是一款不需要电源就能帮助没有清洁水源的家庭简易地净化饮用水的装置，还可以是你明天要向老板演示的幻灯片提案，或者是好莱坞电影钢铁侠身上的铠甲的特效设计，甚至只是一个简短的对话。只要我们是运用人类进化所获得的创造力在工作，我们所面临的困境、所需运用的元方法都非常类似。而用户体验设计行业，只是在这个元方法的框架里加入了大量的设计活动，在产品项目的不同阶段利用这些工具去构思我们的产品。

我们常把人生喻为舞台和戏曲。我们在人生的很多阶段常常感觉到被困在一个走不出的圈子里，也有时对未来感到迷茫，担心自己终其一生却不知道梦想何在。这些迷茫其实跟我们在做产品设计时不知道下一步该怎么办，不知道如何做出产品选择类似。Bill

Burnett 和 Dave Evans 在他们的纽约时报畅销书《设计你的人生》⊖中提出我们每个人可以把人生当作一个创意项目，利用设计思维和创意流程不断地构造和迭代自己的人生轨迹。就像是设计产品时你不会只设计一个方案一样，我们也不必执念于找到属于自己的"唯一"的路径，而是思考人生的多种出路，去尝试和迭代自己的想法，排除"自己以为自己会喜欢的人生轨迹"，转而过上自己真正喜欢的生活。Burnett 和 Evans 在书中提到"设计师不是靠想就能想出方案来的。设计师是不断地通过建造、测试、迭代闯出一条路来的"。书中用非常有意思的思路去设计人生。如果你感兴趣，可以访问 http://designingyour.life/ 了解更多信息。

3.2 用户体验设计的创意流程

如果你翻开 GK VanPatter 和 Elizabeth Pastor 的著作《创意方法地图》，你会了解到从 1920 年来各行各业开创了不下 60 种创意流程。这本书中按照年份，将创意流程向读者一一介绍。

那么，用户体验设计究竟有哪些创意流程呢？其实提到"设计思维"和"设计流程"，我们身边已经有很多成熟并且成功的思维框架。比如，British Design Council 的双钻模型⊜、斯坦福设计学院的设计思维过程⊜、IDEO 的以人为中心的设计哲学㊃、Dan

---

⊖　《Designing your life - how to build a well-lived, joyful life》by Bill Burnett & Dave Evans。

⊜　The Design Process: What is the Double Diamond? http://www.design-council.org.uk/news-opinion/design-process-what-double-diamond。

⊜　An Introduction to Design Thinking PROCESS GUIDE, https://dschool-old.stanford.edu/sandbox/groups/designresources/wiki/36873/attachments/74b3d/ModeGuideBOOTCAMP2010L.pdf?sessionID=1b6a96f1e2a50a3b1b7c3f09e58c40a062d7d553。

㊃　https://www.ideo.org/

Nessler 对创意过程的梳理[⊖]。这些思维框架初看各不相同，但是
所揭示的关于设计的哲学都互相关联和影响。这里笔者根据自己的
理解、对从业者的采访和在硅谷科技公司亲身工作经验，对以上几
个思维框架的精华做了一次合理的重构，来跟读者讨论用户体验设
计的创意流程。

　　在这个章节里，我们还是以介绍思维框架为主，用一个虚拟的
案例来辅助读者理解思维框架的大体步骤。而在随后的章节里，会
有更详细的讨论以及相关的设计活动介绍。为了进一步帮助读者建
立对这个流程的直觉，我们还选用了硅谷各大科技公司产品和设计
团队的案例，去逐一介绍这些流程方法。在这一章节里，让我们一
起把蓝图建立起来。

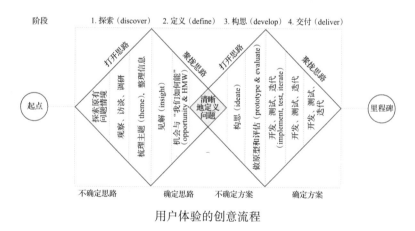

用户体验的创意流程

　　在我们开始"跳入"一堆名字和抽象的概念里之前，我们先一
起认识一个虚拟的案例。假设我们是橙子通信有限公司的一支产品
的设计团队，负责设计、开发、维护他们的客户服务系统。橙子通

⊖　How to apply a design thinking, HCD, UX or any creative process from scratch,
　　https://medium.com/digital-experience-design/how-to-apply-a-design-
　　thinking-hcd-ux-or-any-creative-process-from-scratch-b8786efbf812。

信是中国最大的网络运营商之一，业务涉及移动电话、家庭宽带、数字高清电视以及一系列快速增长的增值业务。随着中国人力资源成本的不断增高和橙子通信产品线的不断扩张，橙子通信的客户服务部门面临着越来越大的压力：

- 客服电话越来越难以接通，终端用户在使用橙子通信时，有越来越多的问题不知道在哪里获得答案。
- 客服中心在接近年人员流动率 30% 的情况下，发现培训客户服务专员也变成了一项巨大的挑战。

有一天橙子通信的客服部门 VP 找到我们设计团队，要在 6 个月内设计出一个方案改善这些情况。让我们一起跟随设计的创意流程来看看如何帮助橙子通信。

3.2.1　阶段一：探索

探索是一个打开思路的发散过程。上面"用户体验的创意流程"图里，左边菱形的左半部分就尝试着去视觉化这个过程。用橙子通信的例子来说，这个过程就是去探索问题的根源和情境。客服电话难以接通不是问题的根本，只是问题的表象。如果我们简单地决定增加客服人手，有可能随着橙子通信的快速发展，电话等待时间又会回到原点。这个时候产品设计团队可以打开思路，深入了解问题所在：客服中心有多少人手，目前如何管理电话分流？打电话进来的客户都是怎样的人，都有什么样的习惯、特点、需求、行为？打进来的电话平均时长有多少，问题都有哪些，效率如何，满意度如何？这些都还是和人相关的问题。从商业角度，客服中心的资金来源是什么，今年的商业和财务目标是什么？每个打进来的电话成本有多少？如果没有解决客户的问题会给公司带来多少损失？从工程师的角度，现在的客服系统质量如何，瓶颈在哪里？有多少问题是人手不足造成的，有多少是因为 IT 系统落后导致的？读者可以感受到，这个时候我们需要收集尽量多的周边信息和数据，在开始做任何设计前，提出一系列的问题。

关于很多问题，橙子通信公司内部可能已经有很多研究和数据，比如客服中心的人手，每段通话的内容与分类。通过查阅文档这些数据都能给我们一些定量的答案。而很多其他的问题就需要我们在提问的基础上做定性的观察、访谈、调研。可以看出这些工具都是"以人为本"的。这个过程里面我们关注每一个利益相关者（stakeholder）的态度（attitude）、行为（behavior）、动机（motivation）。所谓利益相关者，就是指一个"在一系列行动中会参与其中，或者受到影响的人"。在后面的章节里我们会继续讨论如何观察、访谈、调研等活动，去提炼以上信息。这一系列的活动都是希望可以发挥设计师的好奇心和同理心，去从人与工作流的角度能抽象提炼出对现状的归纳。回到橙子通信的例子，橙子通信打电话进来的具有代表性的用户都是谁？客服中心这边工作人员都是如何分类、分工，领导者是谁？对于用户，她们打电话进来的心态是什么（态度），他们在打电话之前之后都做了些什么（行为），是什么需求驱使（动机）了她们的这些行为？客户服务这边，他们现在的工作目标是什么，工作流程中的痛点是什么，是什么让他们醒来想要继续为公司工作（30% 的人员流动率显然说明他们的激励机制是有问题的）。从工作流程的角度来说，用户打电话进来，在企业系统里有什么自动流程，接通客服人员以后又有什么步骤，背后的逻辑是什么，挑战和痛点（pain point）在哪？这些都是所谓"打开思路"发散过程的一个概览。

大家会发现这一步有两个挑战：

- 有大量的数据，而且都是定性（qualitative）的数据：这些数据往往散乱而且不足以定量地让我们下任何结论。但是产生这些定性数据的过程，要求产品团队和设计师，去接触和了解每一个角色，产生同理心，为他们量身设计，而不是凭空做出一款产品，闭上眼希望它能解决问题。上面提到想要提炼对现状的归纳和流程的梳理，定性数据都能帮上忙。

- 由于社会已经训练我们习惯性地把问题与答案配对思考，每个人在发散的过程中都会难以抑制地想要跳入解决问题的环节。毕竟发现问题以后马上就能解决问题是非常吸引人的——你看起来会很聪明，又有效率。但是如果我们都无法确定自己对问题有了充分的理解，任何的解决方案其实更像是在赌博——胜算微乎其微。这里我们每一个人都需要延迟判断（defer judgement），虚心深入探索问题的相关信息，而不是过早地跳入解决方案中。

一个好的探索环节，会让设计团队把思路打开，对要解决的问题产生全局观，对利益相关者的态度、行为、动机都有一个必要的理解，对工作流有一个清晰的梳理。从时间的维度看，探索和定义问题可以花费一周、一个月甚至几年的时间，在整个项目中花费甚至一半的时间都有可能。毕竟，没有什么比确定自己找对问题的要害更关键。

3.2.2　阶段二：定义

定义使创意流程中的问题变得更清晰，让团队聚焦在正确的问题空间（problem space）里。如果说探索是一个发散和打开的过程，那么定义则是一个收拢的过程：在团队对要解决的问题有一定认识了以后，回归到问题的出发点，寻找关键的见解（insight），提出关键的问题，最后形成观点（point of view）。

关键的见解往往一语中的、直击要害，能够清晰地阐述问题的根源。以橙子通信为例，客服电话越来越难以接通，除了人力资源紧张以外，有一位资深客服专员对研究人员抱怨道："公司的资费套餐迭代速度很快，很多用户在扣费以后都感觉对账单不理解，会打电话询问。而透过语音电话向用户解释很多账目非常低效，但是又没有别的办法。"与此同时，另一位客服中心的数据分析师告诉我们，她最近的一个项目就是对所有的客服电话进行分类分析，发现近30%的终端用户打电话进来询问的都是非常基本的问题——如何充值，如何充值密码等。这些人在25~35岁之间，感觉打电话解决问题非常低效又占用时间，导致他们对橙子通信的满意度降低。最后，客服的人事经理告诉研究人员："客服行业人员流动大，他工作中50%的时间都被培训员工所占据。这些员工很多人在刚刚熟悉这个岗位以后就辞职了。他感觉自己在培训上投入的精力多回报少，但是也没有别的办法"。

如果我是设计师，现在一定非常兴奋。因为这三个利益相关者都道出了一些关键的见解：

1. 语音沟通方式对解决某种类型问题（约20%）非常低效。
2. 很多电话提问被重复基本简单的问题（约30%）所占据。
3. 人员流动大，管理者遇到培训资源瓶颈。

需要强调的是，这些关键的见解需要领域专家（subject matter expert）的验证（validation）：比如见解1这个问题是否足够频繁，影响了沟通效率；见解3是否每个新入职的客服人员都需要培训，公司其他的管理者是否都遇到了类似的培训资源瓶颈。关键的见解需要具有代表性，需要能够触及问题的根源。

定义的下一个步骤是提问。IDEO的设计工具里有一个非常简单好用的"如何"提问设计练习（How Might We，HMW）：在这个HMW练习里，参与者还是压制着跳入解决方案的诱惑，一起对关键的见解提问，思考如何能解决关键的见解所提到的问题。这个过程往往会让我们发现新的设计机会，从全新的角度去思考产品和设计能够带来的价值。如果把原来的问题想象成一个盒子，通过"如何"提问练习，我们的思维空间会被扩大。需要注意的是，思维空间被扩大并不代表给自己揽更多的活，或者是去解决更大的或者不一样的问题。思维空间被扩大会给我们更多的设计机会和看待问题不同的角度。

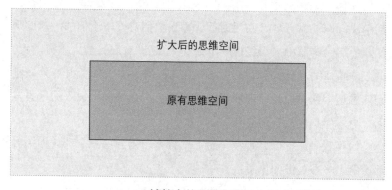

被扩大的思维空间

回到橙子通信的案例，下面是一些可能的"如何"提问设计练习的产出。

- "我们如何能"打造一种新的客服／客户沟通方式，提高沟通效率？
- "我们如何能"让用户自己轻松解决基本的问题，不用联系客服人员？
- "我们如何能"侦测到重复的问题，在大量用户发现问题之前就主动把问题消除？
- "我们如何能"让用户的等待体验变得更好？
- "我们如何能"降低客服中心的人员流动率？
- "我们如何能"提供客服中心人员培训，降低对管理者培训资源的投入？
- "我们如何能"降低客服中心人员对培训的需求？

　　大家马上能看出来，这个步骤里只有问题，没有答案。当我们把注意力集中在提问上时，往往能打开思路：比如最后两个问题，"管理者遇到培训资源瓶颈"，我们第一反应可能是增加资源，但是仔细一想，我们还可以降低对培训的需求。这样一来，我们就有了两个截然不同的思路。在实际的"如何"提问设计练习中，还会有更多这样让人激动的思路涌现出来。

　　在提问以后，定义在创意流程里最关键的一步就是要形成观点。这个观点清晰地阐述了问题的来龙去脉，也要明确而特定地指出要解决的挑战是什么。好的观点可以把团队发散的思路聚拢，对后面如何衡量项目成功有启示作用。形成好的观点，听起来特别容易理解，但是比较难做好。上面只是用一个虚拟案例和一个样本设计练习产生了众多的思路，可以想象在实际的产品设计过程中，精准地形成这个观点的难度，犹如玉石商人在一众顽石里寻找埋藏着的宝石。如果你找对了，后面一切的努力都会有回报；如果找错了，必事倍功半。

　　关于定义的更多的工具、方法，后面的章节里会详细讨论，我们也会请硅谷很多设计团队来分享他们如何在创意流程的这个关键的步骤里找准方向。在这个节点是一个引入领域专家的好时机。还是以上面"管理者遇到培训资源瓶颈"的思路为例，如果我们这时再去访问客服中心管理者，他可能会告诉我们橙子通信已经多次尝试过增加资源，效果不是很明显。他们一直想降低客服人员对培训的需求，但是没有合适的思路。这个时候领域专家可以对产品和设计团队形成观点起到关键作用。

　　假设经过领域专家的信息输入，我们对橙子通信的这个项目定义出如下问题陈述（problem statement）：

橙子通信的客户在与客服中心交流的过程中，与账单核对相关的问题发生频繁（20%）而且用语音沟通效率低下。橙子通信的客户无法自助解决一些简单重复的问题（30%）因而寻求语音服务。最后，橙子通信的客服系统对客服人员提供的指导不足，导致新员工培训遇到瓶颈，影响服务效率。综上，客服电话越来越难以接通（平均等待时间18分钟）。

3.2.3　阶段三：发展

在前文介绍的"用户体验创意流程"图中，左边菱形的产出是"清晰定义的问题"。这个产出同时也是右边菱形的开始。设计团队此时可以开始根据问题陈述，开始构思（ideate）设计方案。这个阶段如图所示又是一个"打开思路"的阶段。前面我们已经把问题聚焦到一个清晰定义好的范围内，但是"条条大路通罗马"，同样一个问题，我们可能会有缤纷各异的思路去解决。在这个章节我们就先省略各种设计活动，去引导设计团队发散思维寻找思路，后面会有专门的章节和案例进行逐一讨论。这里的"构思"（develop），是一个关键的概念。这个阶段的发展是一个快速试错寻找道路的过程。在硅谷的公司人们常常说"失败趁早，失败要快"（fail early, fail fast）。这个核心概念是，如果一个问题有某一种解决方案是最合适的，找到这种方案最有效的方式就是想出尽可能多的选项，用最低成本的方法试错，淘汰明显不合适的，拿种子选项做测试，筛选出最终方案。Facebook的设计团队相信在构思阶段要"让人信服地失败"，说的就是严谨对待这个过程中的种子选项，设计团队能够清晰阐述每一个方案的优缺点，让测试结果来做出选择，同时让团队可以学习到为什么其他方案失败了，由此对以后的设计工作起到启示作用。

需要强调的是，设计师此时进入的设计产出模式，是以"试错"

和快速迭代为目的的。此刻的关键词是"低成本"与"快速"。谷歌风投一个很有名的例子就是，他们帮助其投资的公司 Savioke 在构思酒店机器人时，一共只用了 5 天时间[⊖]。他们需要快速发现这个产品的潜在风险，并且用最"低成本"与"快速"的方法（1 天的时间做了一个简易的机器人原型）去测试这些风险。

斯坦福大学 D School 的设计流程中提到，在产生足够的思路和设计原型以后，紧接着就要做测试（testing）了。在测试阶段，有这几个重要的思路：

- 向用户解释足够的上下文，但是不要去解释产品的功能和目的，要让用户自己去探索和体验。
- 要构造一个完整的体验让用户来测试，有一个完整的"目标 – 方法 – 结果"的闭环，不能只测试一个局部的环节。
- 可以见得在构思阶段里的设计，都是服务于测试的。在做原型的阶段，要在不同方案均匀地投入时间和精力，并且让方案之间可以比较（定义常量是什么，变量是什么）。

在测试阶段，让用户去比较不同的方案，给出反馈。在这个"做原型 – 测试"的反复过程里，我们得以再次提炼我们之前在定义阶段的"观点"。

用橙子通信的例子，假设通过一系列设计活动我们可以快速构思一个新的实时视频会议功能，一个新的知识库系统在用户打电话前对用户提供智能帮助，一个新的聊天机器人，和一个新的人工智能培训工具。设计团队对这些构思画了一些原型图，并且使用原型设计软件做了几个方案的原型去测试。测试中设计团队着重比较方案对效率的提升和时间的节省。最后发现用户对人工智能相关的解决方案反馈最好：无论是聊天机器人回答简单的问题还是使用人工智

⊖　How Savioke Built A Robot Personality In 5 Days, https://www.fastcodesign.com/3057075/how-savioke-labs-built-a-robot-personality-in-5-days。

能去培训客服人员，这个思路能在不增加人力投入的情况下提高整个客服团队的效率！此时我们计划六个月完成的项目已经过去两个月，虽然我们并没有任何实质的设计产出，但是我们深入地探索了问题并且快速尝试了不同的解决方案，找到了清晰的问题陈述和方案思路！

3.2.4 阶段四：交付

"折腾"了这么久，终于可以"真正"开始设计方案了。因为有了清晰的问题陈述和方案思路，设计团队也就能够有的放矢。相信大部分的设计师都有自己钟情的设计工具和交付工具，后面的章节我们也会有更详细的讨论。但是在交付的过程中，核心的思路依旧是快速迭代。

下面这张图概括了"设计终稿"与"快速迭代"的关系：设计终稿为组织架构里必要的环节做设计评审，让不同的团队对设计的各个方面有一个统一的认识并达成一致。工程师团队也可以以这个设计稿为蓝图搭建系统架构。随着项目时间的推进，项目的骨干内容成型，此时设计更加关注的是细节的调整。下图中绿色的虚线代表着快速迭代所发挥的作用。这个时候产品经理、设计师、工程师会减少对设计终稿的依赖，而是通过一系列快速敏捷的方法沟通迭代设计方案和实际产出。

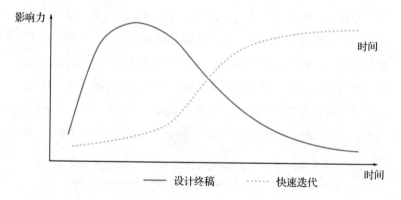

在橙子通信，我们确定了使用聊天机器人和人工智能对客服人员提供帮助的方案，设计团队经过两个月的时间去设计和评审设计方案，产出了一套能够解决前面定义的问题、符合橙子通信商业目标、工程师可以按时交付的设计方案。设计团队产出了非常规范的"设计终稿"，整个团队可以用这个终稿作为工作的参考。同时在这两个月里，工程师团队还把数据库与后台基本搭建完毕。

在项目最后两个月的时间里，橙子通信的设计师跟工程师对"设计终稿"在具体细节的实现过程中进行仔细斟酌，又进行了快速迭代。在公司计划的时间里，整个团队交付了一个满意的答案。

相信看到这里，读者会发现自己公司，或者很多其他设计流程成熟的公司的设计环节多少跟这个流程类似，又略有不同。其实这个流程是简单而抽象的，设计本身是一个流动的过程，我们不需要去寻找一个"唯一"的方法。这本书中记录各个公司在不同环节用到的设计方法，也正是揭示了这一点：在不同的项目和不同的阶段，运用合适的设计方法去推进创意流程的前进。然而，关于这个创意流程，有几个关键点是相通的：设计心态、设计信心、创意激情。

3.3　设计心态

尽管我们描述创意流程时，好像这是一个非常成熟、有迹可循的方法，但是正如 Ed Catmull 和 Amy Wallace 在《 Creativity, Inc 》书中道出的一个真相那样：人们在做复杂的创意项目时会迷失方向。在我们谈论任何设计心态前，花一点时间认可这个事实对我们每一个做创意工作的人都很有意义。在前面讨论的创意流程里，但凡在打开思路后需要聚拢思路时都很容易迷失方向。我们在打开思路的时候需要尽力去内化（ internalize ）所有的信息，这些信息都会不断地影响我们的观点。那么如何重新找到方向呢？如果我们在黑暗中迷失了方向，我们会自然而然地伸出双手开始依靠我们的触觉去寻找物理反馈。同样的道理，反馈在创意项目中扮演了至关重要的角色。然而反馈是一个非常主观的信息。正如皮克斯（Pixar）和迪士尼动画公司的主席 Ed Catmull 所说的，"人们有很多非常好的理由选择沉默或者口是心非"，如果我们跟不同文化的团队工作，不同文化里对于"真诚"和"礼貌"都有不同的定义。然而只有真诚的反馈，直言不讳的团队文化才能让人们真正有效地执行创意工作。所以不光是设计团队的管理者，每一位设计从业人员都要思考自己所在的团队是否成功地建立了一个良好、敞亮的反馈机制：你在设计的每一个环节是否能得到队友和利益相关者坦诚、有效的反馈；你是否能够在队友和利益相关者的工作环节中，毫无保留地提出坦诚、有效的反馈。皮克斯创造了数不胜数的脑洞大开、创造力非凡的电影（比如玩具总动员、头脑特工队）。在皮克斯有一个非常有名的机制叫"Braintrust"来排除中庸的产出。它的核心思想是开诚布公地鼓励真诚的反馈。人的天性都会害怕自己说一些蠢话，或者冒犯到别人，或者日后被报复。如果让这个天性自由发展，则大家都不能有效地提供反馈，团队的创造力势必会被削弱。所谓"众人拾柴火焰高"，设计团队需要创造一个安全的环境让人们乐意去寻求反馈，乐意去给予他人反馈。在后面的章节里，我们会用一些具体的案例来讨论，硅谷的设计团队都是用什么方法来建立这种安全的环境的。

好的设计，是把信息连接（connection）起来。而"连接"是建立在合作和共享的基础上的。当你合作和共享时，人们会提供很多下图中左边部分的点。而我们每个人的大脑，都具有把这些点连接起来的能力。这个过程就是一个创造的过程。试想如果没有大家的合作和共享，你设计项目的版图上没有那些关键的节点，又怎么会产生创新的设计呢？

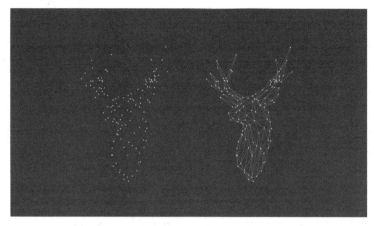

设计是把信息连接起来

图片来源：https://medium.com/milanote/the-four-things-at-the-heart-of-the-creative-process-63e5571884db，已经获得作者 Ollie Campbell 的许可

3.4　设计信心

著名的设计公司 IDEO 的合伙人 Tom Kelley 指出，每一个从事创意工作的人都会难免有各种担心：[⊖]

- **担心各种凌乱的未知**：想想在这一章开始的创意流程图里各种"打开思路"的时候，其实没有任何方向可寻，何其凌乱。直到梳理出合理的思维框架之前，思绪就像散落一地的纸片，让人抓狂。

- **担心被人评判**：每个人都希望听到别人对自己的赞赏和认同，当听到人们对自己辛苦工作的成果"指手画脚""横加评论"时，心里肯定都会难免紧张起来。

- **担心跨出第一步**：人们迈出第一步时，总会担心机会成本，

⊖　Reclaim your creative confidence, https://hbr.org/2012/12/reclaim-your-creative-confidence。

如果第一步迈错了，会不会后面都是错的？

- **担心失控**：当设计师在一个方案上投入精力以后，自然而然地会在情绪上跟这个设计方案绑定在一起。但是当这个方案并没有得到采纳或者不被接受时，就会有一种失控感。

我们每个人有与生俱来的创造力——回忆一下你小时候的涂鸦画作、把沙雕想象成城堡、把泥土想象成乐园的能力。创造力就像是我们的肌肉一样，并不是某些人才拥有的一种属性，而是人人都可以拥有的但需要练习的一种能力。

David Bayles 和 Ted Orland 在他们的《艺术与恐惧》[⊖] 书中提到一个陶艺课程上的对照实验：一半的学生被告知他们的课程成绩会按照他们最后提交的一个作品来打分，而另一半的学生被告知他们的课程成绩会按照他们提交作品的数量来打分。不出所料，前一半学生花了好几周的时间反复精心雕琢同一件作品，追求完美；而另一半的学生们则做好一件陶器赶紧去做下一件，以求数量取胜。然而学期末尾，令人意外的是，这个陶艺课程上杰出的作品全部来自于被要求数量取胜的学生们。这个故事告诉我们一个道理，当你在一个创意项目里感到不确定时，"三思而后行"往往没有"开始行动，反复迭代，尽早跨出第一步"重要。

Tom Kelley 和 David Kelley 在他们的著作《创新自信力》（Creative Confidence）中提到，当面临未知时，要"以人为本"，从人身上找到线索。倒不是说科技和商业就不重要了，而是"人"作为一个难以客观衡量的因素，往往在制订计划时被忽略。另外，从追求完美转变成试错和迭代的心理是非常重要的。当你不需要执念于产生最完美的方案时，你往往会去尝试更多（数量）的方案而

⊖ Art & Fear: Observations On the Perils (and Rewards) of Artmaking, https://www.amazon.com/Art-Fear-Observations-Rewards-Artmaking/dp/0961454733。

找到新的思路。

在我的工作中，最有用的一个思维转变，是把"我"和"我的设计"分离开来。让"我的设计"变成和"我"并不相关的一个第三方物件，好像在一块毫无美感的大理石里隐藏的雕塑。我作为设计师的工作是协调大家一起发掘如何雕琢这块石头，把里面的雕塑给发掘出来。这个设计心态的转变让我不再担心自己的方案受到他人的评判——反正雕塑已经在那块大理石里面了，大家的反馈只会让我成功地雕琢出那件雕塑，大家的目标也只是为了找出那件雕塑——并没有人在攻击和怀疑我的人格。Salesforce 的设计 VP Noah Richardson 有一次在私底下跟我说："我从来没有见过有谁像你这样真诚地听取每一个人的反馈"。当然 Noah 这句话是一个标准的美国式的恭维，但是我的心里知道其真正的原因：反正大家评判的是找到雕塑的方法，他们又不是在说我。

所谓信心，是指"对某样事物的真相感到确定的一种心理状态"。设计是非常主观也非常可观的。一个好的设计师，能不断地将主观的设计内容客观化，让它的发展和评估可以执行。设计信心，是一系列成熟的思维框架、设计心态、设计工具共同作用的结果。用户体验设计师的设计信心来自于改变自己的设计心态，掌握成熟的思维框架，运用各种合理的设计工具来打磨自己的设计。在这本书里记录和分享了，在美国用户体验设计行业已经相对成熟的创意流程（思维框架）的基础上，硅谷不同公司的设计团队都有哪些设计工具非常好用，这些公司的设计师们克服了哪些困难改变了自己的设计心态最终获得了优秀的产出的案例。

3.4.1 释放创意激情

说到一个行业，谈到"情怀"不免被人诟病。但是创造性的工作会让人上瘾（当今世界每一位脑力工作者喜欢自己的职业应该都有类似的道理吧）。下面是一些设计师的自述，自己为什么喜欢用户体验设计这个行业：

　　对我而言，用户体验设计最大的魅力不是解决问题而是发现和（重新）定义问题。我们人类的感官每秒钟向大脑发送 1100 万位元的信息，但是我们人类的意识每秒钟只能处理 50 位元的信息[注]。每天有大量的信息都被我们的潜意识接收或者丢弃——这也是我们人类对任何有威胁的事物保持注意力的生存机制！一旦我们习惯了一样东西，我们的大脑就会忽略这个东西。这些细小的不合理，就像蚊子咬了一口，虽不疼痛但却让人不舒适。而我们习以为常的、得过且过的东西往往都是用户体验设计的机会。想到我的工作可以重新发现这些细节，让人们的生活（尤其是弱势人群）可以变好一点点，哪怕只是一点点，也会觉得非常满足。

3.5 章节练习

1. 如果你是用户体验设计师，或者工作中与设计师打交道，尝试梳理总结一下你的设计团队的创意流程。考虑以时间为横轴，整理出在不同的时间节点团队会做的相关设计活动。
2. 如果你不从事用户体验相关工作而是从事脑力创造工作，你的创作流程和用户体验的创意流程有什么相似之处吗？

[注] http://www.basicknowledge101.com/subjects/brain.html

核心策略一：了解设计问题的本质

接下来的四章会就"了解设计问题的本质""探索设计潜能""精益的设计"和"可持续交付与设计影响力"这四个核心设计策略做具体的讨论。每个环节里,我们将讨论以下几个内容,也请读者看完一章后对自己提出以下几个问题:

- 这个设计策略的本质是什么,解决了什么问题,运用了什么方法?
- 为什么会运用这个策略?
- 何时应该运用这个策略?
- 谁应该参与到这个环节当中?
- 如何把这些环节运用到我的设计工作中去?
- 我的团队的心态(mindset)是什么,我应该帮助我的团队建立什么心态?

在这四个核心章节中,我们也会列举硅谷一些公司的设计团队的策略案例。在阅读这些案例的时候,也请读者思考以上六个问题。这些案例看似距离我们日常工作很遥远(毕竟这些都发生在大洋彼岸,针对美国市场或者国际市场),抑或有一种"别人家的孩子什么都好,别人家的草坪更绿"的嫌疑,但是相比一些看似简单易行的方法步骤,这些策略案例其实才是本书的"干货"——它给设计师提供了思维工具箱，可以帮助我们学习别的团队在设计流程中遇到一些具有代表性的情况时，是如何应对的。在写作本书的过程中，我花在收集和整理这些数据上的时间最多。

"优秀的艺术家会模仿，而伟大的艺术家会偷。"

——毕加索

乔布斯在 1996 年的一段采访中提到，苹果会"无耻地"偷各种伟大的主意。（这里"偷"是一个隐喻，没有人会控诉毕加索和苹果公司毫无创造力只会一味模仿，但是这个"偷"字所蕴含的意思主要指，把好的点子融入到自己的创造中，用前人的解决方法来激发自身的想象力，不留痕迹，如同"偷"而不是"抢"一样。）

对于设计策略也是一样。本书强调设计策略，绝对不是想要试图表达："你只需要把每个设计项目往这个设计策略里一套，便可有优秀的输出。"（试想如果真的是这样，设计工作会多么索然无味。）设计流程是一个思维框架，仅不同的设计流程的变体就有 60 多种，这些思维框架在世界各地广为流传，不是什么机密或者圣经。但是这个思维框架可以帮助设计师思考一个项目现在处在什么阶段，应该往什么方向推进，还有什么东西没做，如何算完成一个阶段，如何推进到下一个阶段。

一个设计师是否成长，关键就在于他脑海里各种设计流程和工具是否在不断丰富，是否能在合适的时机利用这些设计工具推动项目前进。这四章举出的设计策略、设计方法非常具有代表意义，而绝不只是为了列举出所有的方法。你可能在很多地方听到过，或者已经使用过这些方法，所以可以把这几章当作一个起点，让它们成为你的设计工具，为你所用。

4.1 设计心态

接下来的每个章节里，都会以"设计心态"（mindset）与"设计策略"相结合的方式展开讨论。设计心态的部分难免会讨论一些抽象的概念，这些是设计师从设计执行者转向设计领导者的一系列心灵工具。设计策略以案例为主，案例中的方式方法都是根据上下文设定的，读者可以根据需要摘取对自己适用的部分。

讨论"问题的本质"这个概念时，首先我们需要承认的是，人们对一切现实事物的认知都是基于我们的感官的主观体验——比如我们在同一张桌子上吃饭，所有吃饭的人都能共同感知到同一张饭桌和自己的餐具。这时你会把你感知到的信息划分为"现实"和"客观"的信息，因为你的经验告诉你，其他大部分人感知到的信息和你感知到的一样。如果你看到红色，对方看到的也是红色，红色在我国的文化里有警示的意义，在其他大部分国家也有这样的意义，因此汽车的刹车灯选用鲜明的红色。可以说我们的现代社会就是建立在这样一个共同的感官体验上的。

但是我们需要知道这个共同体验不总是成立的。除了色盲、色弱等明显的个体差异之外，科学家已经发现不同的人对不同波长的光的认知是不一样的，有一部分人群可以看到更多的颜色，人们对颜色的认知受心情、感受、记忆的影响，是各不相同的。一个我们尚且认为是非常客观不会变化的颜色，从每个不同的人的角度所理解的都是不一样的，对于看待什么是"真实的"这个问题，更是因人而异。

如同下图想要表达的，所谓真相，只是某个个体在自己的角度主观的感知，这个感知会伴随着观点的改变而产生很大的变化。要想理解问题的本质，就要有一个相对中立的心态，去理解各家之言，通过人们各自认为的"真相"去靠近事实的本质。就图中描述的故事来说，为了理解这个产生投影的物体，我们可以通过站在左侧的人会看到一个圆形，而站在右侧的人会看到一个方形，构思和猜测中间产生投影的物体究竟是什么形态。

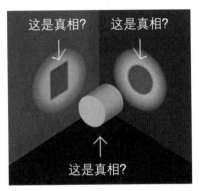

所谓真相，会随着观点的不同而改变

所以问题的本质不是唯一的。了解问题的本质，就是去收集信息，通过不同的侧面的拼接而接近事实的本质。

在一个设计项目里，我们可以把上面提到的"不同的侧面"划分为三个方面——人、科技和商业。而这三者有机、均衡地重合在一起，会得到一个体验的创新（见下图）。

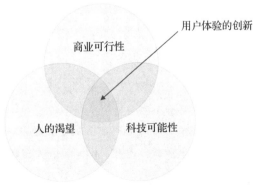

人、科技、商业的均衡

人

首先来讨论人。如果没有人，也就不存在体验了。下面几个问题都可以作为出发点：

- "人"指的都是谁？我们在考虑一个群体还是多个群体，他们各自如何划分？

- 需求：这些"人"的需求是什么？什么是他们的基本需求？什么能够激励他们？

- 行为：这些"人"在与你的设计相关的活动中的工作流程是什么？都与哪些其他的人与事打交道？（这个问题听起来非常简单，但是操作起来则不容易。后面章节里对设计研究方法的选择以及案例会有更多讨论）。

- 工具：他们都遇到了什么问题？现在他们都是用什么工具、工作流程解决问题的？

- 他们是如何绕过这些问题的？如何能让他们更有效率地完成这个任务？

人可能是这三个圈里最不直观、最不好理解的。对人的很多研究是定性而非定量的。在没有太多思路时，把注意力集中在人的需求、行为和工具上总是个好的开始。

人的需求、行为和工具是不断变化的。当人们习惯使用 iPhone 和移动互联网处理私人事务以后，传统的桌面企业软件就已经不能满足人的需求了。Salesforce 看到了这个变化，迅速推出了 Salesforce1 移动客户端来满足销售人员的移动办公需求。在人们已经习惯使用 Amazon Alexa 和谷歌提供的友好的消费级人工智能产品以后，自然希望企业软件也能提供同等的人工智能服务，以自动化初级工作，简化工作流程。Salesforce 在 2016 年大力推动过名为"爱因斯坦"的企业级人工智能。虽然人工智能还有很长的路要走，但是你可以看到人的需求和期望一直在变化。消费级产品总是在不同侧面塑造企业级产品的需求和期望。

科技

在讨论科技公司的上下文里，科技是产品的基石。（如果我们在讨论开一家正宗港式烧腊餐厅，厨师可能比科技重要。除非我们的公司是要用无人机为城郊居民运送热乎的叉烧饭！）

理解"科技"，对于设计师来说有很多层面：

- 从赋能的角度来说，科技决定了什么是可以实现的，什么是不能实现的。微软 Honolens 对某些表面的识别度更高，或者是谷歌机器学习对于照片的认知能力的提升，都决定了这个产品能做什么，不能做什么。科技的可能性给产品划了一个大的范围，设计则可以把这个范围里的点连接成体验。

- 从整合的角度，设计师对于算法和逻辑要有一个整体的认识，这一点非常重要。在 YouTube 音乐应用帮助用户建立他们的"音乐品味档案"的项目中，设计和算法是紧密结合在一起的。这对于设计师和工程师在相互沟通方面提出了很高的要求，让设计引导人们最优化地使用科技。

- 从量化衡量的角度来说，如何定义、衡量从而改善科技所带来的体验，是设计所关心的话题。比如上面提到的"音乐品味档案"，如何衡量这个档案产生的推荐音乐的准确率，如何引导用户在使用过程中补全这个品味档案，如何在科技进步以后去除一些以前因为科技限制所带来的不便因素，都是需要考量的问题。

如果说科技是食材与烹饪，那么设计则是装盘与餐厅的服务。谷歌的"即时程序"（instant Apps）与微信的小程序就是很好的例子。现在手机上的应用都需要下载和简单的设置，用户在一个场景里需要启动这个程序获得服务，这就产生了很多碎片。Instant Apps和小程序的出现就是为了扫除这些碎片——下一次你需要移动支付时，支付宝应用的小程序可以无缝地为你完成支付流程；下一次你需要预约餐厅时，OpenTable可以帮你无缝地完成预订流程。这里的核心是去除体验中的碎片（比如菜品的呈现和餐厅的服务）——如果产品把支付宝和OpenTable所有的功能都塞进小程序里（很多初期推出的微信小程序就掉进了这个思维陷阱），科技也就失去了意义。

商业

想象你要设计的产品是一个初创公司，公司一共只有三个人——一个人从事产品/设计，一个人从事开发，那么至少有一个人要关注商业和市场。AirBnb今天估值已达310亿美元，改变了全世界很多人的旅行体验，我们再回看他们第一次拉投资时的前十张幻灯片，分别是"产品概念""问题""解决方案""市场验证""市场规模""产品""商业模式""市场采纳""市场竞争"和"产品优势"。你可以感受到，商业和市场对任何产品的重要性。在产品构思初期，商业模式也是一个关乎存亡的话题。

商业模式的根本归于两个问题：

- 你能否可持续、可量化地获得新的客户？（获得一个客户的花费叫Cost of Acquiring a Customer，简称CAC。）
- 你能否从这些客户身上获得远远高于猎获他们花费的收入？（一个客户的终身价值叫Lifetime Value of a Customer，简称LTV。）

一个显而易见的基本原则是LTV必须大于CAC。很多时候你看到公司在烧钱，用极高的CAC去获得客户，看中的也是客户身上长远的 LTV。Amazon 就是一个这样的例子。当他们在 Kindle 平板电脑上推出 Mayday 视频呼叫客户服务时，明眼人一看就知道这是个短期内赔本的生意。在当时一个视频客服通话的成本远高于文字和邮件客户服务，Kindle 平板电脑的造价也基本上没有赚钱，但 Amazon 看中的是提高消费者满意度，在它打造的生态圈里留住这些中产阶级家庭消费者，通过他们的 LTV 去获得长期的盈利。事实上 Amazon 早已经深谙硬件不赚钱，通过 LTV 来赚钱的道理，这也是华尔街人很爱听的一个故事。

需要注意的是，好的产品不一定就有好的商业模式，今天的 Twitter、SoundCloud、Spotify 虽然都是非常优秀的产品，也拥有众多忠实的用户，但是它们都因为自身所在产业的原因在盈利上表现不佳。同样，好的商业模式也不一定代表就有好的产品。美国分类广告列表 Craigslist 就是一个著名的 "毫无设计但日进斗金" 的产品（当然每天都有不同的产品想从这其中分一杯羹，去蚕食 Craiglist 的市场）。

商业的话题复杂多变，但是在了解设计问题的本质阶段，设计师可以从以下几个问题入手：

- 市场是否存在？市场有多大？
- 竞争者是谁？他们的优势是什么？
- 我们的价值主张（value proposition）是什么？
- 产品的商业模式是怎样的？还有什么别的商业模式吗？利弊如何？
- 我们产品的财务如何运作？产品如何生存？如何带来利润？
- 市场策略是什么？产品会如何被推向市场？

4.1.1 商业竞争策略

有些要设计的产品有独立开辟出来的空间，在这片蓝海里竞争者很少（比如，用无人机送货、检测糖尿病的隐形眼镜、边驰骋边充电的汽车、增强现实），这些产品如同人类登上火星，每一步都是一个新的脚印。然而还有大量的产品是充分竞争甚至是过度竞争的。所以在商业这个环节里，竞争策略是设计师尤其需要考虑的问题。

美国哈佛商学院著名的战略管理学家 Michael Porter 在他的经典著作《Competitive Advantage》里提出的基本竞争策略包括成本领先战略、差异化战略、集中化战略。

- **成本领先**（cost leadership）战略也称为低成本战略，是指企业通过有效途径降低成本，使企业的全部成本低于竞争对手的成本，甚至是在同行业中最低的成本，从而获取竞争优势的一种战略[⊖]。科技公司的产品成本往往是开发、运维和硬件的成本，这些环节往往并不是设计师所关心和能左右的。但作为设计师我们需要对成本敏感，因为成本是设计能否实现的基石。如同室内设计师需要了解客户的预算一样，设计本身可以和预算有千丝万缕的关联。举个例子，Spotify教会了美国人从购买音乐转向付月费听所有的音乐。这里面"所有"是 Spotify 的核心价值主张。所以对于 Spotify 来说，跟像索尼、环球、华纳这样的大型音乐公司的合约就成了 Spotify 的生存关键——如果任何一家公司不跟 Spotify继续续约，他们将失去三分之一的音乐，大部分听众不会去关心哪个艺人隶属哪家音乐公司，那么自然 Spotify 的价值主张就会很混乱。如果你去网上翻翻"旧账"，Spotify 跟艺人、音乐公司有很多恩怨拉扯。其中主要原因是音乐公司掌

⊖ http://wiki.mbalib.com/wiki/%E5%9F%BA%E6%9C%AC%E7%AB%9E
%E4%BA%89%E6%88%98%E7%95%A5#.E5.8F.82.E8.80.83.E6.96.87.
E7.8C.AE

握版权和艺人，他们要价很高，艺人本身从 Spotify 上获得的收入却不高。说回成本战略，对于 Spotify 来说很大一部分收入都贡献给了音乐公司，降低对他们的依赖能让 Spotify 在下一轮续约时占有更多主动权。产品设计如何能让 Spotify 降低对音乐公司的依赖呢？简而言之，首先，Spotify 在产品里把备受欢迎的 Top40 榜单做得很成功。其次，Spotify 开始推广除了音乐之外的内容，比如视频、博客、轻音乐，甚至是原创内容。这些内容对于终端用户是增值项目，对于 Spotify 则是稀释对音乐公司的依赖性。然后，Spotify 还有很多美国消费者没有关注到的 Spotify for artists 这样的针对音乐公司的产品。它可以帮助艺人团队了解自己在平台上的表现，以制订巡演、商演策略。跟 YouTube 有 You-Tube for artists 一样，这款产品的存在就是为了增加数据的透明性，从而使音乐公司也依赖这些内容分发平台的信息。如果我们是 Spotify 的设计师，上面几个战略自然都是我们在产品设计过程中要优先考虑与整合的。从商业的角度来理解设计，你会发现自己的设计与公司产品的商业成败直接相关。这样在做设计时你会自然地把商业成功的策略融入到设计里去。

- **差异化**（differentiation）战略，是指为使企业产品与竞争对手产品有明显的区别，形成与众不同的特点而采取的一种战略。这种战略的核心是取得某种对顾客有价值的独特性。企业要突出自己产品与竞争对手之间的差异性[⊖]。在中国早些年流行团购时有"百团大战"，前阵子流行网络直播时又

⊖　http://wiki.mbalib.com/wiki/%E5%9F%BA%E6%9C%AC%E7%AB%9E
　　%E4%BA%89%E6%88%98%E7%95%A5#.E5.8F.82.E8.80.83.E6.96.87.
　　E7.8C.AE

有"千播大战"（据媒体不完全统计，截至 2016 年 5 月，平均每隔 3 小时就有一款新的直播 App 诞生）。这里面每一家公司是否能结合自身资源优势，产生差异化战略，决定了他们是否能够走到最后。从产品设计的角度来说，如何通过设计把差异化战略的优势放大，把自身竞争劣势与不足淡化，让用户体验依旧或更加顺畅，则成了一门艺术。还是用音乐产业举例，YouTube 音乐的全球总裁（华纳音乐前任全球总裁）里尔·科恩（Lyor Cohen）在纽约宣布谷歌 Play 音乐与YouTube 音乐将要合并。这意味着 YouTube 作为全球最大的视频平台开始要与 Spotify 竞争了。在纽约的一次会面上，科恩问 YouTube 音乐的用户体验设计团队，我们要如何增加YouTube 音乐的差异化？这里面有很多东西可以展开聊，但YouTube 的核心竞争力是视频与全球用户。如果你是产品设计师，Spotify 占有五成美国市场份额，苹果音乐占有另外三成，你会如何设计 YouTube 音乐，让音乐服务同时把YouTube 的视频优势发挥出来，让现有的 Spotify 或者苹果音乐用户转台到 YouTube 音乐上来？如果这个问题解决了，这个年增长率超过 100% 现在高达 25 亿美元的市场份额，对于产品设计师来说就有巨大的想象空间。

- **集中化**（focus）战略也称为聚焦战略，是指企业或事业部的经营活动集中于某一特定的购买者集团、产品线的某一部分或某一地域市场上的一种战略。这种战略的核心是瞄准某个特定的用户群体、某种细分的产品线或某个细分市场 ⊖。这里对于产品设计要有一个清晰的定义，为范围清晰界定的目标

⊖ http://wiki.mbalib.com/wiki/%E5%9F%BA%E6%9C%AC%E7%AB%9E%E4%BA%89%E6%88%98%E7%95%A5#.E5.8F.82.E8.80.83.E6.96.87.E7.8C.AE

人群解决有特征的需求。不是所有的产品都有清晰的目标人群，比如 Facebook 的主应用，你很难界定到底在为谁做设计。但是如果你是 Snapchat，虽然坐拥 1.5 亿月活（MAU），但是因为专注于年轻消费者对信息和社交的使用习惯，可以创造出很多独特的产品风格。

商业竞争策略不是一成不变的，也不需要覆盖全部。无论是在大型公司、咨询公司还是在创业公司，设计师对商业策略的理解都会让自己的设计更加落到实处。

4.1.2　人、科技、商业的均衡

说到均衡，首先要指出的就是在实际生活中，前面"人、科技、商业的均衡"图中所示的完美均衡是不存在的，或者说图示的大小一样的三个圈是一个不切实际的愿景。

首先，每个公司的文化、产品和自身成功因素的组成导致图中三个圈的起始大小和关系不一致：像谷歌这样工程师文化主导起家的公司，你明显可以看到它早期的很多产品缺乏对设计的关注。谷歌的第一位设计师是在公司聘请厨师之后才加入团队。无论是谷歌山景城总部的园区，还是很多依然在线的产品，依旧散发着美国大学计算机系的气息。确实很多谷歌产品的成功来自于卓越的科技，用户体验与商业创新只是实力的补充。每个谷歌新人在接受培训时，都会被告知公司的"Be scrappy"文化，要去除整洁、秩序，最小化试错成本。这些因素使"科技"这个圆圈持续成为谷歌进步的关键原动力。

对于早期企业产品来说，商业需求极其复杂，而产品的最终使用者并不是产品采购者，所以我们常常会看到自己所在单位里的企业级软件能够满足企业需求，但是科技却非常老旧，也毫无体验可言。但是我们依旧需要使用它，因为它满足了我们企业服务的最低需求。这种对产品需求的偏重，在产品开发的决策中深远地影响着每一个决定。

设计不是一切。尽管很多设计师（包括我自己）对设计都持有非常乐观的态度，认为设计能给这个世界带来极大的正面影响，是一款产品的成败关键，但是设计并不能解决所有的问题。苹果公司以出色的设计闻名世界，但是他们多年反复设计的照片管理应用Photos 和语音助手 Siri 却一直不温不火，因为照片管理最核心的痛点是照片依然需要被管理，Siri 只能听懂你的一小部分指令。当谷歌成功利用机器学习自动对照片进行管理以后，迅速赢得了众多消费者的心。（有一次我在填写自己的车牌号时，尝试使用谷歌照片搜索"License plate"，事先毫无任何分类整理，谷歌给我返回了所有我的照片里包含车牌的照片，其中两张都清晰地显示了车牌号。）

设计师可以把对自己所设计的产品分成这三个方面来深入探讨，画出所对应的圈的关系。我们完全可以把这种不均衡、不完美当成机会，思考我们所在的组织所设计的产品，不均衡的原因在哪里，在设计流程中需要更重视哪些方面。

4.1.3 GE Healthcare 案例

尽管这个案例来自 5 年前，但是每次看到它的照片时内心都会很受鼓舞。

不知道读者里有没有曾经做过 CT 或者 MRI 身体检查的。上一次我做 CT 时，医生向我的身体里注射了一种无害的造影媒介，让我笔直地躺着。我想象着自己被送进这个狭小的空间，仿佛随时都会被失灵的机器吞噬掉。当我看到《Modern Family》电视剧里的Cam 做 CT 检查时，多次引发幽闭恐惧症，真心觉得又幽默又无奈。Doug Dietz 是 GE Healthcare 负责设计新款 MRI 机器的显

示、中控、外观以及病人传送部分的设计师[⊖]。当他们项目新出产
的机器在医院展示以后，他迫不及待地跑去医院看看自己的心
血——毕竟 MRI 扫描可以拯救很多人的生命，这是一个非常让人
自豪的项目。

　　当 Dietz 走近扫描室时，本以为会听到医生和病人对新机器的
喜爱和赞赏，但他却听到小孩的啜泣声。父亲对病患小孩说："记得
我们已经约定过，你会很勇敢地面对这一切，是吗？"其实父母也不
知道小孩经历了什么，也是一脸茫然。MRI 扫描仪看起来确实非常
让人不适，没有人会想把自己的孩子送到一个高科技洞里去。

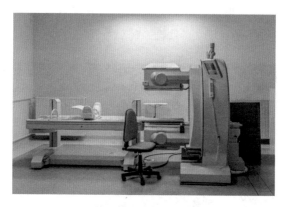

医院里常见的 MRI 设备

图片来源：https://pixabay.com/en/mri-magnetic-resonance-imaging-2813904/

　　"对我来说，我感到如梦初醒。"Dietz 在 TED San Jose 的一
个演讲上说道。[⊜]

　　从前面"人、科技、商业的均衡"图中的那三个圈来分析，这
台机器的科技肯定是顶尖的，商业模式肯定也不用操心。但是

⊖　http://newsroom.gehealthcare.com/from-terrifying-to-terrific-creative-
　　journey-of-the-adventure-series/

⊜　https://ed.ted.com/on/m16QBaZg

Dietz 发现的却是这个产品缺乏对人的关怀。做过这些拍摄检查的
读者都知道，在做检查时患者需要一动不动地躺着，这对处于恐惧
深处的小朋友来说是非常大的挑战。事实上很多小孩因为不能笔直
地躺着完成检查，医生不得不给他们重新扫描一次（双重辐射）⊖。
更有甚者，医生还需要给小孩使用镇定手段。对于罹患癌症的小朋
友来说，他们可能需要定期检查，也就是说他们会反复经历这一切。

　　Dietz 组建了一个有设计经验的团队，并且邀请了医生、护士
和病人一起来参与设计。他们很快意识到是医院里仪器冰冷的环境
导致了这个局面。所以他们把要解决的设计问题锁定到了这个简单
的命题上："如何能提供一个受欢迎的扫描环境，让小朋友感到这
是'冒险'而不是在接受'处决'？"。⊜

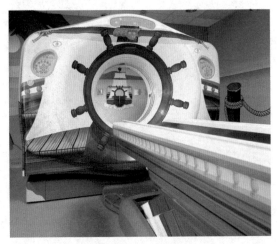

被改造成海盗船的 MRI 仪器⊜

⊖　http://www.geglobalresearch.com/blog/inspired-designs-help-kids-get-
　　through-medical-scans

⊜　http://newsroom.gehealthcare.com/from-terrifying-to-terrific-creative-journey-
　　of-the-adventure-series/

⊜　https://www.flickr.com/photos/gehealthcare/sets/72157629488755266/

　　我第一次看到他们在匹兹堡大学医院的这个设计时，感动得眼泪都要出来了。他们把冰冷的医院改造成了充满乐趣的主题乐园。这些装饰不仅仅只是外观上的改善，他们还把主题与仪器操作深度结合在了一起。下图就是这样一个主题。他们把传输病人的平台改造成了独木舟。当小朋友躺上去之后，语音会告诉小朋友要一动不动地躺下，不然会摇晃独木舟吓跑鱼群。当小朋友躺着不动一段时间（完成检查）以后，真的会有鱼儿伴随着声音与动画投影"跳"到小朋友身上来。

　　事实上结果也是喜人的。更高的扫描完成率，更好的病人／家长满意度。有些小朋友还会问自己的父母："我们能不能再坐一次？"

被改造成独木舟探险的 MRI 仪器[○]

　　Dietz 在他演讲的结尾说道："当你为意义做设计，好的事情就会发生。[○]"他所说的"设计"，不正是平衡了科技、商业，更重要的还有人的因素在里面吗？

　　○　https://www.flickr.com/photos/gehealthcare/sets/72157629488755266/
　　○　https://ed.ted.com/on/m16QBaZg

4.1.4 "了解设计问题的本质"的设计心态

从注重了解设计需求转变为尝试对问题的本质进行探索

"设计需求"本身已经暗示了此需求是已经有人整理好的，人为地写成一个个用户故事的成品。这些需求对于初入职场的设计师来说是一个清晰的可以工作的输入，有利于设计师快速精准地产出合理的设计。但是这其实让设计师失去了"挖掘需求"阶段，也丧失了与其他团队一起思考产品定位的机会。

不是每一个项目都需要我们去挖掘和改变设计需求（有一些项目在战术上只是需要快速交付），但是每一个项目我们都可以尝试对问题的本质进行探索。

前面讨论过的"人 – 科技 – 商业"是一个很好的展开对问题本质的理解的思维框架。

假设我们现在有一个项目在手上推进，为了更好地在设计流程中融入到这个阶段，设计师需要跟其他合作方（产品经理、研发经理、用研人员、市场专员等）一起完成这个知识收集的过程。这个工作小组需要：提出更多的问题，寻找答案，相互分享知识得到共识。推进这个"提问 – 寻找 – 分享 – 总结"的过程就是设计团队可以发挥设计领导力的核心思路。前面我们讨论了"提问"的思路，后面的小节里我们会讨论"寻找答案"的方法以及"分享总结"的策略。

从只注重功能流程转变为同时对人的体验进行关怀

对功能流程的关注听起来特别机械，每一个设计师都会宣称自己设计的不是功能而是体验。因为如果只是设计功能，大家都知道结果难免会形成功能的堆砌。但是如果只是关注人的体验，感觉又有哪里不对——因为毕竟再好的用户体验也是由功能流程一步一步搭建起来的。

所以这里设计心态的转变是既要关注功能流程，同时还要关注人的体验。首先，从利益相关性的角度来说，设计师在一个大的产品团队里，是最应该也最有可能去倡导人的体验的。产品经理需要推项目进度，需要敲定最小可行方案（Minimal Viable Product，或 MVP）和优先级；工程师需要兼顾实现方法的代价。虽说对人的体验是产品团队每个成员都应热切关注的，但是作为设计师则更应该从自己的职能本质上关注人的体验。

在这两种模式里面切换其实非常消耗前面提到的"大脑查克拉"，因为两个模式所要关注的内容不同，也会产生一定的冲突。

因此对设计问题本质的了解，很大部分是要对人进行了解，这里的"人"可以是很多不同的角色。在橙子通信的例子里，它可以指客服专员、客服专员经理、系统 IT 管理员、现场维护人员（field service）、终端客户，也可以是这套系统采购过程中的采购人员、销售人员，以及决策人员。这些人的需求、行为、态度都释放出很多关键的信号，指导着设计的方向。

从注重快速提出解决方案转变为清晰地定义要解决的问题

每个人都有抑制不住的冲动想要跳入解决方案——毕竟快速了解问题然后解决问题让你看起来特别有效率，而且很多情况下（比如一个微观局部功能的提升）这种战术也非常有效。另外一方面，对问题本质的探索和对人的了解可以是无止境的，如果设计师对这个过程把握不当，很容易给合作方造成"不知道设计师在做什么，怎么还不开始做任何设计"的印象。

但是从另外一个方面，这个设计心态的道理非常好理解。如果没有清晰定义好问题，我们解决了错误的问题又有什么作用呢？但是有过一些经验的人都会知道，要清晰地定义好一个问题非常难。

一个定义得当的问题[⊖]会聚焦并且清晰阐述当前问题,并因此让团队受到鼓舞协同统一去解决这个问题,并且明示如何去评估项目的成败。

所以这里要注意的是,清晰地定义要解决的问题不只是一个结果,还是一个过程。这是带领整个合作方发散思维再收拢思维的一个过程。这个阶段的结果,是整个团队的认知都比较一致,并且都认为这个问题值得解决因而受之鼓舞。这听起来非常缥缈,但是在设计过程中有千百个小决策,我们不可能每个决策都去跟进。将整个团队的认知和要攻克的问题协同起来,可以系统地提高决策一致性。这个过程里可以使用很多工具来帮助我们和合作方进行定义。这一章后面会分享像 Facebook 这样优秀公司的产品设计师有哪些设计策略。

4.2 选择合适的设计研究方法

每隔一段时间我们就会看到这样的故事:一个公司(无论大小)在某个场合发布了"万众瞩目"的产品,媒体对其追捧有加,人们对这款产品充满了兴趣。但是真的到了产品摆上货架时,它们的销量则很一般。早期使用者可能会买回去体验,但是这个产品始终没有进入主流消费市场。是什么出了问题呢?市场研究很早就对这个产品做出了系统性分析,收集了大量的数据证明这款产品对这个公司或者组织有价值。设计研究则关注了不一样的目标:设计研究收集整理人的需求和体验,基于人的需求得出为终端用户产生价值的结论。

Adaptive Path 的 Nick Remis 曾经说过,"(设计研究)是指

⊖ https://dschool-old.stanford.edu/sandbox/groups/designresources/wiki/36873/attachments/74b3d/ModeGuideBOOTCAMP2010L.pdf

系统地挖掘和清晰地阐述个人或者集体的需求，用这些信息来驱动设计"[⊖]。设计研究是我们创造产品、服务、系统的基石。

设计师在做任何设计决定时都需要基于事实（fact）和假设（assumption）。基于事实听起来是个不错的想法，既客观又科学，但是事实信息是散乱的。你可以用谷歌找到很多信息，但是这些信息都需要我们去提炼、整理，要花费很多精力。我们还会基于假设做很多设计决定。很多人把这个叫作"经验"或者"直觉"，本质上，它们都是假设——借由过去的、不完整的、未经验证的信息来对一个问题进行预判断。事实和假设不是站在对立面的，对于设计师们来说，假设是我们的好朋友。但是当假设被当成事实来用于做设计决策时，则是一件非常危险的事情。所以在探索阶段，设计研究就是系统性地运用方法来识别、验证假设，让设计尽可能多地基于事实，并且清晰地阐述设计决定是基于哪些假设。

不要被上面这段话弄晕了，设计研究虽然是严谨的科学，但是在设计项目中它的目的非常深入浅出：

- 了解现在的系统，发现规律特点（pattern）。
- 拟定假说（hypotheses），验证假说。
- 梳理信息，产生见解（insight）和可以采取的行动。

想象我们在项目初期，谁都不知道产品会变成什么样子，未来有很多种可能。如果把整个解决方案想象成一个可以描绘的空间，下图中"1"是一部分已经清晰的已知的方案，"2"则代表了大量假说待验证的方案，而"3"可能就是从未被想过的新的方案。我们需要做的就是去拟定和验证假说，去打通"X"标记的地方。

⊖　A Crash Course in UX Design Research, https://uxdesign.cc/a-crash-course-in-ux-design-research-ea00c3307c82。

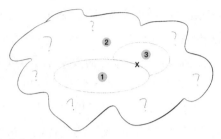

1. 已知的方案
2. 一个想象的全部解决方案的空间
3. 新的解决方案
X. 潜在的地点，从已知领域 1 突破向未知的解决方案领域 3

解决方案的诞生 ⊖

在这个阶段我们很容易因为自己的经验或者局部知识（tribal knowledge）而认为我们已经知道足够多的信息，从而想要跳入结论中。还是看看上图，站在"1"里面很难去估计"2"有多大，"3"的可能性是否充足。在这个阶段，我们需要提醒所有的合作伙伴要有一个开放的心态，不要过早地给"1"范围划上界限。这个时候一个很好的活动就是去记载我们的这些局部知识，把它们转换成假说，然后在设计研究环节中尝试去验证这些假说。在后面的"假说驱动设计"（hypothesis driven design）中我们会再详细讨论。

需要注意的是，我们不是在研究一个理论，事实上不管是在硅谷还是在世界上任何一个公司，产品部门都有资源限制、时间压力、决策层级，所以我们也不会有无限的时间、金钱、组织支持来花上一年半载来做一个项目的设计研究。所以从现实意义上来说，设计研究需要定义清晰的问题，并且用最有效的方式来找到答案，这是至关重要的。

4.2.1　设计研究方法框架

做设计研究，本书可能不足以去专业地阐述其全部方法。但是

⊖ Clustering: An Essential Step from Diverging to Converging

首先让我们一起来建立对设计研究的一个"全局观"——不同的设计研究方法都有哪些属性可以将其归类或者区分开。现任 Captial One 的设计、研究 VP Christian Rohrer 对设计研究方法做了一个全局分类⊖，我根据自己的理解加入了第三条：

- 态度的（attitudinal）与行为的（behavioral）
- 定性（直接）的与定量（间接）的
- 产生性的（generative）与评测性的（evaluative）

态度的与行为的

态度和行为可以理解成"人们怎么说"与"人们怎么做"。态度相关的设计研究主要是了解人们对外声明的看法与态度。而行为的设计研究主要是测量人们的实际行为动作。假设我们现在在设计一台汽车，如果你只进行态度相关的研究，你会发现人们永远想要性能更好、价格更便宜，甚至是很多不切实际功能的汽车。如果你只去了解行为，你有可能只在一个局部范围做优化，无法掌握用户心理（所以很多市场研究会使用态度性的研究手段）。

"人们怎么说"和他们心里真实的想法是有偏差的。"Social desirability and conformity"⊜就是社会科学中一种被广泛承认的心理倾向。受访者在回答问题时会根据社会所认同的价值观（比如运动对健康有益，分类回收垃圾对环境有利，所以受访者会夸大自己运动的习惯，或者强调自己对分类回收垃圾的支持）而给出与这些价值观相符或者夸张的答案。前 Google 数据科学家、现纽约时报专栏作家 Seth Stephens-Davidowitz 在他的书里⊜就分析了大

⊖ When to Use Which User-Experience Research Methods, https://www.nngroup.com/articles/which-ux-research-methods/

⊜ https://en.wikipedia.org/wiki/Social_desirability_bias

⊜ https://www.amazon.com/Everybody-Lies-Internet-About-Really/dp/ 00623-90856

量人们向 Google 搜索提问而得到的数据，发现人们因为对搜索引擎没有"Social desirability and conformity"心理倾向，在 Google 上搜索了很多他们平时嘴上不会说出来的话。

这里面的社会科学非常有趣，也有很多话题可以继续讨论，但是读者需要知道人们的态度与他们的行为是不完全一致的。所以掌握设计研究最重要的是要避开这些没有价值的、容易让人们隐藏自己真实想法的问题，比如询问他们是否喜欢一款产品，或者问他们希望产品出现什么功能。

我们可以通过正确的研究方法得到实际且有价值的信息。比如，我们可以通过卡片归类（态度的）去了解人们对信息认知的心理模型，可以帮助设计师设计信息架构（information architecture）。调查问卷（态度的）可以收集人们自己报告上来的信息，追踪态度的变化，了解产品重要的问题。A/B 测试、可用性测试、眼球追踪等设计研究方法则通过实际行为来获得有价值的数据。在此情况下，被访者没有什么动机或者没有什么空间去修改自己的信息。

定性（直接）的与定量（间接）的

定性和定量是一个关键的区分。定性的（Qualitative）研究方法是通过研究者与被研究者直接接触，用与他们对话、了解他们的需求、观察他们的行为等方法，总结出被研究者的态度与行为特征。而定量的（quantitative）则是通过调查工具、电脑记录、数学分析等方法从数字上总结被研究者的态度与行为特征。

定性的研究可以回答"为什么"与"怎么做"，定量的研究则会回答"做多少"的问题。

产生性的与评估性的

这个比较好理解，产生性的研究就是在对一个问题空间了解不够多时，为了产生更多的想法而做的研究。评估性的研究则是在已经有一个可以被评估的对象时，搜集评估这个对象的一系列研究方法。

如果我们以时间为维度，还可以再细分成以下三个类别。

- 策略性的：激励与探索类型的设计研究，服务于产生策略。
- 执行性的：通过主要为定性的研究为设计师提供信息、优化设计、降低风险。
- 评估性的：丈量产品的性能指数，了解与竞争对手的对比数据。

在本章中，设计活动主要在项目的开始阶段，偏重于"探索"，所以"策略性"的设计研究活动居多。到了后面"发展"与"交付"环节，则会开始注重执行性的和评估性的设计研究。

设计研究在产品的不同阶段会发挥不同的作用，目标、侧重使用的方法也各不相同。下表总结了在"制定策略""执行""评估"这三个阶段的不同的设计研究思路：

- 在制定策略阶段（也就是本书中"了解问题本质"阶段），侧重于了解现状、发现机会、理解为什么会有问题、怎么做才能解决问题。常用的研究方法有用户访谈（开放或者半开放结构）、调查问卷、实地考察等。其核心都是围绕着产品的几个关键问题展开信息收集行动。在收集到一定量的信息以后，设计研究可以把信息归类整理出来供整个团队使用。这个阶段也是让整个产品团队对设计问题的本质有一个统一理解，把注意力聚焦到关键问题上的好机会。
- 到了执行阶段，也就是本书后面章节里提及的"探索设计潜能""精益的设计"阶段，设计研究侧重于帮助设计师一直保持在正确的轨道上，产出解决核心问题的设计。如果这个阶段设计师有问题难以抉择，设计研究就会通过定性的研究方法去获得初步答案，降低项目风险。YouTube 的产品团队很注重数据驱动设计，在设计还在发展的阶段，YouTube

就有一种每周一轮的快速定性设计研究。每个研究在周一定选题，周三定方案，周四测试4～6名用户，周五出报告。这些快速设计研究的目的是为发展中的设计项目提供定性的数据。这些快速设计研究是不可能为方案提供严谨的数据来支撑一个理论的，但是这些快速设计研究提供的定性数据能够有效地为设计团队提供指引方向，降低项目风险。

- 评估阶段的设计研究的精髓在于在整个项目开发已经取得阶段性成果，但是在开发周期的大门完全关闭以前，收集一系列的评估和改善意见。所以这个时候设计研究的方法会偏重于定量，回答"究竟有多少"这样的问题。还是回到YouTube的工作方法里，在YouTube，产品经理会对一部分产品制订产品实验（比如不同的页面结构或者是弹出对话框的时机），然后利用YouTube内部已经很成熟的实验基础设施，对很小的一部分用户做A/B测试。到了最后，决定一个产品是否成功的数据可以用来决定哪个方案最后胜出。

	产品开发阶段		
	制定策略	执行	评估
目标	了解策略方向，搜集信息并发现机会	搜集信息让设计贴合实际，为设计增加数据，降低风险，增加可用性	评估设计方案，对比竞争者产品
方法	定性与定量共用	偏重定性	偏重定量
通常的方法（举例）	数据挖掘、用户访谈、实地考察、调查问卷、日记研究、照片日志等	卡片归类、实地考察、共同设计、有人主持的可用性测试等	可用性基准测试、调研、无人主持的可用性测试、A/B测试等

研究方法阶段分类表⊖

⊖ When to Use Which User-Experience Research Methods, https://www.nn-group.com/articles/which-ux-research-methods/。

我们还是搬出前面橙子通信的例子，一起来梳理一下在这个案例中可以考虑使用哪些设计研究方法。首先一起回顾一下这个虚拟案例：

随着人力资源成本的不断增高和橙子通信产品线的不断扩张，橙子通信的客户服务部门面临着越来越大的压力：

- 客服电话越来越难以接通，终端用户在使用橙子移动时有越来越多的问题不知道在哪里获得答案。
- 客服中心在接近 30% 年人员流动率的情况下，发现培训客户服务专员也变成了一项巨大的挑战。

现在橙子通信的设计团队接手了这个为期 6 个月的项目，第一步要开始做探索阶段的设计研究。由于橙子通信的设计团队在过去一年招募了很多新的设计师，他们正好需要借由这个项目了解公司客服中心如何运作。

下面是一些橙子通信可以考虑采纳的设计研究方法：

- 可以考虑通过数据挖掘的方法对终端用户打电话进来提的问题进行分类，比如账单问题、技术问题、资费套餐问题等。分类以后可以观察过去 6 个月中这些问题的变化，有没有哪个类别的问题提问次数快速增加。
  - 假设通过与公司的数据工程师合作调动数据以后，我们发现了以下几个有趣的现象：

    有大约 24% 的用户打电话进来想要获得自己上个月的账单，尽管橙子通信的网站上已经提供了这个自助服务，但是有一部分用户依然习惯打电话获得服务。

    在南方某市的一次信号塔技术故障中，故障持续了 18 个小时，在此期间技术支持相关的问题增加了 5 倍，然而客服人员只能告诉用户请耐心等待，并不能告知最新

维修进度。因为没有有效的沟通和分类方式，不知情的用
户也只能继续拨打电话获取信息。这个因素严重阻塞了当
天其他类型电话支持的需求。

- 可以考虑实地考察橙子通信的客户服务中心，这些客服中心
  的地理位置由于人力成本的因素不一定就在橙子通信总部的
  所在地，所以可能不能让所有设计团队一次性都去考察。那
  么可以考虑由1～2名代表去访谈考察。这两名代表可以搜
  集团队想问的问题，到现场访谈客服人员，回来再做简报。
  参考本章节开始讨论的如何对"人"进行了解，设计研究人
  员在考察时需要以对人的需求、行为、工具作为出发点进行
  记录。如果能够获得与客服中心客服专员、人事经理等骨干
  成员代表的交流机会，设计研究人员可以准备一份访谈稿，
  提前梳理好问题。

  - 假设两名设计团队的研究代表去B市的客服中心，安排了
    4个基层客服人员访谈，两个人事经理访谈和一名客服中
    心技术支持人员访谈。

    我们可以考虑把所有的访谈都安排在他们的办公桌
    处，这样方便他们向我们展示他们使用的工具，也方便我
    们实际观察他们接听电话的工作流程。

    在实地考察和访谈中，虽然客服人员对他们电脑上使
    用的软件表示相当满意，但是设计研究员却观察到他们在
    使用知识库查找最新答案时有很长的等待时间。搜索质量
    也参差不齐——有时客服人员需要变换好几个搜索关键词
    才能找到文章。

    因为一部分客服人员（约30%）是过去6个月加入公司
    的，他们对很多技术问题不熟悉，这个时候他们都会求助于
    他们的人事经理。但是整个过程非常低效：他们使用一个非

常过时的内部通信工具"举手提问"，然后人事经理会走
到他们的办公桌前回答问题。这个工具的提醒功能设计得
很差，人事经理稍不留意就会错过，客服人员有时甚至需
要打另一通电话过去看能否获得帮助。

　　设计研究代表还记录了除此之外约 20 种这样的发现，
然后做了一个简单的分类整理。

　　在客服中心的访问为期三天，中途设计研究员跟总部
设计团队进行了一场视频会议，简单地汇报了这边的发
现，设计团队的成员们一起提出了基于以上发现而产生的
其他想要问的问题。

- 设计研究人员还可以思考如何进一步了解终端用户。因为橙子
通信的终端用户遍布中国，他们就决定从橙子通信总部所在
的城市快速招募 3 名用户进行研究。为了节省时间，这一切
都可以与客服中心的研究同时进行。同样，我们还是需要设
计研究人员侧重对终端用户的需求、行为、工具进行记录。
  - 根据实际条件，设计研究人员可以考虑把终端用户邀请到
公司会议室、实验室来，或者去他们的家中访问，甚至是
给他们分发一个录音笔和照相机，请他们记录自己的体验
过程。

　　　假设我们发现被访的 3 名用户中，有两名用户根本不
知道橙子通信有自助服务，另外一名用户知道自助服务，
也很希望能够通过自助服务而不是打电话，但是自助服务
的信息分类非常繁琐，浏览起来很费力。她也尝试过搜
索，但是因为缺乏对通信行业词汇的知识，她也不知道自
己需要搜索什么内容。打电话成了这 3 名用户最低效但是
最好的选择。

　　　我们还发现这 3 名用户都倾向于使用自己的手机来获

得服务，他们一般需要橙子通信客户服务时也都是在一些碎片时间里（比如在地铁、公交上，或者是午餐排队的时间）。这些时间其实都不方便接听电话或者长时间在线上等待。他们都提到了要是能像和朋友发微信那样跟客服人员沟通就好了。

设计研究代表还记录了除此之外的类似 10 种这样的情况，他们打算回到总部做一个简报，帮助整个设计团队理解终端用户的使用情境和遇到的困难。

前面提到，设计研究不光是帮助设计团队了解设计问题，也是帮助所有合作方对设计问题本质有一个统一认识的机会。所以下面几个策略都可以考虑：

- 了解产品经理和关键合作方有什么问题。如有可能，邀请他们一起造访客服中心或者访问用户家里。或者提供视频电话连接，邀请他们电话连线参与到这个过程中。
- 在阶段简报时邀请产品经理和关键合作方积极参与进来。
- 讲一个好的故事在设计沟通过程中非常重要，设计研究员要发挥自己摄影、录音、拍摄视频的技能，也要启用自己"发现美的眼睛"，对有趣的、关键的事与物进行记录。当你在做汇报时，这些照片、视频、录音都会成为你"最好的朋友"——它们会让你的汇报有血有肉，生动有趣。这也是从故事、情感的角度让整个团队对设计问题建立统一认知的一个策略。

4.3 人本设计：理解设计对象，产生共情

选择合适的设计研究，有一个核心策略是"以人为本"。虽然人本设计（Human-Center-Design，HCD）已经被提出来一段时间，并不是什么新鲜话题，但是人作为一个千变万化的题材，人本设计

本身并不好掌握。考虑下面几个问题：

- 我们如何为自闭症儿童设计一款学习数学的应用？
- 我们如何设计超音速飞机的客舱体验？
- 我们如何为千禧一代设计游戏直播体验？
- 我们如何为医院监护人员设计移动信息管理系统？
- 我们如何为某国家政府设计灾难应急系统？

这些问题听起来互不关联，但是读者会发现所有的设计都有人作为接收端或者消费者存在。这些人的需求、行为、使用的工具也各不相同。要掌握好人本设计，设计师在这些项目的上下文里，要对心理学、超音速科技和商业模式、游戏产业、医疗系统、政府机构和它们的政治有充分的了解，才能产出有意义的设计。

谈到设计师经验的积累，除了脑海里有大量的设计工具可以去管理项目的不确定性，导出有价值的观点。设计师对这些"人本"相关的上下文积累，也是在一个垂直领域能设计出出众产品的关键。

在这个"人本设计"的设计策略中，很可惜，我们没有公式，能够指出"如果是 A 产业就用 X 和 Y 这两个方法"。但是我们可以通过 Thoughtworks、Salesforce、Uber 和 Airbnb，在接下来的几个案例中，一览这些公司的设计团队是用了哪些方式、工具去了解自己的用户。细心的读者还可以留意一下这几个团队都运用了哪些方法，把自己收集到的信息呈献给所有的合作方，使整个产品团队对设计问题的本质有统一理解，把注意力聚焦到关键问题上。

4.3.1　Jobs To Be Done

"Jobs To Be Done"（下文简称 JTBD）是一个理解客户为什么购买你的产品的理论。每个人都有想让自己的工作和生活变得更好的愿望，但是通向这个美好生活的途中会有障碍。这个时候客户会"雇佣"一系列的产品或工具来达到这个目的。对于软件和数字产品来说，你可以也想象成：用户"雇佣"了一款 App 来达成他们的某一个愿望。对于任何产品的现在竞争者来说，JTBD 意味着了解你如何能更胜一筹地去完成客户的愿望，让客户"解雇"他们现任的工具和产品，来"雇佣"你即将设计出来的产品。

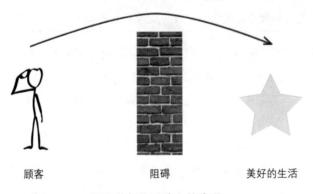

顾客　　　　　　　　阻碍　　　　　　　美好的生活

通往美好生活路上的障碍

JTBD 和我们常常写的用户需求故事有一个最大的区别：JTBD 是通过现有的科技去打造一个满足用户愿望的解决方案，而用户需求故事则假设了用户已经选择了某种类型的解决方案，从而忽略了其他完全不同的方案的可能性。举个例子来说，人们都有用最舒适、最省时、最便捷的方式从 A 点旅行到 B 点的愿望。亨利福特并没有想创造"更快的马"，而是第一部让美国中产消费者能负担的"Model T"汽车。汽车在近 100 年来为人类的出行带来了革命性的进步，但是从根本上来说人们的愿望还是从 A 到达 B。"驾驶"只是汽车这个解决方案里的一个衍生要求。在一个汽车市场充分竞争的现代社会，汽车的性能、容量、外观、内饰、品牌形象都已经高度细分，谷歌的 Waymo 与特斯拉的全自动驾驶研究则是一个角度，尝试把"驾驶"从障碍清单中略去，为人们达成这个愿望去除更多障碍。同样的，读者还可以重新看待很多产品：

- 人们购买智能手机，是为了发送接收讯息，更是为了更便捷地与外部世界保持联系。
- 人们购买吹风机，是为了把头发吹干，更是为了保持一个良好个人形象。
- 美国家庭购买割草机，是为了把草坪打理整齐，更是为了有一个漂亮的家。
- 人们选择一个幻灯片制作软件，是为了做出漂亮的幻灯片，更是为了讲一个有信服力的故事，抓住听众的心。

Alan Klement ⊖有句话特别生动："一只熊在抓鱼这件事上想的一直是如何更快、更方便地抓到鱼。而人类想的则是：抓鱼根本就是个笨办法，如果我能创造一片水域来养鱼，我就再也不用捕鱼了。"

亚马逊的 CEO 杰夫·贝索斯有一句话用在这里特别合适："客户非常奇妙，哪怕他们告诉你他们很满意，你的生意做得也不错，他们总会不满意。客户们并不知道，他们自己总是想要更好的东西。你想要让客户欣喜的愿望会不断驱使你去为客户做创新。没有哪个客户曾经要求过亚马逊创造 Prime 会员，但是结果表明人们需要它。"

这里面"没有哪个客户曾经要求过某 X 产品，但是结果表明人们需要它"就是 JTBD 的最大价值——它可以让我们跳出用户现有的需求和工作流，让我们跳出对其进行局部优化的思路，从整体看待用户。

什么是一个 Jobs 呢？简单地说就是：

动作 + 对象 + 上下文

⊖　http://www.whencoffeeandkalecompete.com/

比如：

- 把我的行李运送到目的地
- 在下班前把我的家里打扫干净
- 让橙子通信的重要客户及时获得优质客户服务

有了一个 Jobs，那么什么是一个完整的 Jobs to be done 呢？

还是回到橙子通信的例子，对于橙子通信的终端用户，他们对于客户服务的愿望是：最好别让我遇到问题。如果描写成 JTBD 的格式，可以是：

把我从"手动寻找客户服务的帮助来解决一个我都不知道如何描述的问题"这种痛苦中解放出来，让我继续专注于获得橙子通信给我带来的便捷。

一个好的 JTBD 有三个元素：⊖

- 不要仅仅去描述一个任务或者一个行动。要去描述用户的愿望的本质。一个电钻最终不是为了纠结于在墙上钻出多大的一个洞来，而是如何让客户好好地挂上一幅画。
- 尝试描述客户在过去如何完成这项任务。在上面的例子里就是："手动地寻找客户服务的帮助来解决一个我都不知道如何描述的问题。"
- 尝试理解什么事情可以激励用户，描绘客户在克服这个困难以后的"更好的生活"（outcome）。在上面橙子通信的例子里，就是"让我继续专注于获得橙子通信给我带来的便捷"。对于特斯拉来说，就是用户可以免于驾驶的劳顿和潜在的危险。

每一个 JTBD 还可以拆解成功能目标、个人情感需求和社交情

⊖　https://justinjackson.ca/what-is-jobs-to-be-done/

感需求。就以橙子通信的 JTBD 为例，它就可以拆解成：

- 功能目标：获得橙子通信给我带来的便捷，寻找客户服务帮我解决遇到的问题。
- 个人情感需求（用户对整个情况的感知）：更简易、省心地解决问题，感到生活仍是可控的。
- 社交情感需求（这个用户认为他/她在这个情况里别人是怎么看待他/她的）：与橙子移动打交道时被尊重，浪费掉的时间被承认和补偿，不用担心自己的问题很蠢或者打扰到了他人。

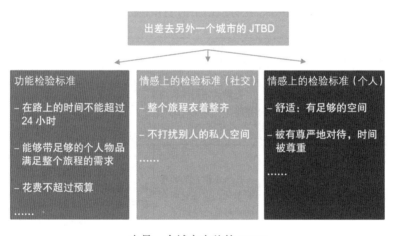

去另一个城市出差的 JTBD

寻找每个产品的 JTBD

我们如何寻找正在构思的产品的 JTBD 呢？要回答这个问题，我们需要从人的角度去理解用户的整个历程以及激发他们做出改变的深层次原因。感兴趣的读者可以参考 Clayton M. Christensen 的经典著作《创新者的解答》[⊖]与 Alan Klement 的《When Coffee

---

⊖ https://www.amazon.com/The-Innovators-Solution-Sustaining-Successful/
dp/1578518520/ref=la_B000APPD3Y_1_6?ie=UTF8&qid=1339574940&sr=1-6

and Kale Competes》◯，全面地了解 JTBD。在这里我们仅仅描述 Lance Bettencourt 和 Anthony W. Ulwick 在《哈佛商业周刊》刊登的一个非常棒的核心框架◎，借此理解客户的 JTBD（如下图）。

Bettencourt 和 Ulwick 的 JTBD 核心框架

步骤	客户需要	公司创新的可能性	例子
定义	确定目标，确保资源就位	把做计划的流程简单化	Google trip 自动读取电子邮件信息自动生成旅行条目，方便用户回访机票及酒店信息、发现旅游景点、下载离线地图等
定位	收集工作（Jobs）所需要的信息，做前期准备	让所需信息的收集简单化，保证它们在需要时就已经到位	各大航空公司都提供网上办理登记手续、打印电子登机牌的服务，这样到了机场如果没有托运行李可以直接过安检（美国的租车服务柜台相比起来就非常笨拙）
准备	确保环境里的其他因素就位	让准备就位的过程简单化，并创造一些指南以确保准备工作有序进行	洗衣机、洗碗机提供常用的场景设置，用户很少需要动手配置具体参数

JTBD 框架◉

◯　http://www.whencoffeeandkalecompete.com/，官方提供免费电子版 pdf 下载。

◎　The Customer-Centered Innovation Map, https://hbr.org/2008/05/the-customer-centered-innovation-map。

◉　https://strategyn.com/customer-centered-innovation-map/

步骤	客户需要	公司创新的可能性	例子
确认	确认工作（Jobs）所需要的各个环节都已就位	清晰地呈现用户需要确认的信息，辅助他们确认工作就绪	加拿大移民签证系统把签证申请者所需的材料分类显示，一目了然
执行	执行工作	防止问题的出现或者延迟	Nest Protect 家庭烟雾报警器可以实时监控家里的一氧化碳以及烟雾浓度，在事件发生时发出警报并且远程通知用户
管控	评估工作是否成功执行	把管控信息与更好的执行步骤结合起来	FitBit 可以监控用户的步数、心率等运动数据，让系统向用户反馈他们的运动状态
修改	做出修改或者改善的行动	减少修改的发生次数	云服务把系统软件维护和升级的过程对用户隐藏起来，用户每时每刻用的都是最新的软件
终结	完成工作或者准备重复此项工作	设计让最后终结步骤简单易行的方案	优步和滴滴打车让乘客在到达目的地后可以直接下车，而不需要像传统出租车那样结账

JTBD 框架

从直觉上来说，当你发现你的客户在自己拼凑一个解决方案，或者用好几个不同的解决方案搭配使用时，这都可能是创新的机会。当你看到婚礼策划人在用各种工具拼凑出你的结婚方案、管理供应商、跟不同的人沟通时，这可能是一个机会；当你看到一家初创公司用电子表格、电子文档甚至是纸质方式记录和管理公司的人员、账务、流水时，这也可能是一个机会。

用上面这个框架，我们可以科学地把客户的 Jobs "放慢"并且聚焦到每一个局部步骤，思考我们能否从这个步骤和这个角度进行创新。这个时候可邀请各个职能的专家、领头人一起来讨论下面的问题，这些问题最终都会导向我们发现 JTBD 机会。

- 在 JTBD 框架每个步骤的层面:
  - 当前解决方案执行这个步骤最大的困难是什么?是什么让这个步骤执行起来不方便?
  - 是什么让这个步骤出了问题或者变数?
  - 某部分客户会比另一部分用户执行起这个步骤更艰难吗(年长与年轻、新手与专家等)?
  - 这个步骤的理想结果是什么?而现在的结果是什么?是什么造成了这个差距?
  - 这个步骤会在某些上下文里更难以执行吗?
- 整个 Jobs 层面的机会:
  - 在什么上下文里客户挣扎于执行今天的 Jobs?客户还可以如何执行这个 Jobs。
  - Jobs 可以被更有效地执行吗?如果改变顺序,会更有效吗?
  - 某部分用户会比另一部分用户执行起整个方案来更艰难吗(年长与年轻、新手与专家等)?
  - 当客户需要把好几套方案拼凑在一起时,他们都经历了什么挣扎与不变。
  - 有可能删减任何一个步骤或者输入吗?
  - 用户需要完成所有的动作吗?有哪些步骤可以简化、自动化、外包吗?
  - 有哪些大趋势(云计算、人工智能等)会对这个 Jobs 的执行在近期或未来产生影响吗?

这些问题当然是抛砖引玉,读者在这些问题的基础上应该加入针对自己公司和产品相关的更多问题去寻找 JTBD 机会。在讨论出众多的 JTBD 的机会以后,我们需要有一个优先级排序的过程。

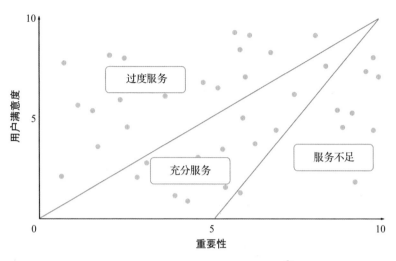

Zbigniew Gecis 对 JTBD 机会的排序⊖

Gecis 在他的 meidum 博客上刊登了一个非常实用的筛选方法。上图把 JTBD 的机会按照现在客户的满意度以及本身的重要性画了一个二维坐标图，然后划分出了三个空间——未得到充分服务的、充分服务的、过度服务的 JTBD 区间。Gecis 指出：

- 未得到充分服务的 JTBD：这个区域的 JTBD 机会重要性高，但是当前满意率低。是创新的核心区域，最需要优先考虑，可以较现行方案大幅提高满意度。
- 充分服务的 JTBD：这个区域的 JTBD 机会重要性与满意度相当。如果要执行这一块的机会，优先考虑与核心 Jobs 有关联的其他 Jobs。
- 过度服务的 JTBD：这个区域的 JTBD 机会重要性低于相对应的满意度，没有进入市场的必要。可以考虑打乱或者创造新的市场，让现在没有能力消费的人群也能用得上。

⊖　https://medium.com/@zbigniewgecis/8-things-to-use-in-jobs-to-be-done-framework-for-product-development-4ae7c6f3c30b

每个公司、组织会有自己的优势，上面 Gecis 的分级仅仅是一个思路，去把产生的 JTBD 机会按不同的属性去切割做优先级排序。读者这里可以考虑使用适合自己公司上下文的方式进行排序。

这些机会还可以被归结为四类机会（还是以橙子通信举例）：

- 用户想要达到的符合心意的结果（比如轻松地找到问题的答案）。
- 用户想要避免的不受欢迎的结果（比如漫长地等待之后电话断了，需要重新排队）。
- 供方想要达到的符合心意的结果（比如客户满意度增加）。
- 供方想要避免的不受欢迎的结果（比如突发事件中人手不够，导致客户满意度下滑）。

细心的读者会发现，JTBD 对于消费级产品和企业级产品应该都会适用。但是 JTBD 对于企业服务的发现流程会特别有帮助。在做企业服务设计的初期，很容易受企业现有的流程和需求的束缚，JTBD 作为一个思维框架，迫使我们跳出现有的产品，去思考新的方案。下面我们就看 ThoughtWorks 和 InterCom 的两个案例。

4.3.2 ThoughtWorks 案例

第一个案例是来自 ThoughtWorks。ThoughtWorks 是一个在全球 14 个国家设有 40 多个办公室拥有 4500 名员工的科技公司。它提供软件设计与交付，创新工具和咨询服务。Thought-Works 跟敏捷软件开发运动和一系列的开源项目都有紧密联系。⊖

今天跟我们分享案例的熊子川 2008 年加入公司，在 Thought-Works 中国快速发展时期做 head of design，从零开始用一年半时间把设计团队做到了约 30 人的规模。子川 2013 年来到美国 ThoughtWorks 后，在零售的垂直领域做 Retail Design Principal。主要负责与 ThoughtWorks 北美零售客户做前期的愿景构思和沟

⊖ https://en.wikipedia.org/wiki/ThoughtWorks

通。比如客户有一个 2000 万美元的预算做一个传统零售业务的数字转型，子川会带着他专业的团队去孵化这些客户初期的想法。通常设计团队会花上三到六周的时间做设计研究。

子川跟我分享了一个近期的项目就运用到了 JTBD。这个为期六周来做设计研究的项目是在达拉斯、伦敦、曼彻斯特进行，最后交付是在北京完成的。项目的客户是做工具的，他们的核心客户则是工地上的领班。客户希望通过数字化服务更好地服务这些领班，领班们在未来就会继续采购或者租赁他们的设备。工地上会发生很多变化，例如工地会突然下雨，那么这个时候领班需要调整工地上今天的工作内容，工人们使用的工具也会发生变化。这个客户为工地提供"车队管理"（fleet management），保证他们无论工作有任何变动，工具需要任何维护，工地的领班都不用操心，客户会按需求给工地送达最新已维护好的工具供工地使用。在这个项目中，子川和他的团队为了更好地了解客户的客户（也就是这些工地的领班们），了解他们当前为什么愿意采纳当前的方案，并挖掘数字服务创新点，就在设计研究的过程中使用了 JTBD 的方法。

用子川自己的话来描述：我想去了解工地的领班们为什么会雇佣当前的这套工具和解决方案，而不是去过分关注他们现在的工作流程。我们后来通过 JTBD 方法发现工地领班有一个核心的 Jobs 是管理意外事件（也就是 JTBD 框架里的"执行""管控""修改"的环节）。一个工地上可以发生很多意外的事件：比如恶劣天气，比如关键的工具不工作了，比如政府找上门来说哪个环节不符合规范，比如有人报告你扰民。这些都是外部原因，还有很多内部原因：可消耗品零件用完了，合同工说我不做了（因为领班带的团队不是一个固定团队，他们也是集结了一帮合同工）。所以当我们不去过分关注工作流程，转而关注关键客户的核心 Jobs 时，就能从领班的视角去更好地理解他们的工作。

在 ThoughtWorks 我们接下来会建立很多的"假设"。我们的客户常常会有很多的想法，去告诉我们这些领班的工作流程或者是我们能为他们提供的更好的工作方式。但是这个时候我们都会把这些信息记录成为一个假设，而不是一个声明。"假设"意味着你需要去求证，如果是一个"声明"的话你就会倾向于去捍卫或者说服对方你的声明是对的。接下来我们根据初步讨论会得出一系列的假设。这里面一类假设是"如果执行人做了，他的 Job 会变得更好"。另外一类假设是"如果她没做，她的 Job 会无法完成"。前者引出的机会比较偏向于改善的机会，后者则偏向于潜在的痛点。我们这个时候回去做一个假设的画板，把所有的假设都放在这个画板上。团队里每个人都会拿到一个任务，去验证这个假设是否成立。我们会去与我们关系好的一些工地的食堂，在他们吃饭时趁机跟他们交流，去验证我们的假设。我们项目初期引入了 40 多个假设，到了最后可能有 4 个假设是真正成立的。很多时候客户他们自己也会持有很多的假设，当我们去认真调查这一系列的假设时，既是让我们寻找项目的切入点，也是有建立与客户的信任和教育我们的客户的作用。后面我们去制订优先级打包一个解决方案时，我们会有一个策略去配比这里不同的 JTBD 机会，比如 70% 我们会去解决客户的痛点，20% 是去解决他的担忧，10% 可能是他们没有明确表明需要的改进的机会。

这其中有一个假设我印象非常深刻。这个假设是如果我们能更好地联系到送货的人，让工具交付更顺畅，我的 Jobs 会变得更好。这里的送货与我们平时快递公司送货到居民区有很大的区别。很多工地现场非常混乱，并且有复杂的门禁系统，有四五个门，每个门都有不同的用途。有一些工地（比如你修一条公路）的办公室就是一个集装箱，一直在变换位置。这个时候送工具的送货方就要花费大量的精力去联系工具的接收方来交付工具。如果有什么工具能够协调这"最后一公里"的交付问题就好了，但是这个问题需要快递公司参与进来产生解决方案。这个假设的验证成为我们后面提案的一个关键的见解，在项目的第三周和第四周就开始驱动着我们去做更深入的调查。

了解企业客户很多时候就像在一片茫茫大海里面开船：你往哪个方向转感觉都有极大的不确定性。从 JTBD 的角度出发运用假设驱动设计的方法就像海面上出现了一片礁石，无论礁石是否在对的地方，你会开始有东西可以抓，有东西可以参考。

后来我的客户跟法国当地的一家快递公司合作，让这个快递公司给他们开发了一个接口，即一个工具在手机 App 里，实时标注快递人员和收货入口的位置。一个有意思的事情就是，作为快递公司开发这个接口的回报，我的客户在巴黎范围里面所有的工具的配送，以后都是由这家公司完成的。一个 JTBD 的机会最后变成了一个商业模式，让两个公司互惠互利。

4.3.3 建立数据驱动的人物画像

交互设计之父 Alan Cooper 最先提出了"persona"的概念，人物画像是真实用户的虚拟代表。是建立在真实数据基础上的目标用户模型。根据目标用户的目标、行为和观点的不同，将他们分为不同的类别，然后每种类别中抽取出典型特征，赋予名字、照片、一些人口统计学要素、场景等描述，来形成了一个人物原型。

人物画像能让产品团队成员抛开自己的个人偏好，为这个"人物原型"去做设计与开发，而不是把自己代入成目标用户。一个典型的人物画像包括姓名、照片、年龄、家庭状况、收入、职业、技能/知识、目标、动机、喜好、人生态度等。人物画像并不是什么新鲜的话题，有兴趣的读者可以在谷歌、知乎上找到很多现成的相关的资料详细地讨论什么是人物画像，如何建立人物画像。

很多人认为人物画像是一个低效、需要摒弃的设计方法。因为人物画像涉及的信息虽然偏于让人们产生共情，但是这种共情并不能直接导向一个聚焦的产品结果。人们会把上个章节的 Jobs to be done 方法与人物画像拿出来做对比，来进一步揭示这个观点：JTBD 关注的是人们此刻想要完成的 Jobs 是什么（比如对于下图里的士力架的例子来说，"满足饥饿"就是一个简明扼要的 Jobs），而人物画像则尝试记载很多与用户关键购买动机关联度弱的因素（姓名、年龄、喜好、观点），这些因素并没有很清晰地揭示为什么这个人物会在某时某刻购买某款产品。

小王为什么要买士力架?

满足饥饿

 小王
28 岁，本科毕业
喜欢花生、巧克力和甜食
爱运动
开福特汽车
想要在 50 岁时就退休

JTBD 和人物画像的本质区别

这个例子是一个很好的方法揭示 JTBD 与人物画像的本质区别，一个是关注购买决策的驱动因素，一个是关注消费者本身的档案。但是我们并不能就此定论应该抛弃人物画像转而使用 JTBD。人物画像如果操作得当，可以帮助我们了解我们的客户。而 JTBD 如果操作得当，可以帮助我们详细了解客户做的购买决策。这两者的目的是有区别的，但不是互斥的。

现在我们假设读者已经对 JTBD 和人物画像均有初步的理解，然后进一步跟大家讨论一个人物画像的最佳实践：数据驱动的人物画像的方法，并用 Salesforce 的实战经验举例看看这套方法如何为我所用。最后我们会详细地对比讨论 JTBD 和人物画像两种方法，谈谈 JTBD 和人物画像如何各自发挥效用。

4.3.4　Salesforce 的数据驱动人物画像

对像 Salesforce 这样的客户关系管理服务稍有了解的读者都会
知道，企业软件就像一套乐高城堡：客户（或者是咨询公司）拿着
城堡的各种组件，按照各自的需求拼接成一套自己的企业解决方案，
所以不同行业、不同地区、不同职业 Salesforce 的终端客户看到
的 Salesforce 都各不相同。即使是相同行业，他们使用 Salesforce
的方法可能也各不相同（比如 A 公司的市场营销侧重社交网络的
营销，B 公司的市场营销侧重电子邮件和线下活动）。这个时候从
Salesforce 的角度要做好产品开发，需要从用户身上得出大量级、
有意义的结论。这些结论需要具有代表性，同时要有可操作性。

Salesforce 最终发现数据驱动的人物画像是一剂良方。这里
的人物画像已经远远脱离了"年龄、学历、开什么车"这样流于表
象的画像，而是去关注 Salesforce 终端用户的每日工作。用户研
究团队通过调查问卷，在每个产品领域收集了上万名用户的匿名数
据，调研终端用户在工作中任务是什么，大范围职责是什么，用什
么工具（所有的软件工具，包括 Salesforce 以及竞争对手的工具），
痛点是什么，什么可以激励他们。问卷会着重关注他们执行某一项
工作任务的频率。得到这些数据以后，通过聚类分析（clustering
analysis，将物理或抽象对象的集合分组为由类似的对象组成的多
个类的分析过程）和因子分析（factor analysis，因子分析是指研
究从变量群中提取共性因子的统计技术。将相同本质的变量归入一
个因子，可减少变量的数目，还可检验变量间关系的假设），把调
查问卷得到的数据归类为清晰的、互斥的聚类。这些聚类就有了
非常鲜明的数据代表性：每个聚类无论他们的职称是什么，在企业
里扮演什么角色，只要他们所履行的职责和执行的高频率任务都相
同、相似，就会被归为一类。Salesforce 的用户研究团队然后再对

これ

这些聚类赋予通俗易懂的名字和描述，就产生了数据驱动的人物画像。这些人物画像通过合理的描述与包装，让设计师、产品经理、工程师以及领导层都能快速阅读消化。

Alyssa Vincent-Hill 是 Salesforce 的 Principal User Researcher，主要负责 Salesforce 的量化数据方向的用户研究。她告诉我们了这个数据驱动的人物画像的几个关键要点：

- **离线行为的调研数据要比软件工具的使用数据更有用**。换句话说，用户的行为（要完成的任务）比他们在一款软件上具体做了什么更重要。这和 JTBD 是一个思路：用户要完成一个任务，可以有很多种方法。她可能是因为种种原因选择了现在的这个工具，但是这个工具一定有某种局限。关注用户的行为与任务，会让我们更全面地去了解这个类型的用户。在实际的操作中，因为关注用户的行为与任务，而不仅仅是软件工具的使用数据，让 Salesforce 的团队发现了很多超出原先预期的行为和任务，而现在的软件工具并没有提供良好的解决方案。这些鸿沟就变成了驱动产品开发的非常好的信息。

- **职称（job title）没有人物画像准确**。我们常常认为职称就已经涵盖了一种职业人群的每日任务和行为概括，比如软件工程师开发软件，销售人员接洽客户签订订单等。但是在这个数据驱动的人物画像项目中，Salesforce 的团队发现职称与人物画像并不是一对一的关系。比如"商务拓展"这个职称出现在了5个不同的聚类（人物画像里）。这说明5个具有不尽相同的职责的终端用户都有同样的"商务拓展"的职称。由此可见，产品团队做产品决策时不应该基于职称（需求可能各不相同），而应该基于数据驱动的人物画像（行为和任务基本一致）。

⊖ Data-Driven Personas at Salesforce, https://medium.com/salesforce-ux/data-driven-personas-at-salesforce-cdd0dd321281。

我们迅速来看一个 Salesforce 的人物画像的例子。Service
Cloud（客服云）是 Salesforce 的一款旗舰客户服务云方案。客户服
务中最普遍的一个角色就是基层问题解决者。他们通常以"Case"
为单位解决用户的问题。下面这张卡片就是基层问题解决者的一个
简单数据人物画像。

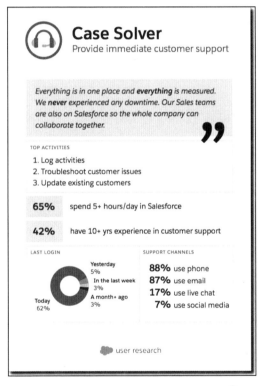

Service Cloud 的 Case Solver 的人物画像⊖

上图是 Salesforce 对外公开的一部分人物画像的简版卡片，更

⊖　Moving from Contact Centers to Customer Engagement Centers Using personas
to understand Service Cloud users, https://medium.com/salesforce-ux/moving-
from-contact-centers-to-customer-engagements-centers-b8945516be72。

详细的报告供内部产品开发使用。读者能看到这份人物画像没有照片，没有人物背景特征，但是侧重关注他们的需求、目标和行为活动。他们在客服工作中使用的沟通渠道，使用 Salesforce 的频率，工作经历等，都能让产品团队在做设计时有一个详细但是不局限于个人的对象来参考。需要注意的是这里的基层客服人员不全部都是由在客户服务行业的人组成。前面提到过，这个人物画像是通过聚类分析得到的一个抽象的聚类，Salesforce 的用户研究团队再根据聚类的数据提炼出语言来描述这个画像。所以"基层问题解决者"都有卡片中描述的相似的行为和需求特征，但是这些"基层问题解决者"可以是橙子通信的基层客服人员，可以是美国银行金融服务的内部支持，可以是飞利浦医疗的销售支持。他们可以身处不同行业，甚至不同的职称，但是这个数据驱动的人物画像让 Salesforce 的产品设计团队可以有一个统一的设计对象。

因为很多公司的客服支持都是外包的，导致很多人对他们的"基层问题解决者"其实并不了解。这份人物画像还记录了基层问题解决者的学历和经验：他们很多人是拥有很高的学历并且有 10 年以上的工作经历。对比客服中心居高不下的人员损失流动率，这份报告足以让管理者考虑一下如何运用挽留高技术高经验人才的方法挽留基层问题解决者。

下图是客户支持团队里的领班的人物画像。比起基层问题解决者，领班的工作室监督、管理和培训客服专员。相对应的，他们的主要人物是巡视 case 的进度状态，质量监控基层问题解决者的表现并且提供反馈。同时，他们还需要创建并查看运作报告，与同事协作解决复杂的问题。领班相对基层问题解决者工作经验更丰富，花在 Salesforce 软件上的时间也比较少。大部分的领班带领一个 20 人以内的团队。这些行为上的数据和事实上的数据，在设计师、设计领班与基层问题解决者交互时就可以提供很多关键的信息。比如，在客户服务中心很常见的一个工作流程是基层问题解决者向领班提问。很多客服中心都有自己的一套工作方法。有的是建立一个聊天群，由领队轮流值班；有的是通过 Salesforce 的聊天工具进行；有的甚至是基层问题解决者真的举起手来，轮班的领队看到了就走到桌前面对面地交流。假设产品团队要设计一个"举手提问"的功能，交互协助基层问题解决者和领班的提问沟通，那么这时领班同时要管理多少个下属，平均多长时间解决一个问题等数据，都会对交互设计提供非常有价值的信息去对"举手提问"做建模。

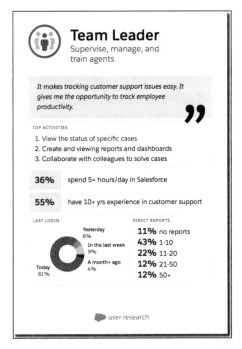

Service Cloud 的 Team Leader 的人物画像⊖

⊖　Moving from Contact Centers to Customer Engagement Centers Using personas to understand Service Cloud users, https://medium.com/salesforce-ux/moving-from-contact-centers-to-customer-engagements-centers-b8945516be72。

上面讨论了很多数据人物画像的"数据"的部分，但是还是需要强调人物画像应该具有"人"的那一部分。所以一个完善的数据驱动的人物画像应该包括：

- 人物背景细节：年龄、职业、爱好等与产品相关的信息。
- 态度和认知上的信息：需求、愿望、心理模型、痛点等。
- 动机与目标：为什么会选择使用某款产品，想要达到什么目标。
- 行为特征：关于这个目标，具体都会有哪些行为（不仅局限于与目标产品的交互）。

细心的读者可能已经发现，前两项就是"人"的部分，会让尝试理解这个人物画像的人在脑海中出现一个具体的形象，从而可以产生共情，去为这个"人"做设计。这一部分的研究采用偏向定性的方式。而为了得到有意义的具有代表性的后两项的结论，则需要用到数据分析的方法基于大量的数据收集，这一部分的研究方式普遍采用比较定量的方式。

4.3.5　与 Salesforce 设计研究架构师的对话

Kathy Baxter 是 Salesforce 的首位用户研究架构师，她之前在谷歌工作了 12 年，也是《Understanding Your Users: A Practical Guide to User Requirements Methods, Tools, and Techniques》一书的作者，现在在 Service Cloud 带领快速增长的"客户服务云"的用户进行研究工作。Kathy 在采访中跟大家分享了更多的关于数据驱动的人物画像的经历。

笔者：能跟我们聊聊 Salesforce 的数据驱动的人物画像吗？当时公司想要解决什么问题？

Kathy：在 Salesforce，我们在了解自己的用户上面临很多特殊的挑战。首先，许多（如果不是绝大多数的话）用户都用的是特殊定制的 Salesforce 实例，每个用户看到的 Salesforce 界面都不一样。其次，我们拥有非常复杂、宽泛、不聚成团的用户，我们的用户在不同的行业、地区、市场使用我们的企业软件解决方案。面对这样的挑战，在做产品设计时，我们需要对用户下一个有意义的定论，为其做设计决定。我们如何能提供基于数据的、准确的、可以被很多团队真正执行的见解？我们如何能够从根本上了解用户，避免花费大量的时间、金钱去收集很快就容易无效、过时的信息？最后，Salesforce 的用户研究团队发现数据驱动的人物画像是一个非常有效的方法，它给我们的设计师、产品经理、文档作家、工程师以及领导层提供了简洁有力的信息。

笔者：Salesforce 在做数据驱动的人物画像时遇到了什么困难，你们如何克服这些困难？

Kathy：在理想情况下，做数据驱动的人物画像需要基于大、广且具有代表性的样本来代表全部的用户群，包括以下几个要点：

- 一个能全面、广泛地接触到具有代表性的用户的渠道。
- 清晰地理解你可能会遇到的偏误（bias），比如响应偏误⊖和取样偏误⊖，某些公司的防火墙会挡住你的调研问卷工具，导致无法收集部分数据。
- 通过统计分析来判断结果。

如果没有办法直接联系到你的用户，你需要找到其公司可以管理或接触到这些用户的人，得到他们的许可去联络你的用户。你不必联络所有的用户，特别是 Salesforce 已经有成千上万的用户群，但是你需要确保你选择的用户是足够随机的。

有坚实的实验设计、问卷设计、数据分析作为基础，可以在后续的工作中解决很多问题。关于数据里的偏误，需要接受的一个事实

⊖ 相应偏误，https://en.wikipedia.org/wiki/Response_bias。
⊖ 取样偏误，https://en.wikipedia.org/wiki/Sampling_bias。

是我们不可能完全解决这个问题。比如，你向人们发出了问卷，但你无法强迫他们必须填写。又比如，当我们开始看数据时发现大部分的数据都来自于大型企业的客户，而不是小型的 B2C 客户，这时，你可能需要考虑给不同用户群的数据分配不同的权重（比如给欠充分代表的用户的答复更多的权重）。这虽然是个好方法，但是也很冒险：这代表我们在假设来自中小型市场的客户的少量数据可以代表所有中小型市场客户，这很有可能是不对的。另一个方法就是我们可以声明这些人物画像适用于代表大型企业用户。我们需要做更多的工作去了解中小型企业的人物画像。

　　笔者：数据驱动的人物画像项目做完之后，都有哪些人受益了？

　　Kathy：设计师、产品经理、工程师、销售团队在他们的工作报告、设计评审、敏捷开发、公司级别的工作规划中都在频繁地使用这份数据驱动的人物画像。

　　笔者：能举例说明数据驱动的人物画像项目给设计团队做 Service Cloud 产品带来了什么影响吗？

　　Kahty：我们深切地理解了效率就是一切。客服专员通常都是以他们可以多么迅捷地完成多少个用户客服需求来衡量工作绩效的。当 Service Cloud 的旗舰产品 Service Console 被重新设计成 Lightning 体验时，很多空白的负空间被 Lightning 设计语言带入了产品。这样产品虽然看起来非常美观，但是对于客服专员来说则令人沮丧，因为他们需要的不仅是美观的产品，他们更需要一个可以在一屏内清晰扫视信息的有效率的产品。因为人物画像的项目，人们更清晰地认识到了效率的重要性，这也直接地影响了我们 Service Console 产品信息密集度的决策。

　　笔者：数据驱动会让人听起来觉得很高深复杂，你们如何把这些数据处理得便于使用？

　　Kathy：我们现在会在 Salesforce 员工入职时向员工介绍我们的

人物画像。我们也会在 Dreamforce 年度大会上向我们的客户展示这些研究成果，帮助他们理解这些人物画像。我们还把人物画像做成了很漂亮的卡片（上两图就是范例）送给员工和客户。最后我们还在用户学习产品 Salesforce Trailhead 上加入了人物画像的课程，帮助更多的人了解 Salesforce 的用户研究和数据驱动的人物画像。

笔者：回想起来，有什么是你们希望自己可以在这个项目中做得更好的？

Kathy：当你看到收集上来的数据以后，你总是会希望自己问更多自己没问到的问题。人物画像是一个需要迭代的产品。在下一轮迭代中我们肯定会希望提出一些不同的问题，给出一些改进过的选项来改善取样和回复率。

跟 Kathy 聊天时，你很快就会发现，为这么大量级的云产品做设计，用数据统计寻找产品的突破口与增长点是一个非常好的方法。这个方法没有既定的配方，他们在 Salesforce 也都是凭着自己多年的专业知识在摸索中前进，当然也获得了一些业界认可的成绩。

4.3.6　小结：JTBD 与人物画像的对比讨论

人物画像在很长一段时间里都被视为是以用户为中心的核心设计方法之一。Jobs To Be Done 在近年来热度增加，很多人开始质疑甚至声称人物画像应该被摒弃。相信看完上面两个章节的读者会发现这两者侧重点不同，作用不同。二者其实互不冲突，甚至有相互补充的作用。

Jobs to be done 从用户为何"雇佣"或者"购买"一款产品入手，了解用户的核心"工作"(Jobs)，为帮助用户完成这份"工作"而做产品开发。所谓"人们要买的不是锤子和钉子，而是挂在墙上的相框"，从概念上看 JTBD 似乎更直中要害。另一方面，JTBD

的方法框架跳出了对人们现有工作流程的自我限制,从结果的角度关注如何帮助用户完成他们的工作。这种跳出限制常常会带来大幅度的创新,但是大幅度的创新并不总是能立刻被市场接受,可能会招致更大的风险。一个成功的 JTBD 除了能够给用户交付功能需求以外,还兼顾了用户的个人情感与社交情感需求。但是 JTBD 从方法上缺乏了对人的共情的部分。人物画像在这里就能起到很好的补充作用。

对于人物画像,很多时候人们使用它时过分关注人物画像共情的建立,因而过分关注人物背景特征而不是行为特征。从上面 Salesforce 的例子中读者可以清晰地观察到,要让人物画像产生产品影响力,必须还要提供基于用户工作和人物的实际行为和需求。Salesforce 做得很聪明的一点是通过大量的调研数据把职称和实际的工作分类区分开来,找到了互斥的用户聚类,这样可以从数据上建立清晰的人物画像。这两种方法前者关注用户想要的结果(outcome),后者关注用户本身的行为和特征,确实没有冲突的意思。

如果你的公司或者团队已经采用了 JTBD 方法,那么很多行为上的数据应该已经成熟,此时可以考虑复用这些数据去创建数据驱动的人物画像,对用户群的档案进行丰富。如果你的公司或者团队已经有人物画像,但是缺乏行为和需求的数据,那么你可以考虑使用 JTBD 作为框架,提取行为和需求信息去丰富人物画像。如果你的公司的领导层或者关键合作方对采用人物画像感到有阻力,但是项目里确实需要对目标用户进行深入了解,那么 JTBD 有可能是一个新的方法值得去提议。

4.3.7　与 Google 用户研究员的对话

上面讨论了很多了解问题本质的方法,和一些用户研究的核心概念。为了进一步了解硅谷如何做设计研究，我们找到了在 You-Tube Music 从事研究工作的 Christian Gonzalez，跟他一起探讨在谷歌做用户研究是一种什么样的体验，谷歌对待用户研究有哪些过人之处，他们又面临了什么样的挑战。

笔者：嗨，Christian，感谢你抽空接受我的采访。显然你在 You-Tube 上做了很多很酷的用户体验的研究。在我们开始访谈之前，能聊聊你在谷歌工作的经验吗，尤其是哪些背景经历助你走到了今天？

Christian：好，我是 YouTube 的用户体验研究员。我本科毕业于中佛罗里达大学心理学专业。那个时候我并不懂科技，也没什么兴趣。但我最终做了人体工学研究的研究生项目，这门科学是人机互动的先驱，是心理学的一个应用分支，但更关注人与机器间的互动——人类在和机器互动的时候，会有什么认知能力与局限。由于与人体工学有关，所以这个项目也有安全层面的考虑。我做了很多听觉的警告提醒设计，如何让声音听起来显得很紧急，将受众作出反应的概率最大化。我还研究了驾驶模拟器，去看人们如何在空间中组织声音，以及如何区分不同的警报，这些警报可能涉及不同的内容。

所以人体工学研究项目让我开始了这一切。毕业的时候，我可以选择在工业界、政府或军队行业工作。但对我而言，并没有什么工作适合我。而人机交互和用户研究都与我在研究生院的工作有关，后来我得到了一份在研究生院附近的华盛顿特区政府实习的机会。那时我的项目是对国税局的表格做可用性测试，我们对填写纳税表的人进行眼动追踪，看他们对表格的理解程度。这不仅让我熟悉了可用性测试，还了解了如何设计出好的社会科学实验，运行统计测试来判断两个数据集是否互相有显著性差异。从这段经验中收获的知识对我在谷歌做用户研究工作很有用处，谷歌尤其重视数据。作为一名受过科学训练的用户研究人员，谈到与产品团队相关的问题研究时，就会比较严谨。

笔者：能举个谷歌重视科学严谨思维的例子吗？

Christian：很多时候如果你能够很娴熟地处理大量的量化数据，并把这些数据转变成有用的见解，会非常关键。谷歌有很多数据，很多人也知道怎么与数据交互，但把数据转化成有意义的用户故事，或者是可操作可执行的信息的，却没有多少。在谷歌的第一个团队里，我想要预测用户保留度，并提出一些问题，比如用户的什么行为会预示用户在两周后还会继续留在我们平台上。这项工作牵涉很多数据、日志、统计模型、预测模型，并进行审查。最后，我输出了这些数据，由数据向我们展示用户的体验并且揭示了我们需要如何作出反应。

这个项目是社交产品，所以我们仔细观察用户在什么时间点，结交了多少个朋友，这能预测他们能否会保留在我们的平台上，也直接告诉了我们如何以不同的方式引导用户。若没有足够的社会科学知识、没有能力操控数据并且把数据转换成人们可以理解的形式、没有良好的沟通能力推进团队执行，这一切就都无法进行。

笔者：我可以肯定，谷歌重视科学的思维方式和数据驱动的方法。我很好奇，谷歌为了让研究团队发挥出最好的能力，都为你们提供了些什么呢？

Christian：我认为最大的不同在于谷歌能很好地将研究团队整合到用户体验设计团队里，这一点很棒。谷歌不是孤例，但我觉得谷歌做得很好。取决于你和谁聊这个话题，很多公司的用户研究就是一种服务，你带着任务或问题去找用户研究员，他们按要求做研究就行了。有些公司会有中心用户研究团队，去帮助所有不同的团队满足他们的设计需求，但并没有从头到尾与设计师和产品团队一起指导产品的研发工作。

谷歌将用户研究集成融入到整个设计过程中。例如，我坐在

Youtube 的音乐团队里，我 99% 的工作是与音乐团队、设计师和产品经理合作，指导他们产品的研究策略。所以，研究院的理念嵌入到团队中，促进产品研发的各个阶段，谷歌对用户研究有非常系统的专业支持。

作为一个嵌入到产品开发团队的用户研究院，我可以做一些基础研究工作，帮助我们了解用户对音乐的需求，看我们的产品想法是否与用户的需求相匹配，然后就可以看到我们用户实际上是如何使用我们的产品的。因为我是团队一员，我不用等着设计师来问我问题，我会去主动询问和建议我们需要关注的研究领域。

总的来说，谷歌为研究人员提供了许多资源。我们有研究员的社群，会共享研究方法并相互交流。我们也有支持我们的后勤系统。做用户研究很昂贵、难协调、耗时耗力。你必须要和很多人交流，花大量时间招聘被研究者，甚至研究的后勤工作都要花很久时间。随着谷歌快速研究小组的成立，会由这个专门的团队来执行所有的研究。如此一来，我可以专注做自己擅长的事情，思考研究问题，然后解释数据。而不用去担心很多干扰效率的事，比如如何带这六个人到实验室，如何接待他们。我们工作中 80% 的繁复的工作都由这个快速研究小组和招募团队负责集中处理。招募实验对象不再是个问题了，实验室空间运营也不再是个问题了，给被实验对象发放费用也不再是个问题了。这个细节表现出谷歌重视研究，并希望提供优良的基础条件。我能够将大部分时间花在自己擅长的事情上，而所有后勤事务则交由专业的团队进行有效率地处理。

笔者：听起来太棒了。这种赏识是双向的，谷歌重视用户研究，也是因为用户研究呈现出了价值，是种良性循环。你认为谷歌的研究团队对公司有什么样的影响和价值呢？

Christian：研究团队在代表用户观点方面有很大的影响力。以我的汇报结构为例，我不向产品经理或设计师汇报，而是向研究主管报告。如果你看一下各个职能的激励机制，产品经理会希望发布产品，设计师则希望设计被实际用户采纳。作为研究员，我们的元动机只是确保产品或设计与用户利益相悖的时候，用户的声音与需求不会被淹没。由于我们的工作不受产品发布或设计的压力，无论是支持产品发布还是阻碍产品发布我们都是被鼓励的。我觉得研究员对谷歌影响挺大的。

笔者：是的，即使设计师很大程度上代表了用户，但他们只是关注交互设计和视觉设计。研究团队则专注于从定性和定量两方面对用户的见解进行翻译，可以让团队中各成员保持正确认识。这也有助于在我们的利益相关者之间建立一种坦诚和可信的关系。

Christian：是的，当然。我认为部分原因是我们不直接参与打造产品。人不可能对自己设计或制作的东西没有依恋。但我们没有直接参与到产品制作之中，我们就会试着像你所说的，让每个成员保持正确认识，尽可能推进产品朝造福于用户的方向走。

笔者：的确是。我还想说，这种推与拉的关系是以合作的形式呈现的。设计师和用研人员不会一味地捍卫自己的工作，我们也从不会担心"Christian又来找我们麻烦了"。这其中的设计心态是："身为设计者，我肯定会有一定的偏见，那么我如何与研究团队合作，为我们的真正用户找出最佳解决方案？"这一切在谷歌都是很自然地发生的。

我还想问个非常基本的问题。你在美国之外的市场有很多产品研究经验，尤其对新兴市场。在谷歌工作，每个人都需要有这种全球视角，而研究团队的职能之一是要让所有关键合作者能以最快的速度了解这些市场。那么你在了解一个不同的市场时，会如何选择研究方法？

Christian：这个问题很好。身为研究员，我们知道我们不会建造出256个完全不同版本的产品。所以一个很大的目标就是，尝试理解目标市场与我们平时所设计的市场之间的相似与显著不同之处，并给予重视。任何一项国际研究的理想状况是我们能够尽快让产品团队产生同理心，这样我们就不会只有一种西方或美国中心的视角，而是对各种需求都有良好的认识。并非所有人都有时间去到不同的国家，深入了解当地文化，所以挑战在于，你如何把所有学到的内容与视角，用一种团队可以理解并且会因此执行动作的方式表达出来。

我们在各个国家会有很多上门拜访用户的经验，让自己沉浸在用户的环境中。你回来的时候，讲故事就更容易了。我发现，如果你真的花时间上门拜访用户，进入到他们很亲密很私人的空间，这会使你学到比所准备的问题多得多的东西。这也是一套十分丰富的原始数据。然后，就像其他任何事情一样，你必须要浓缩这些知识，讲出一个故事，让其他还在美国的同事理解当地用户的需求是什么，并且记在心里。

我们用了很多定性的方法，因为我认为这也有效，但我们也会使用定量的调查问卷方法来突出对比跨地区的不同点。举个例子，80% 的美国用户这样说，但只有 10% 的印度用户有同样的感受。所以可以结合讲故事的定性方法与定量数据突出二者之间的差别。

笔者：这真的好酷。在谷歌这样的研究环境下，你们做了很多高质量的研究。建立同理心很重要，但谷歌员工也可能会被浩繁的高质量研究报告所淹没。那么你是怎么做到使研究报告让人过目不忘的呢？怎么做到让利益相关者更容易建立这种同理心的呢？

Christian：一般来说，我觉得在研究开始前花点时间得到各方的买账很重要。能在产品团队和用户体验团队里达成共识，制定一个大家都想要学习了解特定研究问题的计划非常重要。之后的互动则会成为"你有问题，我来帮你想出解决方案"（这样大家自然在研究报告出来后分外关心），而不是研究员拿着某种用户的指示回来发号施令了。这种建立同理心的过程更像是利益相关者之间的合作。

人们也会与自己所更关心的事情产生联结，与自己的问题产生联结。如果他们已经有了一个他们感兴趣的问题，那么就更容易让他们注意到研究报告，就会消化更多的研究结果，因为这对他们来说更有个人意义。

笔者：这非常有趣。所以应先建立起好奇心。现在我明白了为什么你总是让我们在研究计划会议上发表意见。非常感谢你让我们更容易接受这些非常有价值的报告。

我想，当你的合作者对用户见解产生兴趣之后，会说"好，那我们就这样做"，那么你是如何引导团队定义最小化可行产品（minimum viable product）的呢？尤其是在产品团队与用户体验团队看法不一致的时候，你如何解决冲突？

Christian：作为一名研究人员，我喜欢从用户的需求出发，这是我们对产品开发带来的核心价值。我们所做的是让整个团队专注于解决用户所面临的问题，审视我们正在构建的产品，看看我们是否能够很好地解决这个问题，我们是否能真正解决这个问题。有时候这个问题本身的答案并不明显，需要一份单独的研究来理解我们的解决方案是否与问题一致。这可以帮助所有人集中精力，帮助大家在产品开发过程中最大化所产生的价值。

如果你发现了人们真正挣扎的痛点，即便还没有提供完美的解决方案，这仍然很了不起。我总是喜欢用谷歌照片（Google Photos 照片服务）做例子。我并没有参与过谷歌照片的开发与研究，但我知道他们把大量的精力放在自动备份这个核心功能上，因为每一个用户都会害怕失去珍贵的回忆。所以用户需要随时能看到自己的照片，并且知道自己的照片已经得到安全的备份。他们通过这种无缝且轻松的备份系统，在解决这个用户痛点上做得很好。如果没有关注和意识到用户的需求，那么谷歌照片团队的自动备份功能就可能没那么被重视，很有可能就变成了一个次要功能而做得一般。通过关注核心用户的需求与痛点，谷歌照片能够做出解决方案，并强化这个解决方案，直接满足了用户的个人需求。所以我觉得好的产品能够与人们体验中的核心问题产生联结，并为这些问题提供解决方案。而研究团队需要从中协助，让所有人把注意力集中在这些核心问题上。

笔者：这个很有趣。因为我们很多读者都是设计师，我很好奇有哪些方面是设计师容易忽视或不大理解的东西，最需要用户研究费神帮忙的呢？

Christian：我与大量非常优秀的设计师合作过，他们也都会乐意从用户角度思考。我觉得富有挑战性的地方是跳出他们自身的角度来思考问题。设计师在自身领域都很专业，他们对视觉和交互都驾轻就熟，但要以完全不同的用户的角度去思考问题则会变得非常困难。比如，忘掉你所有的科技知识，从那些基本对科技产品一无所知的用户视角来思考问题就很困难。

作为研究员你可以给团队构建一个"让我们先保持开放心态不去做假设，然后看看用户会怎么说"的态度。十次有九次，用户都会让你大吃一惊，你所确信无疑的成果或者确信用户一定会失败的东西，最后都不会如你所预料。研究员可以将收集到的信息传达给设计师，给他们提供真正不同的用户视角。帮助大家从自身视角走出来，意义重大。好的设计师会马上接受这些反馈，然后迭代设计方案。这样的合作成果往往最为丰富。我们跟产品团队一起打破自己的预设，用实际用户测试，并针对他们的反馈，改进我们的产品。

笔者：这就是所谓"知识的咒诅"吧。我们都是人类，就会受其所害：人们知道一件事情以后，会忘记自己不知道这件事情时候的感受，会下意识地假设别人也知道这件事情。营造好的研究文化有助于打破这个咒诅与预设，这某种程度上是人类本性的斗争。

Christian：是的，很难把自己获得的知识忘却，然后投入完全不同的视角中。唯一有效的方法就是让用户来测试，然后看相应的结果。

　　笔者：这真的是真知灼见。我们之前聊到工程团队倾向于考虑工程项目优化以及产品经理会注重商业方面的优化，这可能都是人类天性使然。我们的工作就是吸收对我们职责成功重要的方面，有时很难从另一个侧面来理清产品的思路。这就是为什么我们需要一起合作的原因，我们要认识到每个人的思维并不够全面，需要一起合作才能完成产品。

　　听起来谷歌有很好的工作环境。但你和你的研究团队有没有遇到一些挑战呢？

　　Christian：总的来说当然有。谷歌很适合做研究。我觉得挑战之一是（这个挑战设计师也会面临）用亨利·福特的话概括是"如果你问人们要什么，他们会说想要一匹更快的马"。当然没有证据表明这句话是他说的，但有一个思想学派认为"用户不能告诉你他们想要什么，所以只管做你想做的就好"，意思就是听取用户需求费力不讨好，也不会有什么收获。

　　我完全不同意这个说法。我觉得这样会失去重构问题的机会。我们不仅是问用户想要什么，还要明白用户作为人的深层次需要。一旦做成这个，我们会更加清晰地了解用户所面临的问题所在。我们总会面对这类想法："我要创造未来的愿景，并且这个愿景会来自我，因为我有这样伟大的想法，我认为这很好。"这些改变未来的创造可能非常划时代，但你不必完全摒弃用户需求。相反，你可以做调查研究将它与实际用户的需求联系起来。

　　如果我们不足够信任用户反馈，这会削弱研究团队与利益相关者的关系。如果让我在此呼吁一个想法，那么我要说有远见的创新与倾听用户需求并不矛盾。我认为你只用重新组织思考，去看看用户真正的问题是什么，然后找出解决问题的创新方案。

　　笔者：基本上如果你认为自己比用户了解得更多，肯定会失败，因为你蒙蔽了自己。有时候用户说不出自己的需求，或者不知道自己要什么，但我们的职责就是要往深挖掘他们的层层需要。就像"Jobs-to-be-done"的方法一样，问五个为什么，理清人们真正深层次关心的是什么。有的时候创造性愿景会忽略用户的直接诉求，但整体还是要基于用户需求。

Christian：是的，汽车发明前，马是主要的交通方式。街上遍地是马粪，又脏又臭。如果那个时候你和人们谈话，他们会说他们需要摆脱马粪。但想摆脱马粪的背后是人们需要更好的交通方式。通过真正理解用户的需求，并在用户需求上加以创新，汽车取代了马，同样解决了马粪的问题。我觉得这就是问题得到有效解决，不仅有创新，同时你又与"人"——你要服务的终极用户，建立了联结。

笔者：谢谢你今天和我们聊了这么多！我们从你的见解中收获颇多。

4.4 胸有成竹：制定全面的设计计划

当我们收集到了足够多的信息，了解了用户的问题、期望，了解了问题空间（problem space）和机会空间（opportunity space），我们是否就可以马上打开电脑开始做设计了？如果我们是一个二人作坊，或许可以。但是在团队合作中，设计团队需要把思路记录下来，形成一个项目概览。这时一个很好的设计策略——把设计计划归于纸面，记录下来、传播出去，是非常重要的。我们可以有很多形式记录设计计划：可以写一份一页的简单文档，也可以写一份2~10页的详细文档（在当今信息过载的时代，写超过十几页可能就没人认真看了），或者做一份幻灯片，不光让信息便于消化，而且以后做项目展示幻灯片时，还可以随时抽取现在设计计划的一部分作为上下文铺叙。

　　在这里介绍一个在 Facebook 广为使用的设计简报（design brief）。在微软和 Salesforce 的设计团队，这个工具叫创意简报（creative brief），也是同样的意思。设计项目各不相同，企业环境和工作方式也各不相同，我们不一定需要都在自己的设计流程中插入设计简报的环节，但是我们每个设计项目的初期在了解到了足够的信息以后，都会受益于所制定的全面设计计划。读者在这个章节部分可以参考 Facebook、微软等公司广为使用的这个设计简报方法，看看在自己的设计项目中如何制定设计计划。

　　我们先从设计简报应该包含的内容开始讨论。为了方便理解，我们举一个机场航站楼的例子。每一个进出硅谷的旅客都会途经旧金山国际机场（SFO），在 2011 年 4 月正式开始运营的 T2 航站楼的设计项目就可以有一个这样的设计简报。

SFO T2 航站楼

通常一个设计简报或者创意简报都会包含以下内容。

项目背景（project background）

这个项目有哪些关键的背景？它为何与后面要讲的设计方案息息相关？

SFO 的航站楼耗资 3800 万美元、占地 64 万平方英尺，其改造完成后将拥有 14 个登机口，每年 550 万登机人数的吞吐量。

问题陈述（problem statement）

项目要解决的核心问题是什么？在这里能够清晰地阐述问题的本质，能够快速地将读者的认知统一起来。

在 20 世纪早期的美国，乘飞机是一件优雅的事情。人们会穿着得体，亲友可以到登机口送机接机，不用担心行李超重或者过大，飞机上也有很好的食物。而在现在这个后 9·11 时代，美国的机场乘飞机则没有那么体面和从容：慢速移动的安检队伍，很多疲惫乘机的旅客，行李容易超重或者丢失，候机厅和飞机上的食物也非常一般。

过去的经济舱旅客

图片来源：http://www.zmetravel.com/feature/international-air-travel-1930-2216

目标用户（target audience）

目标用户是谁？这里需要我们能够清晰地阐述目标用户的特征，它不能是"所有人"，也不能是具体某个人，它应该是我们前面讨论过的具有数据特征的人物画像。

对于 SFO T2 航站楼来说，它把乘客划分成了五个类型：休闲旅客、商务旅客、家庭出游旅客、残障旅客和特殊旅客（比如名人、携带宠物的旅客等）。这几个目标用户的需求和特征都能有效地被区分挑选出来，为他们做专门的设计。比如家庭出游的旅客，需要为小孩换尿片，需要方便集合。而商务旅客需要无线网络、电源和相对安静的空间。

市场竞争（competitive analysis）

能够清晰地分析在这个问题上，都有哪些竞争产品，他们都是如何服务于市场的？进而能够简明地阐述这些竞品的特点和他们的弱点、劣势。这个环节能让你的设计简报迅速地给读者一个概览，让读者了解市场的竞争环境和你提出的方案的独到之处。

机场之间的市场竞争是一个非常大的话题。直到 20 世纪 80 年代，机场和航空公司都是垄断行业。随后航空法规放松管制了，才出现了低价航空等市场行为。有兴趣的读者可以阅读这篇来自 Inter-VISTAS 咨询公司的关于新世纪机场之间竞争的报告⊖，鉴于篇幅，我们就不在这里展开讨论。但是你能够想象，因为 SFO T2 航站楼主要服务于美国航空和维珍航空，如果候机体验好，人们下次订购机票时会优先考虑这两家航线，从而给航站楼带来更多的客流量。

⊖ Competition between airports in the new Millennium: what works, what doesn't work and why, Dr. Michael Tretheway。Executive Vice President, Marketing and Chief Economist, InterVISTAS Consulting Inc. Ian Kincaid, Manager, Economic Analysis, InterVISTAS Consulting Inc.。http://www.intervistas.com/downloads/reports/CompetitionBetweenAirports.pdf。

设计目标（design goal）

在前面所述的项目背景、问题陈述的上下文里，我们的设计目标是什么？更重要的是，我们如何论证这个设计目标是正确合理的？

SFO 的 T2 航站楼有三个设计目标：[⊖]

- 提升旅行体验：强调友好服务和舒适的候机体验；提供艺术展览，在走过不同登机口时可以顺便游览；把旧金山湾区的美食延伸到机场里。

- 在繁复的安检中帮助旅客放松下来：提供舒适的穿衣区域；提供充足的饮用水站；提供贵宾休息室般的体验，让人们坐下、放松或者是工作。

- 创新的可持续运营：减少水、电的消耗；复用现有建筑里的材料；教育每年 550 万旅客环保节能；使用当地食材等。

设计原则（design principle）

在最开始没有详细设计的时候，设计原则界定产品和系统的一些特质。一款产品应该给用户提供什么样的感觉？应该触发用户什么样的情绪？它和其他产品如何区分？产品系统应该给用户提供怎样的综合体验？在第 5 章里，我们具体来讨论设计原则。设计原则是一个很好的指引和约束工具。设计原则写得好，可以帮助所有合作方参照这个原则来做各种决定。设计原则还可以用于抵挡不符合原则和目标的想法，让项目保持在原先设定的轨道上。

SFO 机场有一份给建筑师、设计师、商户以及机场地勤人员的设计原则叫 R.E.A.C.H.，全称是 "Revenue Enhancement And

---

⊖　San Francisco International Airport (SFO) Terminal 2 Renovation Design Fact Sheet, https://www.gensler.com/uploads/documents/SFO_Fact_Sheets_04_14_2011.pdf。

Customer Hospitality",旨在提高客户机场体验、提高商户收入、打造一个紧密协作的机场。⊖

设计限制(design constraint)

在项目的初期,把项目的限制表明出来是很聪明的做法。时间、经费、研发实力、市场管制等方面都会成为限制设计的因素。设计限制其实往往不会限制设计的精彩,而是把设计的精彩放在了正确的地方。试想如果你激动万分地展示你的设计方案,却发现很多限制没有被考虑进去,那是多么扫兴。在设计简报里把设计限制加入进去,还可以帮助你的读者评鉴你接下来的设计方案:他们更能体会到你的设计微妙均衡的来之不易。

SFO T2 航站楼决定复用原有的建筑结构,那么原有的建筑和材料自然就会带来很多的限制。机场作为一个公共空间肯定还会有消防、国土安全、无障碍设施等要求。这个时候如果能够体现出如何把限制转变成一个设计理念,就会非常加分。比如 T2 航站楼复用原有的结构,在设计中重点突出了环保可持续性的理念。有兴趣的读者还可以阅读 SFO 机场的可持续性规划、设计和施工指南。⊜

设计假设(design hypothesis)

一个基本的设计假设的结构是:在环境 A 的前提下,如果做设计改变 B,那么我们会看到结果 C。

如果我们能够在环境 A 相对稳定和清晰定义的情况下,提出分支假设 B1、B2、B3,我们还可以得到对应的结果 C1、C2、

⊖ http://media.flysfo.com.s3.amazonaws.com/pdf/about/b2b/SFO-principles-of-REACH.pdf

⊜ SUSTAINABLE PLANNING, DESIGN AND CONSTRUCTION GUIDEL-INES Delivering Healthy, High Performing, and Resilient Facilities, http://media.flysfo.com/media/sfo/community-environment/sf-dc-sustainability-guidelines.pdf。

C3。这样我们就可以用非常量化的方法去评估 B1～B3，选择设计方向。这也就是我们常说的"假设驱动设计"（hypothesis driven design）。

举例来说，比如问题是 SFO T2 航站楼的商务旅客不知道如何寻找笔记本电源插头，这时我们可以提出三种解决方案：无指引、座位上面提供标识、路引上加入标识。再去追踪 10 位商务旅客从开始寻找电源到最后找到空闲电源的时间（信号 1），和电源插座的使用率（信号 2），以及旅客关于电源插座的满意度。

成功指标（success metric）

当产品发布以后，如何量化地衡量产品的成功，是在产品简报中一个很有力量的工具。成功指标就是一个很好的"C 结果"来验证设计假设的途径。用户体验的成功指标大体可以划分为三类：

- 可用性指标：产品是否方便使用，无障碍等。
- 客户的感知：满意度，对品牌的识别等。
- 结果性的指标：具体带来的结果的变化，比如提高 15% 的转化率，观看时间提高 18 分钟等。

对于每个类型的指标，我们需要去关注他们的目标、信号和衡量指标。用户体验的成功指标我们会在第 7 章中展开讨论。

时间表（project timeline）

顾名思义，时间表列出了项目预期的时间计划。这里的关键是能够列出这份时间表与一些关键的时间节点如何契合。节点可以是内部的，比如公司的战略是明年第二季度前完成某某指标，这份时间表如何能够达成这个目的；也可以是外部的，例如是否能赶在外部时间比如中国的"双十一"，或者美国的"感恩节""黑色星期五"之前上线，提高销量。

设计简报其实更早是在设计工作室和设计咨询行业广泛使用。

试想你从甲方客户接手一个项目，在项目正式开始前，一定有一个计划的过程，向客户交代设计锁定要解决的问题，项目的思路，项目的交付时间期望以及项目开销等。有了这个设计简报，它就像一份合同，设定了双方的期望也约束双方后续的行为，客户因此才"投标"给你。如今很多科技公司都是内部设计团队，成为产品开发流程中的一部分，一般情况下团队不会去"挑选"或者"解雇"设计团队，设计简报失去了它在对外项目中的合同作用的必要性。但是做任何一个设计项目都要有设计计划，无论它最后以何种形式何时出现在你的设计项目中。设计师发挥自身的领导力，主动撰写设计计划会有很多的好处。就这个话题我们找到了 Facebook 的资深设计师丰睿，来跟我们深入探讨设计简报在 Facebook 内部是如何被运用的。

4.4.1 与 Facebook 设计师的对话

丰睿现在在 Facebook 的广告增长部门做一些增长相关的产品。用她自己半开玩笑的话说："很多人对广告增长这个领域不了解，认为广告产品的设计就是类似于设计淘宝主页的宣传横幅，其实广告是一个非常复杂的系统，要做好不容易。"丰睿告诉我们，广告是由很多很多环节组成的：首先谁要打广告，这个时候 Facebook 会给广告商提供工具，根据广告商的各种属性（比如大中小型企业），然后给他们提供不同的解决方案。广告商打了广告之后，这个时候 Facebook 怎么样去让顾客看见呢？给谁看呢？这个时候我们又需要精准投放，投放也需要很多的产品。广告投放以后，Facebook 要反馈给广告商，广告的效果怎么样。这个时候又需要有分析系统，让广告商了解哪些广告是有效的，然后帮助他们理解怎么去更好地投放广告。"我做的增长这一块，顾名思义，是寻找产品新的增长点。增长团队就像是一个孵化器，团队有很多的想法，我们要一一去尝试"，丰睿继续解释道。增长本身可以分为横向的增长和纵向的增长。横向增长是想我们要怎么样去扩大广告商的人群，像可口可乐这样的大企业被充分挖掘了以后，当地的小餐馆也可以成为我们的客户。纵向增长则是一些特殊增长，比如针对中国想要拓展海外市场，为公司做产品优化等。

关于设计简报，丰睿也跟我们分享了很多见解。

笔者：在 Facebook，什么样的设计项目需要写设计简报？

丰睿：不同团队的工作方式差别很大，我们组用得比较多。设计简报在做从零到一的项目的时候特别重要。如果是一个很成熟的产品，其实没有那么需要，因为你已经有非常明确的用户痛点和需求。设计简报的一个很重要的功能就是在问题不清晰的时候使其变得清晰。

笔者：所以对于设计师，在还没有清晰思路的时候，设计简报是一个很好的工具？

丰睿：对于设计师本人和对整个团队来说都是非常好的。因为在写设计简报的时候，要求设计师在真正开始做设计之前，先把问题想透彻了。这对设计师提高自己的话语权和团队影响力非常重要。我们做初级设计师的时候，大多都是扮演执行者的角色。老板跟你说，做做这个，你就做了。手里拿到的是别人已经消化过的信息，消化过的需求，是已经被清晰定义的东西。随着你越来越想往上发展的时候，要从执行者变成一个策略者，这个时候快速消化信息、清晰规划设计的能力是必需的。

对于整个团队来说，这个消化信息、规划设计的过程是一个思路统一的过程，有了这个过程，团队的聪明才智会得以集中在解决正确的问题上。

笔者：你的设计简报里都有哪些章节？

丰睿：问题陈述、假设、目标人群、优势、成功指标、时间表。

笔者：目标人群是什么？

丰睿：以前我是学生的时候，我觉得这是一个很泛泛的概念。感觉谁都可以是目标人群。但是 Facebook 有 20 亿用户，你不可能说我设计一款产品去满足这 20 亿人的某种共同需求。这个时候你肯定要对目标人群进行切割，必须可以被量化。举例来说，我们可以从时间、行为、特殊属性来做一个基本的切割。比如在过去 30 天内曾经有 A 和 B 两种行为的新（属性）用户。

笔者：说说你是怎么写出一份好的设计简报的？简报写好了又都是谁会去关注？

丰睿：首先自己肯定需要一个整理思路的过程，去查资料，看看前人相关的工作以及竞品分析。产品每一年都会有个大方向，产品经理在这时也能提供一些初步的思路。Facebook 每个团队都有数据科学家，可以帮我们看符合这些属性的人群会有多少、我们做这个东西有没有价值等问题。形成一个初稿以后，可以让各个合作方都来看，包括工程师团队，需要他们买账。因为设计简报也属于产品规划的一部分，简报写好了以后产品经理关注得比较多。

文档有一个好处是有档案的作用。在工作的后期，设计简报可以有一个约束作用，比如当大家都有各种争议的时候，设计简报就是一个证据：我们当时说好了我们要解决这个问题，现在不能跑偏了。

设计简报也不是一成不变的，但是在团队一致通过一份设计简报以后，比如产品研发的中后期，发现最初的想法不对，需要修改设计简报了，是可以修改的。但是作者需要写一个小的修正稿，去记录这当中的变化，要表现出很强的意向性（intentionality）在里面。

笔者：设计简报与产品需求文档有什么区别？

丰睿：两者的区别是由设计师与产品经理的职责差异来决定的。产品经理写的需求文档，是从商业需求的角度上，代表是公司的利益，关注我们要做的产品能为公司产生多少结果。但是他们很少会去细致地考虑用户的真实体验。作为设计师，我们是从用户利益的角度出发的，设计简报可以替用户讲话，怎么样取得一个平衡。所以在设计文档中，我们一定要着重强调人的问题。两者撰写得当，才能起到互补的作用。

　　跟丰睿聊天你会感受到设计简报在 Facebook 是被认真对待的，因而设计简报也起到了很好的聚合作用，团结团队的认知。同时你也感受到 Facebook 对设计师的选拔标准高得可想而知：不仅要有好的设计，好的沟通能力与领导能力，还要能把抽象的思路落到具体的纸面上。

核心策略二：探索设计潜能

5.1 设计心态

做设计工作很有趣的一件事情是同一个问题有千万种解法：不同的科技、商业模式、产品思路，不一样的交互设计、视觉风格、语言风格等。今天成功的方案放在昨天可能是失败和早熟的尝试，同理今天失败的实验很有可能你放弃了，明天有人在一个更合适的时机拿出来做又成功了。很经典的一个例子是，1993 年苹果的牛顿掌上电脑（如下图），用当年执掌牛顿项目 UX 设计和软件开发的 Steve Capps 曾说过："1993 年我们开始卖这款产品时它几乎不能正常工作"。手写识别本应该是这款产品的核心功能，但是它惨不忍睹的识别率最终让牛顿以失败收场。人们不会去花 700 美元买一个 5 美元记事本就能解决问题的产品。但是从现在的视角来看，牛顿却给后人"书写"了一台可以放进口袋里的数字设备的梦想，并且随着科技的发展，后人在这个梦想里找到了成功。我们很有可能会失败，但是要使成功的可能性最大化，我们需要在设计之初竭力探索设计潜能。

苹果牛顿 MessagePad 120

图片来源：https://commons.wikimedia.org/wiki/File:Newton_MessagePad_120_stylus.JPG

和上一章节一样，我们在讨论探索设计潜能的策略之前，先探讨几个相关的设计心态。我们先分享一个关于个人成长的心理学研究。

5.1.1　成长型心智

三十多年前，世界享誉盛名的斯坦福大学心理学家 Carol Dweck 博士和她的同事们对学生面对失败的态度产生了研究兴趣。她们发现有一些学生面对学业上的挫败，能较快地调整好自己的心态，但是另外一部分学生面对哪怕是最小的挫败就会一蹶不振。Dweck 博士指出，我们对于自己有一些基本信念，这些基本信念为我们塑造了完全不同的心理世界。在这个不同的心理世界里，我们对遇到的一切做出了不同的理解和解释，并影响着我们对未来的认知和决策。在经过对上千名学生的研究之后总结出了"成长型心智"和"固定性心智"两种面对智力和学习的心态。

固定型心智认为智力是由先天已经决定好，且固定不变的。所以固定型心智的人的基本原则是让自己任何时候都显得聪明能干，并且反复去证明这一点（回想一下你的高中，是否总有一批"学霸"给自己打造不费吹灰之力就可以考全年级第一的形象）；成长型心智相信智力是可以被发展和提高的，因此他们的基本原则就是练习，练习，再练习（此刻提到阿甘正传是再合适不过了）。

固定型心智觉得如果付出太多努力，就显得自己不够聪明、能干。对于一个完美、聪明的人来说，一切都会很轻松，就好像一个已经学会开车的人，是可以很轻松地完成驾驶任务的。而成长型心智认为只要不断努力就会不断提高，付出努力是获得成长的一部分，这份努力才是自己与他人的区别。

固定型心智认为失败和障碍显得自己无能，因为对于一个完美、聪明的人来说，做任何事情不应该遇到任何挫折。所以固定型心智的人会极力避免和隐藏自己遇到的障碍和失败，认为失败定义了自己；成长型心智的人则认为失败和障碍在所难免，是事物发展的一部分。就像在健身房做力量训练，失败和障碍就是哑铃，有了它们提供的阻力才会刺激肌肉的生长。所以面对障碍和失败，最好的方法是直面和克服。

有兴趣的读者可以去关注 Dweck 博士的书⊖。科研人员已经证实了人脑是有非常大的弹性的。我们的行为、思维、关注的问题、练习以及摄取的营养和睡眠习惯都会影响大脑神经元的生长发展。而成长型心智所激发的各项心理活动和行为，都与大脑神经元的生长发展有正相关关系。所以我们下一次要夸奖自己的小孩时，一定要赞扬他们"你一定付出了很多努力，你真棒！"而不能是"你真

⊖ Mindset: The New Psychology of Succes, https://www.amazon.com/exec/obidos/ASIN/0345472322/braipick-20。

是天才，聪明过人"。因为前者暗示成功来自努力，而后者暗示成功来自先天的智商，并且智商一成不变。

在这么短的篇幅里，很难把这两个心智充分讨论。我们大部分人的心理都是趋于这两种心态之间的。未经专门的训练，我们遇到困难时可能会在不断付出努力的同时，也隐隐地"对自己的智商感到担忧"。在这里设计师对待设计项目，需要练习用"成长型"的心智来面对它。

一个设计项目在经历了充分的问题定义阶段以后，最诱人的下一步就是跳入具体详细的设计中。毕竟定义好了问题之后马上解决问题是一个多么有吸引力的故事！这让每一个人都显得特别有效率，很聪明，一点即通。而且可能产品团队也已经受够了混沌不清的阶段，跳入具体设计能让每个人都感觉更好。这就正好让我们掉进了"固定性心智"的陷阱："固定性心智"的人认为，如果我们足够聪明，项目的问题又定义得较为清晰了，解决这个问题就不应该遇到什么阻力，所以我们理所应当马上得出"正确答案"。

但是设计没有"正确答案"，也没有"最佳答案"，只会有在不同的上下文里最优的答案。随着对设计问题的了解，时代的发展，这些所谓最优的答案也在以很快的速度被后来者取代。某种程度上，设计项目就好比商业房地产投资，在我们大张旗鼓开始设计房子的装修方案细节之前，选择有一个好的预期投资回报比例的好的地段，其实往往更重要。选择工作没做好，装修设计再好也无济于事。在设计项目里，解决问题的方法可能会有很多，但不是所有的解决方案都会非常明显地被我们马上发现。在跳入设计细节之前，我们需要优先来做的，是了解有哪些潜在的不同的设计方案，并在能力和知识范围内穷举这些方案，然后用较少的投入评估这些方案（选好房地产投资的地脚），再专注于一到两个优选的方案优化设计（再做具体装修）。这个过程从某种角度来看会显得没有效率，而且肯定在评估方案时伴随着试错、犯错和障碍，这会让你在"固定性心智"的人的眼中看起来"不够聪明"。但是拥有"成长型心智"的设计师知道，不断地试错才有可能找到最优的解决方案。这种试错的努力是设计过程的一部分，也是真正定义自己设计能力的根本。

因此在着手开始设计之初，我们有一个"探索设计潜能"的核心策略：带着"成长型心智"，设计师有规划地设计多种方案，从错误和障碍里学习经验，去修正自己的思路，最终得到最优化的设计方案。这个"探索设计潜能"的策略大致可以分为两个部分：如何发散，穷尽可能；如何收拢，择优前行。

5.1.2　数量至上，穷尽可能

前面的章节里我们已经谈到过"数量至上"的方法。在一个陶艺课程上，学生被分为两组：一组只能选择做一件作品，精雕细琢；另一组不在乎质量，数量之上。结果优秀的作品无一例外来自于数量多的那一组。相较于仔细雕琢一个单一的作品，数量反而更能激发学生们的创造力。

在寻找设计方案时，为什么暂时地不在乎方案的质量，先尽可能地产生多一些方案，能够有好的效果？如果说爱迪生试验了1600多种不同的耐热发光材料才终于发明了电灯，这个道理似乎有些牵强。但是如果说我们知道第1601种耐热发光材料一定会成功，我们要做的突然就非常简单：赶紧想出前1600种方法，早点全部排除掉，早日迎接第1601种方案的到来。这当然是一句玩笑话，我们若真的知道1601是吉祥数字，前面1600种方法里只怕会被加入很多滥竽充数的方案。但是"数量至上，穷尽可能"还是有道理的：

- 忘记质量时，我们也会暂时忘记很多限制。在构思方案时过

早地引入限制没有什么好处，毕竟这些条件都是随着科技和
环境改变的。(如果这些限制特别重要，可以尝试把限制转变
为假设，标注上"假设某某条件成立，则这个点子行得通"。)

- 数量至上，我们会暂时停止对完美的追求，对成本的控制，
  对可行性的依赖。因为短期的目标是数量，不会有人（可能
  是我们的潜意识）苛责我们要把任何一个提案做得完美。

- 穷尽可能，会鼓励我们去思考解决方案的空间的边界在哪，
  关键变量是什么，然后去探索不同的可能性。

IDEO 有个很有趣的"30 圈破冰练习"（如下图），让人们在头
脑风暴前用 30 个圈画画。规则只有一个：画的最多的人获胜。这
个小游戏轻松幽默，即使是陌生人聚到一起头脑风暴，也能马上打
破僵局把气氛活跃起来。在我组织过的工作坊中，凡是用到了这个
游戏的，最大的挑战都是点子不够多，没有人纠结于如何把一个圆
圈画得完美。这个时候你就可以顺便跟大家提一下："今天的头脑
风暴我们也是同样的原则，只讲究点子的数量，不在乎点子的质
量。"接下来的章节里我们会详细地讨论如何组织有效的工作坊，
还会分享更多这样的破冰小游戏给读者。

IDEO 著名的 30 圈破冰游戏

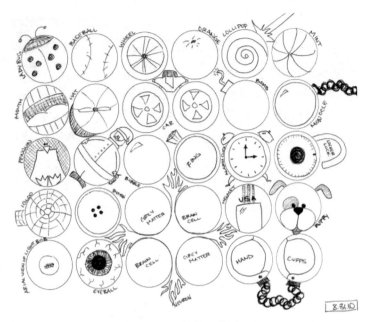

网友的 30 圈练习作品

5.1.3　失败要趁早，但是要有信服力

　　我在亚马逊位于硅谷的硬件研究部门 Lab126 工作时，依然记得亚马逊的"Fire Phone"手机上市前的野心勃勃与大张旗鼓。然而在这部手机上市后却遭到前所未有的冷遇。亚马逊的 CEO 杰夫·贝索斯在接受 Business Insider 采访时是这样说的："如果你以为这部手机是我们的大失败，那么我们现在正在研发一些更大的失败。我不是在开玩笑，其中有一些可能的失败会让 Fire Phone 看起来非常小儿科。当公司逐步壮大，我们需要作出的挑战与可能犯的错误也会随之相应增长"。[⊖]

────────────

　　⊖　Jeff Bezos, Thinking Like a VC, says Amazon is "the Best Place in the World to Fail.", https://medium.com/early-moves/jeff-bezos-thinking-like-a-vc-says-amazon-is-the-best-place-in-the-world-to-fail-5c7d8b5e7823。

　　你完全可以认为这就是贝索斯在接受媒体采访时说的几句漂亮话以免让自己尴尬，但是做产品的人可能心里都认同的是市场难以预料，能做的唯有多多尝试。当年和 Fire Phone 同期研发的还有一个家用消费电子项目。这个项目在内部并没有得到明星级别的待遇，人们也不知道它会卖得怎么样，毕竟市场上当时也没有类似的产品，用例好像也不够踏实。这个项目就是 2015 年面世、奠定了亚马逊在智能家居市场地位的 Amazon Echo。据估计，Echo 在 2017 年 5 月时出货量可能已经高达一千万台，Google Home 和其他产品全部加在一起出货量还不及 Echo 的一半。⊖

　　所以失败要趁早，如果你不知道哪一个方案会成功，有一个笨办法：逐一尝试。

　　如何在产品团队打造一个允许失败、鼓励失败的环境，是每一个团队都要思考的问题。具体来说，如何建立一个快速试错的环境，让失败的成本（经济成本、时间成本、面子成本等）降到最低。在谷歌有一个"快速用研"的团队，就是建立了一种周一定研究课题，周三做用户调研，周五出报告并且迭代的机制。这个团队让设计师可以在项目初期快速测试几个大的假设，让 4～6 名用户提出定性的反馈，让一些站不住脚的方案早些脱落，去迭代下一个方案。从文化上来说，建立一个鼓励失败的环境至关重要。Facebook 的设计师们有一个关于失败的原则：要失败得"有信服力"。换句话说，我们要为了成功而失败，而不是为了失败而失败。为了成功而失败，每一次尝试都有它背后的道理。如果失败了，我们可以从中学到什么，如何避免重蹈覆辙。继续前行时，如何调整下一个方案？如何通过教训减少需要尝试的方案的数目？若能把这些失败背后的思路整理清楚了，就是一次"有信服力"的失败，会

　　⊖　Amazon's Echo isn't going to give up its lead anytime soon, http://www.businessinsider.com/amazon-echo-vs-google-home-sales-estimates-chart-2017-5。

和成功的经验分享一样重要。

5.1.4　推迟评判

　　有时开会总会遇到这种情况：在头脑风暴的时候抛出一个问题大伙来集思广益，很多人都会说一些天马行空的想法。但是这个时候总有一个人会"泼大家冷水"——"这个点子是不错，但是实现难度实在太大、超出预算太多、根本没有时间……"说者无意，听者有心，久而久之人们会开始担心自己的想法是否"足够聪明"，从而造成集体智慧的下降。

　　Alex Osborn 在 20 世纪 40 年代提出了很多关于头脑风暴的基本概念。用 Osborn 自己的话说："我们需要克制自己想要批判的冲动，让创意的泉水先自由地涌动"⊖。Osborn 指出人的心智由充满想象力的"创意之心"与严谨慎重的"判断之心"（也就是今天我们所说的右脑和左脑）构成。创意之心负责生产想法、展望未来，而判断之心则是善于分析问题，筛选方案。Osborn 的一个关于创意的理论就是如果我们能够推迟评判，就能够暂时收起"判断之心"，避免它对"创意之心"的阻塞。

　　很多人在写作时会遇到所谓的作家瓶颈（writer's block）。作家瓶颈说的就是有很多人在提笔要写下文字时发现自己前思后虑，竟然无从下笔。到底是怎么回事呢？人们发现遇到作家瓶颈的人有一个共同点：他们都在写作的同时还在编辑自己刚刚写下的文字。这会让遇到作家瓶颈的人陷入不断的自我怀疑当中：当自己才刚刚写下一句话，自己的左脑就开始分析起来：这么写有人能看懂吗？是否应该换一种表达方式？会不会太啰嗦、无趣？从作家瓶颈里走

⊖　Why You Need to Defer Judgment During the Ideation Phase of a Brainstorming Session, http://www.ideachampions.com/weblogs/archives/2016/06/why_defer_judgm.shtml.

出来的方法也非常简单：写作的时候专门找一段时间洋洋洒洒地写，然后在当天下午甚至是很多天以后再回头去修改。

所以做设计时，如果我们想要有一个高质量的产出，去全面地探索设计的潜能，而不是像遭遇了作家瓶颈的人一样原地打转，我们应该考虑把设计的时间分为两个部分：一是专门用来洋洋洒洒地产生不同的点子，推迟自我对它们的评判；二是另外再找出一段时间来专心分析和优化解决方案，从自己前面生产出的大量点子中找寻答案。

5.1.5 在他人的想法上继续创造

无论是头脑风暴还是任何形式的团队合作，设计师在产生了一定量的点子以后一定会跟一个小范围的直接团队进行分享和沟通。这个时候无论是听取他人点子给出反馈，还是向他人展示点子索取反馈，团队里能有一个"在他人的想法上继续创造"（build on other's idea）的默契变得很重要。

在他人的想法上继续创造，作为向他人展示点子索取反馈的人，有一个心理暗示是，我并不是在展示一个最终的方案，我只是尽我所能把我能想到的方案整理出来，我也知道大家的思路一定是基于我的方案去发展它，而不是批判我的方案。同时我也知道我的方案肯定不是最好的，大家集思广益会产生更多更好的化学反应。

作为听取他人点子给出反馈的一方，在他人的想法上继续创造同样会给我带来好点子的成就感，人们会认可我的想法确实不错，觉得我有作出贡献，同时我也会让原先提出方案的人感到其想法被认可，他作出了贡献。

在他人的想法上继续创造的反例，是轻视他人的想法。其实不用说，每个人在职场上可能都遇到过这样的人，他们最基本的一个口头禅就是"是的，但是……"（Yes, but...）。而我们每个人都需要学习怎么样做一个"是的，并且……"（Yes, and...）的人。

在有一次头脑风暴的热身练习里，我让现场 8 位以及线上的一位远程参与者按顺序一起每人说一句话编一个故事（比如"如果我有一张魔力飞毯"）。唯一的要求就是每个人的一句话都要以"Yes, and…"打头。大家编出来的故事天马行空，但是每个人都说出了"Yes, and…"的那句话，并且发现这一个 3 分钟的小练习里，顺着每个人的思路我们才能创造出这个故事。最后我作为头脑风暴的引导者再提示一下大家，接下来的头脑风暴有一个很重要的规则就是"在他人的想法上继续创造"。这样一来大家也就能很轻松地接受了这个规则。

5.2　有效能的团队文化

很多时候我们都在谈论企业文化，如何让员工在一个健康的公司文化里寻求职业发展。团队文化作为一个小范围的文化，常常对团队里的每一个人有更直接的影响。为什么有些团队能够蓬勃发展，而隔壁做类似事情、拿类似报酬甚至共用一个厨房的团队却步履蹒跚？是什么让团队的创造力能够充分发挥出来？在 Google 的"氧气"项目研究什么样的经理是好经理大获成功以后，Google 的研究人员又发起了代号为"亚里士多德"的研究项目[⊖]，来看是什么让一个团队能有效能地（effectively）工作。是否是把最聪明、经验最丰富的人按照一定的职能比例配置在一起就能最大化这个团队的输出呢？亚里士多德项目的研究人员采访了 180 多支团队，分析整理了这些团队 250 多个指标，研读了近半个世纪以来的社会科学文献，想要在这些数据里找到规律。

一个最有效的团队，是否是因为团队成员都有共同的兴趣和动机，或者被某种共同的奖励所激励着？亚里士多德项目的研究人员

⊖　The five keys to a successful Google team, https://rework.withgoogle.com/blog/five-keys-to-a-successful-google-team/。

仔细地端详了每个团队是否在办公时间之外有社交活动，团队成员是否有共同兴趣爱好，团队成员是否有类似教育背景，团队成员的性别比例，外向型性格与内向型性格的比例等方面。无论亚里士多德团队的研究人员如何排列这些数据，几乎都没有任何办法可以从人的性格、技能、背景上找到一个有效能的团队的"配方"。比如，在 Google 内部有些有效能的团队在办公室之外都是好朋友，有些团队出了会议室就成了"陌生人"。有些团队需要得力的经理，有些团队自组织能力很强希望少一些架构⊖。亚里士多德项目研究团队最后把目光投向了所谓的"团队法则"（group norm）。这些团队法则包含了团队的习俗、行为准则和协作的"隐藏规则"。举例来说，一些团队可能认为避免争议比严谨地辩证更重要，而另一些团队可能想法完全相反。亚里士多德项目研究团队于是开始把注意力集中在这些"团队法则"上，看团队里的领导者是把控大家讨论时发言的秩序还是自己也会打断人说话，看团队在开会之前是会聊聊周末的计划还是直奔主题，看团队是鼓励辩论还是避免争议等方面。

最后得出了这样的结论：

团队由哪些人构成，并没有团队成员如何协作、如何组织他们的工作以及如何看待每个人的贡献重要。

根据 Google 发布在 Re:Work 上的博文⊖，这个结论可以拆解成五个方面：

● 心理安全：我们能否不用感到不安或者尴尬地冒一次险？

⊖　What Google Learned From Its Quest to Build the Perfect Team, https://www.nytimes.com/2016/02/28/magazine/what-google-learned-from-its-quest-to-build-the-perfect-team.html?smid=pl-share。

⊖　The five keys to a successful Google team, https://rework.withgoogle.com/blog/five-keys-to-a-successful-google-team/。

- 可靠性：我们能否指望对方说到做到，按时交付高质量的工作？
- 清晰的架构：团队的目标、角色、执行计划是否清晰明了？
- 工作的意义：我们是否在做对每个人来说都有个人意义的工作？
- 工作的影响力：我们是否从根本上相信我们的工作有意义？

如果你发现自己现在的团队，对以上的五个问题答案都是"Yes"，那么恭喜你，你的团队被科学地证明了是非常有效能的团队。

探索设计潜能，从来都不是一个人独自的旅程。即使你是公司唯一的设计师，也会有一个工作团队和你一起从不同的层次探讨你的产品。团队的工作效能直接影响着我们每一个设计师的设计潜能。试想如果一个文化不允许犯错、不允许尝试，那么设计师就会倾向于仅仅提出"安全"的设计方案。如果大家都说到做不到，那么任何的好点子最终都会变成纸上谈兵。团队里的气氛与合作方式是一直变化着的，一个新的成员的加入，一个新的尝试，都有可能给以上五个方面带来正面或者负面的影响。我们在这里聊有效能的团队，更重要的意义是从团队的领导者（也就是团队里的每一个人）的角度来思考，我们如何评估自己团队的这几个效能指标，如何改善它们？有兴趣的读者可以访问 Google 提供的这个网站⊖，来获得一些识别团队里的指标和帮助团队建立心理安全的小工具、清单。这里就不再展开叙述。

5.3　集思广益：引导有效的设计工作坊

设计思维的核心是协作。在我们每日被会议、电邮、微信占据的现代工作社会里，创造力很容易被项目的细节和现实给束缚住，

⊖　Understand team effectiveness, https://rework.withgoogle.com/guides/understanding-team-effectiveness/steps/introduction/。

因而无力去构思一些更大、更精彩的解决方案。

在项目初期，还没有成形的设计思路时，产品的需求文档也还处于萌芽阶段，设计团队和整个产品团队如何协作一起定义产品的需求和体验？在这个时候设计工作坊是一个很好的策略。在一个设计项目的初期把人聚拢到一个房间，把注意力集中在一个设计问题上，让团队的创造力自然地流淌，常常能给项目带来非常具有创造力的收获。

什么是设计工作坊？设计工作坊是把团队聚到一起来拆解一个具体的问题，通过一系列设计活动得出具体的结果。设计工作坊常常是一个较大项目的里程碑，把各个团队职能（产品、市场、开发、设计、销售等）的人聚到一起。为了对得起这么多人的时间和注意力，组织者需要也理应花时间筹备一个清晰并且细致的设计工作坊。下图描绘了工作坊前、中、后的时间精力投入，可见一场好的工作坊其实是需要很多前期时间投入的。

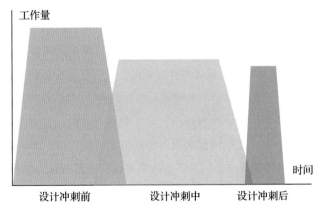

准备一个设计工作坊在前期、中期、后期要投入的工作和精力

计划一个工作坊非常有挑战性：组织者都会有一个顾虑，不想要浪费人们的时间，在各种未知的情况下如何保证投入 1～2 天的

时间（甚至只是 2 个小时）能够获得对大家都有益的产出。很多没有策划精良的工作坊让人们感到要么高谈阔论、难以实现，要么变成纸上谈兵、争执不休，很多人会对设计工作坊或者头脑风暴抱有迟疑的态度。没有什么比人们突然给你一张白纸，毫无头绪地说"快点，你现在开始产生点子吧"这个体验可怕。没有清晰的思维秩序，一场糟糕的设计工作坊常常会变成比谁声音更大或者话语权更多的竞赛，人们在入场之前也难免会对一个问题已经带有预设的答案和观点。从引导工作坊的设计师角度，要担心的事情也不少：人们会不会不来或者想不出什么好点子？万一没话说会多么尴尬？什么样的头脑风暴是好的？如何确保大家讨论问题有聚焦，而不是坐在一起天马行空地想一堆完全无法执行的点子？万一遇到话痨把整场的氛围带偏了怎么办？

你是否曾经有过这些担忧？你是否还在犹豫要不要把设计工作坊整合成你项目流程的一部分？事实上，把人们聚到一个会议室不一定就能保证产生好的化学反应。每个设计师在组织设计工作坊时都会面临同样的担忧，同样的犹豫。这个章节里，我们一起来聊聊设计工作坊／头脑风暴的一个通用流程，然后探讨一下头脑风暴的"潜规则"和常常遇到的挑战与应对策略。我们还是会以橙子通信作为案例和读者一起设计一个工作坊。根据不同的项目不同的上下文，你可能会需要对工作坊内容作出调整才能达到目的，读者尤其需要留意的是一个设计工作坊都需要做哪些前期准备工作，都有哪些流程，相应的目的是什么。这样下一次也可以让这套方法为你所用。

一个好的设计工作坊应该有清晰的产出。在谷歌，设计团队在"设计冲刺"（后面会介绍）的文化影响下，还会在设计工作坊中融入用户测试的环节。其中的目的就是让设计工作坊的产出不是虚无缥缈可能无法落到实处的一堆想法，而是在众多想法中排序去设计和做原型，并且做快速用户测试以验证想法的潜力。这个快速的

"构思—设计—测试"的过程能在产品处于萌芽期给整个产品团队非常宝贵的信息，去向更好的方案靠拢。如果一个设计工作坊时间有限，可以考虑把精力主要集中在产生点子上，设计师可以后续再做设计和测试，把信息反馈给团队。例如在 Salesforce 的设计团队，设计师们就习惯做一个快速的一小时甚至半小时的工作坊，把几个对项目已经熟悉的设计师和产品经理聚集在一起对一个局部的设计问题进行头脑风暴。想出来的点子马上就能被设计师转化成实际的解决方案。

说了这么多，那就让我们开始策划一个设计工作坊吧。

5.3.1　设计工作坊

筹备设计工作坊（design workshop）很像是策划一场婚礼或者庆典，来宾的情绪和体验至关重要。虽然用户体验设计师的工作都是设计数字产品体验，但是我们应该也同样关注每个参与者的实体体验。在什么样的空间，有什么小工具，做什么小游戏，其实都是在关注如何把人的创造力激发出来，为一个项目献计献策。工作坊如果设计得当对于整个项目是无价的：每个人想法被充分讨论，每个人都对项目的认知相对同步，最关键的是每个人都已经在设计工作坊中合作过了，日后合作起来也多出几分默契。

从目标开始

设计工作坊的首要任务，是敲定工作坊的目标。好的目标简洁地给大家一个清晰的认知，了解这个工作坊想要解决什么问题。把一个拟定的目标写下来以后，可以用像石墨或者 Google 文档等在线协作工具，把它分享给你的关键合作伙伴，跟他们达成一致。这里的目标可以非常简洁，也不会有人在后面拿着这个目标来质问你为什么产出与目标不一致。个人建议按照写会议邀请的详略程度来描述工作坊目标。

以橙子通信为例，设计团队现在要做一个关于自助客户服务体验的设计工作坊，那么可以拟定下面几个目标：

- 作为一个团队讨论橙子通信自助客户服务体验的愿景。
- 头脑风暴，并初步设计在这个愿景之下一些理想的橙子通信自助客户服务体验。
- 产生关键的设计原则、成功指标（此处还可以换成人物画像、用户旅程等你需要大家统一收拢的信息）。
- 选取一段关键的体验做设计并且快速测试，从中得到关键的反馈。
- 最重要的是度过一段轻松的时间。

马上敲定后勤物流

工作坊目标设定好以后，要马上敲定所有人员后勤物流等信息。这个算是个人偏好，最大的变量往往是最细微的东西：

- **订什么房间供大家头脑风暴？** Salesforce 的会议室有一边对着海湾大桥，从窗户看出去会让每个人感到心情大好。You-Tube 在纽约的办公室开设在 Chelsea 市场楼上，有些会议室视野开阔，可以看到 Highline 公园。但是，有些会议室很难被找到或者离大家太远，有些会议室有远程协作白板。有些会议室的白板比较大，有些会议室的电视比较大。找到一个能让大家舒适站立、坐下的方便的地方，是工作坊的基石。大家也都知道会议室很难预约，尤其是大的、好的，如果需要预约一整天，那么更是难约。我有一个个人偏好：找一个有高腿桌和类似吧台椅的高脚椅的会议室，这种地方既能让想坐下的人可以舒适地坐下，也能让想站立参与会议的人能和前者一样高。如果大家都像寻常会议室一样坐在矮椅子上，思维很容易习惯地变成和平时领导开会一样，一个人或者某几个人说，其他人开始想自己午餐或者休假去哪玩的事。

　　在旧金山有很多公共会议室、创客空间的室内装潢非常激发人的灵感，这里面的道理都是一样的：人们受到新的环境的刺激，往往会跳出在办公室里的思维习惯，产生新的想法。

　　与房间相关的是日期和时间，人数一旦多起来，项目进度、休假安排、日程安排都成了瓶颈。有的时候工作坊的组织者需要私底下与某几个参与者协商，来找到一个最佳的时间。工作坊最好安排在上午（头脑风暴顾名思义，肯定是脑力活动，成败与否取决人脑的"查克拉"余额）。

- **谁来参加这个工作坊？**有三个考量：人数，职能，是否远程。人数上的主要考量，是让每个人都能平等、自由地发表自己的见解，同时不会因为人数过多让整个工作坊显得拖沓，或者人数太少让工作坊显得冷清。从我们的经验来看，公司工作项目的设计工作坊 5 至 8 个人比较合适。如果是会议或者其他初创公司等的环境可以按需选择人数，但是要关注的问题是一样的：让工作坊活动每人所需时间乘以人数所得到的总需时间不超过预留总时间的 80%。职能上面的主要考量，是谁能为这个设计项目献计献策。通常我们都会邀请产品经理，他们肯定是项目的直接利益关键人。这个时候项目的主要工程师，或者工程经理，市场营销团队，销售团队，甚至是产品的高层，都可以考虑加入进来。我们在上一个核心策略里提到好的设计要做到设计、商业、科技的平衡，这里就是一个最好的例子。在产品构思的初期，要探索设计潜能，把拥有多种背景的人聚拢到一起会有很多意想不到的效果。（比如，主要工程师会主动提出一个非常酷的核心功能，所有人都以为会很难实现，但是其可能在最近一次黑客马拉松项目中刚刚做过类似的东西；又或者销售人员在跟客户销售公司探讨解决方案时，反复地听到了用户的痛点，但是一直无法得到产品开发的优先解决，这个时候工作坊成了一个"捷径"，来把这些信息传达给产品设计的团队。这些都是真实的例子。）

是否远程是个有意思的事。工作坊应该尽量鼓励大家实地参与，把握节奏。如果跨时区，尽量还是鼓励实地参与。在 YouTube 我们会专程前往苏黎世办公室或者纽约办公室来组织和参加这种工作坊。不然一边是早上 8 点刚刚睡眼惺忪，另外一边已经下午 4 点疲惫不堪，很难达到理想的效果。但是毕竟我们生活在这通信发达而且忙碌的现代社会，很多时候我们会需要有 1～2 名远程参与者（事实上，2 名远程参与者要好过 1 名，这样不会让远程连线的参与者被大家"被动遗忘"，有些设计活动还可以让远程人员配对参与）。如果有远程参与，在后面我们会展开讨论如何克服人们对远程协作者的偏见和意见折扣。

确定好关键的人员都有时间来参加这个设计工作坊是很重要的一步。如果关键的参与者（比如产品的核心产品经理）不能参加，应当考虑把工作坊时间延后。

● **吃什么**？在中国大家都说民以食为天，全世界人民都是一样的。如果工作坊从早上开始，考虑提供可口的咖啡或茶、甜点和水果。午饭如果公司有餐厅最好，如果没有的话可以考虑订外卖。在美国要注意的可能是要弄清楚有没有素食主义者、纯素主义者、各种过敏、特殊名族饮食习惯等。在中国可能是要弄清楚有没有素食主义者，是否习惯吃辣和特殊的香料（当然在中国的大城市外卖服务非常发达，这可能根本不是问题）。这里面把外卖带进来吃主要是考虑让大家尽量不要因为出去吃午饭而从上午工作坊的思维环境里脱离出来，这样下午比较容易继续进行。晚饭可以考虑订一家好的餐厅，犒劳一下大家，同时也让辛苦一天的大家可以在餐桌上社交。第二天的工作坊大家会因为彼此更熟悉而合作得更有默契。如果你是在一个会议或者是课堂上组织一场工作坊，道理也是一样的。哪怕是从星巴克买一些小甜点，配上矿泉水，也会比因为饿肚子参加工作坊没有什么产出要好。

目标和人员都敲定好以后，可以开始考虑做一些工作让人们兴奋起来。比如给他们集体发一封邮件或者信息，介绍一下工作坊的目标和产出。指出工作坊一共会花费多长时间（比如 2～3 天），给出大致的日程安排，为什么这个工作坊会有趣（可以是新颖的场地，可以是有趣的游戏等）。语言里要透露出这两天不是工作，而是从平时乏味的办公室生活里解脱出来。看到这里大家明白什么是所谓的前期"设计人的体验"了吧，只有每个方面都考虑到位了，人们才会在你的工作坊上有最佳的产出。

制定工作坊日程

其实工作坊的日程看似困难，仔细了解其实会发现有很多规律可寻。前面的章节里我们讨论过用户体验的设计流程。总的来看，设计工作坊其实就是一个缩略版的完整设计流程，再加上一些微妙的调剂和处理。首先我们来看看橙子通信的设计工作坊的参考流程。假设这个设计工作坊为期两天，因为有两天的时间，所以第一天集中在产生想法，并且从众多想法中找到好的候选解决方案。第二天则集中在做设计和原型，把第一天产生的一部分好点子实现出来。读者可以根据自己工作中的实际需求和可行性，从这份参考流程中截取需要的部分。如果你只有一天，可以就参考第一天的流程，把第二天的内容分散到后续工作中去。我们在这里第一步可以做的，就是打开幻灯片软件，用 1～2 张幻灯片拟定一个工作坊日程。

橙子通信自助客户服务体验设计工作坊参考流程

第一天

概览（约 20 分钟）

相互介绍（如果已经相互认识，可以略过这个环节）（5 分钟）

设计工作坊的目的，需要占用大家的时间（2 分钟）

设计工作坊的日程安排概览，用餐安排（3 分钟）

热身练习（10 分钟）

快闪分享，了解问题（约 1 小时 15 分钟）

提醒大家写"我们如何能"（How might we，HMW）的小贴士
　问题（2 分钟）

产品背景、商业机会、产品需求（15 分钟）

竞品分析（15 分钟）

科技前沿（15 分钟）

公司内部研究（可选）（15 分钟）

分享每个人的 HMW 贴士问题（10 分钟）

午餐与休息（1 小时）

发散头脑风暴练习（约 2.5 小时）

热身练习（10 分钟）

头脑风暴规则（5 分钟）

情书与分手信练习（15 分钟）

现在 v.s. 未来（15 分钟）

用户场景头脑风暴（45 分钟）

分组写写画画（30 分钟）

小组展示（30 分钟）

投票（5 分钟）

休息（15 分钟）

小结讨论（最多 30 分钟）
小结讨论（15 分钟）
下一步讨论（5 分钟）

准时结束后团队晚餐

第二天
设计迭代（3 小时）
设计方案（2.5 小时）
讨论反馈（30 分钟）

午餐与休息（1 小时）
设计迭代（2.5 小时）
改进设计方案，做原型（2 小时）
做设计展示的幻灯片（30 分钟）

展示与讨论（1 小时）
展示设计方案（20 分钟）
讨论测试方案（15 分钟）
讨论后续步骤（20 分钟）

流程详解
　　看完这份参考日程，读者大概能够发现，工作坊基本遵循一个
迷你的设计流程——首先相互认识，做头脑风暴的热身练习，让大
家进入状态；然后通过快闪分享，把大家的思绪集中到清晰阐述的

问题上来；紧接着通过一系列头脑风暴活动引导出设计项目需要统一意见的各种信息：设计原则、用户场景等，并让大家写写画画，甚至能得出一些初步的用户流程。这些设计活动有一个核心的成功要素是，需要有清晰定义的思维框架。

这里我们好好讨论一下思维架构这个很抽象的成功要素。如果现在有人问你，如何重新设计一个餐厅的座位预定体验。你脑中肯定零零散散地有一些碎片答案，但是很难用三言两语说清楚。这个时候如果我们约定好一个思维框架，把我们要解决的餐厅预定体验问题打碎变成更小的步骤：产生预定需求——搜索餐厅——预定——提醒——到达餐厅就餐——餐后体验，就会发现问题好回答很多。这个时候如有工作坊的组织者再跟大家把这个思维框架论证清楚了以后，来问你："如何重新设计预定餐馆之后的提醒环节的体验？"我们就会在思维框架这个节点产生很多点子。回头从每个节点里挑选出好的候选方案串联起来，就产生了一个新的设计方案。需要注意的是，到现在为止我们讨论的"思维框架"只是拆解了一个用户场景（在搜索餐厅前已经有预定需求，并且有一个等待时间）。很多产品要同时解决多个核心场景问题：例如用户会需要临时预定半个小时之后的一个商务晚餐，这个时候思维框架就会发生一定的变化。读者需要把握有哪些核心场景需要讨论，把思维框架组织好以后，如何给每个场景来分配时间。

前面提到过，一个好的设计工作坊不会止步于产生一大票点子后不去运用他们。很多人提出对头脑风暴的批判，也正是在批判头脑风暴容易产生不切实际、无法运用或者验证的点子，最后导致效能低下。在我们这份参考流程里，第一天的日程结束之前大家需要用投票和讨论的方式得出两个清晰可执行的信息：

- 在今天产生的这么多点子中，哪个（或者哪几个）是从产品、科技、设计、商业上有高度可行性的？对它们排个序，明天我们就马上开始做原型去把这些点子视觉化出来。

- 对于我们要去做原型要去实现的点子，我们有哪些不确定的问题、开放式的问题？现在需要记录他们，然后对他们在后续工作中进行用户研究验证。
- 整理好将要做原型设计的种子选手以及清晰地讨论了相关的开放式问题、假设之后，我们在做原型设计时要以对这些开放问题验证为目标去设计原型。比如，如果我们不确定用户在某个环节会对一个涉及隐私的信息表格作出何种反应，那么我们的原型设计就要对这个环节多加考虑，做出较完整的设计，这样后续工作中设计研究人员可以对这个环节多多提问。

上面的日程概览拟定好以后，就可以开始对每一个工作坊的环节活动做详细的幻灯片了。下面我们就来把一些比较有意思的环节活动来做一个展开讨论。

概览部分：热身练习

概览部分主要让大家互相介绍认识，了解今天的日程安排，这里需要着重讨论的是热身练习。

人们刚刚从不同的会议里过来参加这个设计工作坊，又或者是刚刚开始新的一天，无论是情绪或者思路可能都不在状态。如果马上把大家转换到头脑风暴的模式里，很容易出现因为没有思路而无话可说的尴尬局面。人们的注意力一开始也会比较分散，按照我的经历，如果马上进入头脑风暴的讨论，很多人就会因为没有足够的注意力而导致我们需要把前五分钟的内容重新过一遍，耗时又伤士气。这个时候做一些热身练习是一个很好的策略。热身练习本身因为形式与日常会议不一样，会把大家的注意力归拢到设计工作坊里来。活跃气氛的同时，也可以向每一位参与者的大脑发送一个讯号：接下来的几个小时会跟刚刚在会议室的形式不一样，这里将是动手、动脑、人人参与的一个环境。

热身练习	规则	作用
30 圈练习	事先打印好材料，一张纸上有 30 个等距等大小的圆圈，让人们在两分钟内在圆圈上作画把圆圈画成各种物体	活跃气氛，告诉人们数量至上的规则
双手作画	给每人发两张纸与两支笔，让人们在脑海里想一个物体，然后左右手同时拿着笔在两分钟内把它给画出来。然后轮流给大家展示自己的画作：先展示画得比较好的那只手的作品，然后展示另外一幅	活跃气氛
声音球	参与者围成一个圆圈，想象手中有一个圆球，然后把这个想象出来的球随机抛向另一个人，接球者需要发出一个拟声词（例如"扑、咚、咣"等），不能重复，直到有人接到了 3 个球	活跃气氛
三件套	参与者围成一个圆圈，第一个人向自己的右手边的人随机说出三个名词，右手边的人快速说出这三样东西可能有什么关联。比如手机、花瓶、书，这时就可以说这三样东西都可能被摆在一张桌子上；又比如蝙蝠侠、黑客、直升机，这时就可以说动作电影常常都有这几个场景	跳出思维定势，活跃气氛
是的，并且……	参与者围成一个圆圈，以一个想象力丰富的话题作为开头，每人接一句话并且承接上面的人的话编一个故事。唯一的要求是每个人的一句话必须要以"是的，并且……"开头。下面是其中可能的两个话题： ● 如果我有一张魔毯…… ● 如果我有一个超级聪明的人工智能仆人…… 以第一个话题为例，大家可能会这么接龙： ● "如果我有一张魔毯，我会带着救助的物资去帮助被飓风摧毁家园的人们。" ● "是的，并且我们在回来的路上还可以把无家可归的小动物们带到收容所去"。 ● "是的，并且我还可以直播我的魔毯视角，让更多人看到有一张魔毯是什么体验"。 ● "是的，并且我还可以把直播获得的收入捐赠给当地慈善机构"。 ● ……	告诉人们在他人的想法上继续创造，活跃气氛

（续）

热身练习	规则	作用
所见非所得	实现准备一个不透明的袋子，里面装一堆生活常见的物品，例如白板笔或者夹子等办公室常见物体。参与者围成一个圆圈，依次从袋子里随机拿出一样物件，然后快速说出这个物品的名字，说它可以用来做什么，然后说它另外一个与物件原有用途不符的用途。例如： ● 拿出一个夹子，可以说：这是一个夹子，它可以用来整理文件，也可以用作我的发饰。 ● 拿出一支笔，可以说，这是一支笔，他可以用来写字，还可以用来掏耳朵。	跳出思维定势，活跃气氛
如果它变大	上面游戏的变体，当参与者从袋子里拿出一个物体以后，快速说出如果这个物体变大，可以有什么不一样的用途。例如： ● 拿出一个回形针，可以说如果它变大，我可以把它掰成不同的造型变成一个雕塑。 ● 拿出一个白板擦，可以说如果它变大，我可以把它当成一个枕头。 ● 拿出一支笔，可以说如果它变大，我可以把它用作健身器材。	跳出思维定势，活跃气氛

相信读者已经能体会到，这些小游戏没有什么特殊的要求，只要能把气氛活跃调动起来即可。我比较喜欢"是的，并且……"和"30 圈练习"这两个游戏，因为在游戏轻松的氛围里，可以引出一张幻灯片，非常合时宜地提醒大家一下头脑风暴的几个规则（显得不会过于教条，避免尴尬）。一个好的设计工作坊引导者在参与者触犯这几个规则时，应该礼貌且及时地修正，以保证工作坊的效率和产出。

● 推迟批判

● 鼓励天马行空的想法

● 在他人想法上继续创造

- 集中注意力在本期话题上
- 轮流发言
- 说出来写出来，写出来不如画出来
- 数量至上

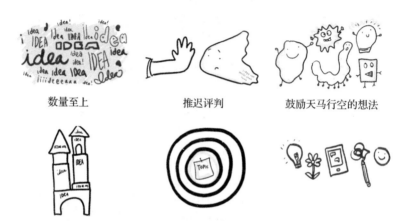

数量至上   推迟评判   鼓励天马行空的想法

在他人的想法上继续创造   集中注意力在本期话题上   写出来不如画出来

头脑风暴的规则图示（插画作者：Cindy Chang）

快闪分享，了解问题部分

经过充分的热身，我们需要把大家的思路聚焦到设计问题的同一个层面上来。这个时候做一些快闪分享是一个很好的策略。快闪分享指的是邀请项目不同的利益相关者来分享一些背景信息，帮助大家清晰地认识设计问题。为了防止长篇大论把人们好不容易聚集起来的注意力打散，每个分享要控制在 10 至 15 分钟以内。以橙子通信为例，我们找到了下面几位参与者来分享：

- 产品经理：15 分钟分享橙子通信自助服务的产品机会、业界趋势、客户需求以及现在的问题。
- 设计师：10 分钟分享国内外几个自助服务出色的案例，赏析其独到出色之处。设计师还可以把关键的用户界面打印出来钉在一个板子上，供大家走动观看。

- 市场销售：5 分钟分享橙子通信的两个大客户现在亟待解决
的问题，抛出关键的自助服务用户场景。
- 工程师：10 分钟分享几个国内外自助服务的技术分析，在橙
子通信的技术背景下对不同方案的技术难度做一个评估。

我们如何能（How Might Me，HMW）问题

为了在快闪分享环节就开始活动大家的大脑，并且发挥大家
的想象力，我们可以建议大家在便签纸上开始写下"我们如何能"
（HMW）的问题。

什么是"我们如何能"（下面简称 HMW）问题？

每个问题都是一个设计的机会，在寻找答案之前，通过把一项
设计挑战拆解成不同的问题，以 HMW 的形式提出来，给设计问
题寻找机会，同时我们其实是在给自己找寻答案铺设道路。举个例
子，假设我们有以下设计问题：

重新设计当地一个国际机场的候机体验。（我们以"一个带着三
个小孩搭飞机的母亲，匆忙地到达登机口，发现航班延误 2 个小时，
三个小孩正值调皮捣蛋时期"为视角来讨论 HMW 问题。）

HMW 问题的一个关键是要提出一个足够宽泛的问题，让人们
有思考和发挥创造力的空间，同时又要具体到一定范围，给团队思
考解决方案提供一个清晰的界限。针对上面的设计问题，我们可以
提出一系列的 HMW 问题：

- 我们如何能利用孩子的无穷精力去逗乐周围的乘客？（发挥优势）
- 我们如何能把熊孩子跟需要安静的乘客分开？（除去劣势）
- 我们如何能从根本上让乘客无需等飞机？（质疑根本）
- 我们如何能让匆忙焦躁的候机体验变得轻松从容？（改善体验）
- 我们如何能让候机体验成为整个旅程中最激动人心的一个环

　　节？（改善体验）

● ……

　　在快闪分享开始之前，你可以提示大家利用手上的便利贴写下一系列 HMW 问题。在快闪分享结束以后，你可以让大家依次说出自己写下的 HMW 问题，并把便利贴贴到白板上。如果有远程参与的人，记得让远程参与的人先说，增强他们的参与感，这样你也有时间把他们的 HMW 问题转录到你手中的便利贴中，并贴到白板上。大家轮流讲述的过程中，会自然地出现一些重复的主题（比如好几个人都会想到：我们如何能在用户自助服务的过程中及时侦测到用户遇到的难以解决的困难），这时一个最佳实践就是把便利贴归类聚拢到一起。这样在分享结束之后可能会出现几个问题的"聚集"。这些聚集就代表着大家都在关心，需要设计方案着重解决的问题。

　　前面提到过，HMW 问题的魅力在于，不需要涉及解决方案，让参与者通过提问的方式把思路打开：共同关心的问题，潜在的风险等。通过相互分享，让大家听到各种不同的问题，也起到了一个把所有设计工作坊参与者思路同步到一个层面的作用。

计时

　　接下来的每个设计活动都涉及时间限制。因为工作坊有很多不同的环节，在每个环节中人们不能无限制地拖延下去，所以你需要考虑使用一个什么工具来约束大家的时间。你可以使用智能手机的计时器，但是这样的话时间只有你自己看得见，你需要每隔 5 分钟提醒一下大家。如果你的工作坊有投影仪，可以找一些计时器网站显示时间。这里给大家推荐一个叫"Time Timer"的物理计时器（如下图）。这个计时器非常有意思：装上电池以后，你可以用手"拨"出一个预设的时间，这段时间会变成醒目的红色，然后随着时间流逝，红色会慢慢减少，到最后闹铃会响起，提醒大家时间结束了。

"Time Timer"的物理计时器

图片来源：https://www.flickr.com/photos/chregu/11416842443

发散头脑风暴练习

如果到了午饭时间，一定要及时让大家去吃午餐，这个时候人们的注意力早就分散了，继续待在会议室效率也不会太高。午饭前要在幻灯片里告诉大家午饭有多长时间，什么时候大家应该回到这个会议室里。午饭结束以后，可以再通过一轮轻松的热身练习把大家分散的注意力拉回到设计工作坊中。另外，设计工作坊的组织者在现场应该时不时地观察大家的"查克拉"级别，如果大家看起来都有点累或者麻木了，你可以临时加入 15 分钟的休息时间。在这段时间里，大家可以休息放松，也可以自由讨论。你也可以利用这段时间问问大家有什么需求，看看哪些地方要做出调整。及时地休息一会儿既表现出你对大家的关怀，也是领导力的一种表现。

我们的设计工作坊在上午做了背景介绍以及快闪分享。在这个过程中，大家通过提问的方式提出了很多我们应该关心的问题。但是我们不会仅仅停留在提问的阶段，我们需要开始"给出一些答案"。前面已经讨论过，在设计工作坊里最可怕的事情就是丢出一张白纸让人们凭空"想出答案"。一个好的设计工作坊，引导者需要提供一些清晰定义的思维框架，让人们的思路依附着这些思维框架来碰撞灵感，产生好点子。这样的练习有很多，读者可以引入自己和团队习惯使用的练习，例如"商业画布"（business canvas）练习等。下面我们挑选了两个练习供读者参考。它们都是遵循这个思路，用游戏或者思维框架来激励人们产生好点子。

情书与分手信练习

这个练习绝对是设计工作坊里的一道"拿手好菜"。在我们构思出任何实际的解决方案之前，可以尝试确立一些关于这个产品的原则（principle）和反原则（anti-principle）。简单来说，原则就是我们的设计方案要达到的目标，而反原则则是我们的设计方案要避免的陷阱。

情书与分手信练习就是让人们用 5 分钟的时间，把我们要设计的产品拟人化，在我们事先提供好的情书模板填入坠入爱河的原因。格式非常简单：有三个"当……时，你会……"的句子。参与者可能会写下类似这样的答案：

- 当我遇到一个问题手足无措时，你会及时出现在我的面前帮我解决问题。
- 当我忙得不可开交不得不放弃寻找答案时，你会记录一切，等待我不忙时再来问我要不要继续。
- 当我自己无法解决我的问题时，你会适时地引入专业服务人员来帮我们解决问题。

亲爱的 XX 产品，

　　我想给你写封信告诉你，我现在爱你爱到不能自拔，是你让我看到了（产品的价值），是你让我看到了（用户的获益）……

　　每当我 ……　　　　　　　　　　你会 ……

　　每当我 ……　　　　　　　　　　你会 ……

　　每当我 ……　　　　　　　　　　你会 ……

　　你的用户

类似的，我们在情书练习之后可以马上进入分手信练习。分手信练习也运用相同的格式，让大家写三个"当……时，你会……"的句子。参与者可能会写下类似这样的答案：

- 当我遇到问题手足无措时，你问我今天的服务质量怎么样。
- 当我忙得不可开交时，你会让我再等待 15 分钟甚至是未知的时间。
- 当我终于有空回来找你时，你假装什么事情都没有发生过。
- 当我自己无法解决我的问题时，你跟我说你也帮不了我。

```
XX 产品，
    我们这日子没法过下去了。我做了一个非常艰难的决定：我们必须要分道扬
镳了。但是我想说清楚我们俩的问题出在哪些地方。

    每当我 ……              你会 ……
    每当我 ……              你会 ……
    每当我 ……              你会 ……


    祝你好运
```

在规定的时间结束之后，开始提醒大家收笔，然后还是从远程参与人员开始，按上次顺序的倒序来一次念出自己的情书与分手信草稿。同样的，我们可能会从大家的情书和分手信中找到可以归类的主题。以上面列出的几个可能的答案为例，我们就会发现这个产品的及时性很重要：在用户出现问题的时候能及时捕捉到并且让用户自主服务。同时这个产品需要有很大的弹性：随时能保存进度，如果问题无法解决需要引入专业人士帮助。这些主题在后面工作坊结束以后都是非常重要的数据，来提炼产品的设计原则和反原则。

现在 v.s. 未来练习

在这个练习里，大家一起在纸上画出几个今天的场景，然后畅想一下在近期合理的未来，这些场景会如何被改善。虽然人们都会

声称自己不会画画，但是千万不要低估把场景和想法视觉化出来的力量和对整个大脑创造力的激发。鼓励大家尽量用简单的线条（如果有人实在不知道如何下笔画画，你可以告诉他／她可以用文字描述自己的想法），搭配漫画风格的文字来表达自己的意思。提醒大家我们是在一个安全的环境，不需要担心自己画画的质量，把意图视觉化地表达清楚就可以了。

如果你想做得更到位一些，可以考虑事先在 A4 纸上打印六个小方框，左边三个标签为"现在"，右边三个标签为"未来"。这里的一个考量是因为 A4 纸分为 6 格以后每一格都会比较小，这样人们稍微画一点东西就可以了，不用担心因为有很大的纸张范围而去担心自己画画的功夫。给大家 10 分钟时间画画，然后按照顺序向小组展示自己的"现在 v.s. 未来"漫画。

用户场景头脑风暴

要组织一场成功的头脑风暴，前面已经讨论过我们需要一套成熟的思维框架。在这里我们可以把思维框架拆解成"用户故事"与"关键问题"。用户故事是由一连串关键的时间点发生的事件组成的。而"关键问题"则是根据所设计的产品而提出的不同的问题。想象下面这张表格：

故事与关键问题	故事关键时间点 X_1	故事关键时间点 X_2	故事关键时间点 X_3
关键问题 Y_1			
关键问题 Y_2			
关键问题 Y_3			

所谓的提供思维框架，就是定义好用户故事时间点 $X_1 \sim X_3$，提出关键问题 $Y_1 \sim Y_3$，这样让所有的参与者可以在这个框架下头脑风暴。当然，如果用户故事和关键问题在设计工作坊前无法清晰地定义，让大家各抒己见地去头脑风暴出这些用户故事时间点和关键

问题本身也是一个很好的设计活动。

以橙子通信为例，这个用户场景的表格可以是这样的

关键时间点与关键问题	产品出现问题	寻找自助客服	描述问题	解决问题
如何提供便捷？				
如何提供个性化服务？				
如何提高速度？				

那么我们具体如何组织头脑风暴的活动呢？这个地方可以非常灵活，也取决于你要设计的产品的故事的特征。如果你的思维框架里故事关键时间点（X）比较多，关键问题（Y）比较少，那么你可以引导大家用同一个关键问题 Y 去遍历所有的故事关键时间点 $X_1 \sim X_N$ 的解决方案。反过来，如果你要设计的产品或者功能并没有很复杂的时间线（也就是 X 比较少），而需要关心的各个层面的问题（Y）比较多，这个时候你可以引导大家通过同一个故事时间点 X 来思考各个关键问题 $Y_1 \sim Y_N$ 的解决方案。

从形式上来说，你可以选择让大家站成一个圈，手上拿着便利贴，想到一个点子就把这个点子贴到白板上。我比较习惯用另外一种方法，让大家在一个 X 与 Y 的焦点上各自安静地头脑风暴两分钟，然后聚到一起把自己的想法向大家展示出来，并且向白板上张贴自己的便利贴（如下图所示）。这样的做法一来给每个人安静独立的思考空间，同时又能有机会产生对话。同时可以让所有的人都有较为平等的机会把自己的想法表达出来（要知道平均来说，1～2个人说了整个头脑风暴里 60%～70% 的话，那么剩下所有的人美妙的点子都要被压缩到 30%～40% 的表达里面，这样我们就损失了很多好的点子）。

从时间的角度来说，这一部分的练习是弹性最大但也是最重要的一个环节。所以这里需要读者自行度量整个设计工作坊的目的、

时间的安排，让这一部分尽力发散大家的思维，收集大家尽可能多的想法。一般来说，这个环节可以占到整个工作坊时间的三分之一甚至更多。

如果有人表达担忧，自己的点子太过于局部，或者你观察到大家到目前为止想出的点子都过于天马行空，这时你可以礼貌地告诉大家：没有什么想法是太大的，也没有哪个点子太小。大家现在有很多很棒的大想法，如果你有实操性很强的点子也大可以表达出来。

把自己的便利贴按照故事时间点贴到白板上

图片来源：https://www.flickr.com/photos/131402175@N07/16559453715/

投票环节

通过故事时间点 X_1 到 X_N 与关键问题 Y_1 到 Y_N 的头脑风暴，我们应该得到了很多点子，有的类似，有的非常大胆，有的可行性高，有的有难度。总的来说，我们已经完成了很多发散的练习，开始需要做收拢的练习了。简单来说，收拢就是通过一些逻辑来给众多的想法归类排序，挑选出一些实际可以做的想法来继续。

下图就是一个简单的例子，把所有的想法按照投入（effort）

和产出的影响力（impact）从低到高做一个排序。那么自然第一优先级是低投入高产出的点子。

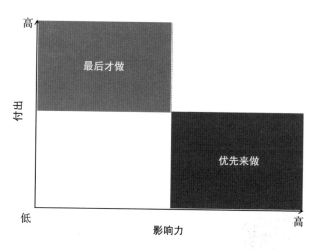

按投入和产出来分类

当然这只是一个过分简单的例子。在实际项目中，我们要考虑的因素可能会多出很多：

- 收益
- 可行性
- 资源和人员支出
- 时间
- 对体验的影响
- ……

投票是一个快速在工作坊里测试大家对待这些想法的"温度"的方法。设计投票环节，有以下几个考量：

- 投票的标准是什么，也就是说人们应该按照什么标准来投票选择优胜的方案。你可以经过思考把这些标准写在一张幻灯片上提示大家。

- 每个人可以投多少票。这个要根据现场的人数和产生的点子数量来决定，最后的目的是要避免很多只有一票的点子，大致上让票选的结果呈"正态分布"。例如最后白板上通过归类，大约有 20 个点子，现场一共 8 个人，如果每个人投 2 票，可能会出现很多平局。如果增加到 5 票，人们可能选起来就不会那么纠结，也能比较容易看出"正态分布"。
- 是否需要设计讨论环节。根据时间的松紧，我们需要考虑是否加入讨论环节。人们投完票以后对票选出来的结果和落选的结果一定都有自己的看法，这个时候让大家自由讨论有助于工作坊引导者理解大家投票背后的想法。

投票环节

图片来源：https://designsprintkit.withgoogle.com/methods/understand/hmw-voting/

分组写写画画和小组展示

至此为止我们的设计工作坊已经完成了约四分之三。在大家绞尽脑汁地想了很多方法并且投票以后，可以进入一个稍微轻松一些的环节：分组写写画画。

分组是为了让大家能产生一定的交流，不用孤军奋战，同时增加一些"游戏感"，成立不同的小组来做这个练习能获得更好的效果。在谷歌，设计师会喜欢用一个叫 Crazy 8's 的方法：让大家把一张 A4 纸对折几次，获得一个 2×4 的格子，然后在每一个小格子里画上用户故事或者一些用户界面流程图。10 分钟以后，你可以邀请每个小组来做小组展示（如下图）。

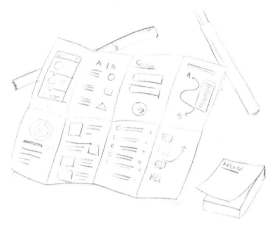

Crazy 8 写画方法

这里有几个考量的地方：

- 如何分组？一种比较有趣的方法是提供几个线头，然后大家每人拉一个线头，最后拉同一根线的两个人两两配对形成一个队伍。你还可以提前在便签纸上写好队伍的编号，一个编号写两份，然后把便签纸折起来让大家抽签。

- 大家写画的侧重点是什么？是侧重用户界面的信息结构？还是侧重用户故事的关键时刻？是数量至上还是最终展示一个点子？这些都可以根据你实际要设计的问题来衡量决定。

- 大家可以画什么点子？可以要求大家都集中在高票数的点子上，也可以让大家选择自己喜欢的点子来写画。我一般喜欢后者，并且告诉大家如果有自己喜欢的点子没有被票选出来，现现在则是一个好时机把它们通过写画赋予生命展现给大家。

下一步讨论

在经过一整天的"脑力劳动"之后，赶紧告诉大家晚餐已经在等待我们了！但是在大家去吃晚饭然后忘记一切之前，我们需要做一个简短非正式的总结。可以考虑总结的话题有：

- 今天过得怎么样？
- 大家对今天想出来的这些点子感觉怎么样？
- 接下来如何真正挑选出我们工作坊要实际着手设计的方案？
- 对工作坊有何反馈？

这些总结对你下一次（甚至是明天）更好地把握设计工作坊的节奏非常有好处，也鼓励大家以主人公的心态来参与接下来的工作坊环节。

第二天的安排

第二天的安排相比第一天要灵活很多。如果你只有一天甚至是几个小时的时间来组织一个设计工作坊，第一天的内容可能就是你工作坊的全部，而第二天的内容可能是你或者几个合作方的后续工作。第二天也可以不需要所有参加第一天活动的人参加：因为主要活动是做设计和幻灯片展示，不参与这个职能的人可以考虑仅参与第二天最后的成果展示以及讨论。

如果你能够把第二天的时间预算进来，第二天则主要是"收拢"各种点子，结合第一天的投票结果和项目的现实限制，总结出几个解决问题的思路并且做原型设计。

前面的参考日程安排里，把第二天分成了上午和下午两个部分。

- 上午设计师可以对几个解决方案思路作出一个快速设计，在午饭前让大家提供反馈，以便下午作出进一步的设计。
- 下午在设计师做进一步设计的同时，产品经理可以开始做一个幻灯片展示，讲述故事。用户研究人员也可以把问题、假设、初步研究结果落到幻灯片上。

● 在第二天结束之前，把第一天所有参与设计工作坊的人聚到一起做成果展示，并且对接下来的工作提出方案。这一步可能是第二天最重要的一个环节。

工作坊当天的准备

前面讨论了很多工作坊的日程细节设计，下面我们简单提及一些工作坊当天需要做的准备和问题的应对方案。

工作坊前一天，把纸、笔、便利贴、需要打印出来的东西、投影仪转接口、计时器、电脑电源等一切需要的用品都打包到一起。工作坊当天正式开始以前，提前半个小时到达现场，把桌面清理干净，白板也都擦干净。让人们到达会议室就能感受到你的用心。

突发状况	你的领导力
在设计工作坊的中途，人们看起来有些疲惫或者注意力不集中	临时安排一个 5 分钟的休息时间，让人们自由交流一下，并重新出发
在设计工作坊中，某个人一直在说话，导致其他人比较安静	发挥主持人的作用，问问其他人的看法。你可以说："对，这是个不错的想法，谁谁，你怎么看待这个问题？"
在设计工作坊中，某个人一直在急于批判别人的想法	发挥主持人的作用，微笑地提醒所有人头脑风暴的一些基本原则，比如推迟评判，并且鼓励大家在相互的想法基础上继续创造
在设计工作坊中，某个人质疑设计工作坊的流程安排	聆听他 / 她的观点，并且重复一次这个观点："我听到你提到……"（这个复述显示出你在意他 / 她的观点，确认你完全理解了他 / 她的质疑，同时也给你自己时间思考应对方法）。 然后问："你还有任何别的担心吗？" 最后，根据你的判断，对工作坊的流程作出合理的修改或者向大家解释为什么我们可以按照原计划进行
在设计工作坊中，某个人 / 某些人时间概念很模糊，不跟进你的节奏	在休息时，跟那个人闲聊一下，告诉他 / 她跟上大部队节奏比较重要，不用太担心把一个想法做到很完美。问问他 / 她的想法

（续）

突发状况	你的领导力
在写写画画环节有人抗议，表示自己不会画画	向所有人表示自己也非常羞于用画笔表达自己，但是我们主要是用视觉工具来表达自己的想法，重申这里是一个非常"安全"的环境，如果实在不行，用文字写下来也可以。 另外，网上还有很多教人5分钟学会画画的视频，例如用一个圆圈和几条线画一个小人来表现动作。如果觉得参加设计工作坊的人可能对画画有所抗拒，甚至可以组织大家现场学习几分钟，或者由你来演示给大家看
工作坊来的人不足	如果加上你有4个人以上，可以考虑让工作坊继续。如果有人因故不能到场导致不足4人，征求大家意见把工作坊改期
工作坊来了超过8个人	如果因为某种原因，工作坊来了超过8个人，需要注意的是在各种讨论环节，让每个人都能依次说话容易导致时间不够。可以在工作坊开始前或者讨论环节提示大家："因为今天大家对这个设计工作坊热情很高，来的人比较多，我们采取自由讨论的方式。"并且提醒大家时间限制，把 time timer 放在显著位置

工作坊之后

经过紧锣密鼓的准备以及两天的连续工作坊之后，还有一些细节行动可以考虑：

- 根据工作坊的整体结果，把工作坊的日程安排、成果展示幻灯片、项目下一步计划发给更多的人，让大家知会。
- 给参与工作坊的人发一封邮件，邀请大家给你提供即时反馈。在谷歌，员工有一个"即时反馈"的工具，便于员工在一个重要的会议、项目展示等时刻向周围的人索要反馈。在即时反馈中，可以考虑提出下面的问题：

- 你觉得这个设计工作坊的效率如何？你有度过愉快的两天吗？
- 你认为工作坊的气氛怎么样？

- 有没有哪部分环节或者设计练习你觉得没有什么作用？
- 有哪部分环节或者设计练习你觉得特别有作用？
- 你对工作坊的成果满意吗？
- 对于这个设计工作坊，你有任何其他的建议或者想法吗？

小结

读到这里，读者可以思考一个问题：设计工作坊适合什么时候用？很明显如果你有一个相对较大的项目在项目初期，可以运用设计工作坊集思广益，把思路打开。那么项目后期的设计细节，或者是一个微型项目，是否也可以运用设计工作坊呢？我认为答案仁者见仁，原因有几个：在项目后期处理设计细节，或者一个微型项目，你可能会有很多其他设计工具和设计策略为你所用，不一定需要投资 1～2 天的时间进去；这个问题的关键也正是你去如何去调试工作坊的安排，让那个格式对你手上的项目适用；你需要所有人都认为，手上的这个问题值得投入一定量的时间来参加这个设计工作坊。

我们甚至尝试过针对非常具体的设计问题（比如界面某个功能的设计方案）把设计工作坊压缩到 4 个人 30 分钟：由直接了解、参加项目的设计师参加，3 分钟的热身练习，5 分钟的背景信息，然后 10 分钟的头脑风暴和 10 分钟的写写画画。由此读者可以感受到设计工作坊的弹性。

需要再次强调的是，一个设计工作坊的好坏，起始于大量的想法，取决于最后的成果。评估设计工作坊的成效，应该由最后有多少在设计工作坊中产生的点子真正被实现在产品中来衡量。如何避免漫无边际天马行空的想法，而把想法收拢到有效的产出上是设计工作坊的艺术。这也就正好引出了下面的话题。

5.3.2　谷歌的设计冲刺

Jake Knapp 是一名设计师，也是谷歌风投的合伙人和纽约时

报畅销书作家。他分享了他的一个揭示真相的故事：Jake 从 2008
年开始就在谷歌组织了很多的头脑风暴，他希望可以帮助人们更有
动力地工作。有一天在一个分享头脑风暴经验的百人课堂上，有人
问道："你如何知道小组头脑风暴真的有用？"Jake 并没有很好的答
案。回去以后，Jake 把自己组织过的头脑风暴的结果做了一个追踪
跟进，结果他很惊讶地发现，他组织过的头脑风暴里没有任何一个
全新的点子被真正生产成了产品公布于世。所有最好的并且成功发
布的新产品点子，都来自于个人的工作（而非集体头脑风暴）⊖。

团队工作依然有它的优势和重要性：每个人的知识都有盲点，
把大家的专长聚拢起来一起工作肯定是有裨益的。但我们如何能
（HMW）把头脑风暴的流程与真正能产生成功发布点子的个人工作
流程有机结合起来呢？在 2010 年，Jake 创造了设计冲刺（design
sprint）的工作坊格式，并在 Gmail、谷歌 X、谷歌搜索等团队成
功地使用了这个格式，并且在谷歌风投帮助上百个创业团队用这套
方法构造新的产品。

在 Jake 所定义的完整的设计冲刺里，包含了 5 天的内容格式。

第一天	了解问题	把问题空间清晰地展现出来，把大家的想法同步起来
第二天	写写画画	广泛地产生点子并且有选择性地收拢
第三天	共同决策	团队共同决定用什么点子来做产品原型，作为本次设计冲刺的答案
第四天	构造原型	在短时间内构造原型，为周五去验证产品想法做准备
第五天	验证想法	在短时间内，利用周四构造出的原型产品，集中精力验证需要验证的想法

细心的读者可能已经发现，前面一个章节里我们介绍的设计工
作坊，几乎就是设计冲刺的一个简化版。其实这整本书的知识结构

⊖　Stop Brainstorming and Start Sprinting, https://medium.com/@jakek/stop-
brainstorming-and-start-sprinting-16180839b43d。

也是按照类似的创意流程结构组织内容的，原因是所有的创意流程都遵循一个类似的元结构，而对于头脑风暴或者设计工作坊，前面提到过有效的工作坊必须收敛到可执行的方案上，所以即使是半天或者两天的工作坊，结构自然"神似"于一个五天的设计冲刺。有兴趣的读者可以参考扩展阅读⊖详细了解完整的设计冲刺的流程、思路和练习。谷歌的团队还在网上公布了设计冲刺的工具箱⊜，帮助你轻松完成设计冲刺的计划安排、设计每一天的环节活动以及案例赏析。因为前面章节设计工作坊内容与星期一和星期二的内容类似，这里我们简单地讨论一下在设计冲刺中星期三到星期五的思路。

概括来说，星期三到星期五主要是围绕着打造出一个优胜的点子，并且快速验证它来进行的。前面 Jake 提到的"所有最好的并且成功发布的新产品点子，都来自于个人的工作"这个见解，所以设计冲刺的核心思路就是以成功的点子需要落到实处为目标，在设计冲刺中共同投票讨论决定一个产品的解决方案，共同构造原型并且快速验证想法。这个思路与斯坦福大学设计学院的创意流程⊜关于原型和测试的思路也是相通的。

星期三

星期三的主要任务是投票选出周四要做什么原型，周五要验证什么内容。

为了达到这个目的，团队首选需要把各自在周二画的方案展示出来，并把方案贴到墙上，人们可以回顾昨天的设计内容并且合并类似的想法。接下来，大家可以讨论和记录方案里面的假设。这一

⊖ 设计冲刺，谷歌风投如何 5 天完成产品迭代，http://product.dangdang.com/23999612.html。

⊜ Design Sprint Kit, https://designsprintkit.withgoogle.com/。

⊜ An Introduction to Design Thinking PROCESS GUIDE, https://dschool-old.stanford.edu/sandbox/groups/designresources/wiki/36873/attachments/74b3d/ModeGuideBOOTCAMP2010L.pdf。

点非常关键：设计冲刺的核心是对一个商业问题给出答案，这里我们把所有设计方案中的关键假设罗列出来，将直接有助于周四做有针对性的原型设计和周五的快速研究。对于橙子通信的设计工作坊产生的方案，就有可能会有这样一些设计假设：

- 用户在忙碌的时候更倾向于选择自助服务解决橙子通信的问题；
- 用户对人工智能提供的自助服务的感知是正面积极、符合品牌形象的；
- 用户希望自助服务简短有效，其中一个方法是人工智能提供的自动化；
- 用户仍然希望在无法找到方案时获得人工服务。

接下来就是投票环节。我们可以设计很多不同"口味"的投票环节：安静地投票还是伴有讨论的投票，投票整个方案还是投票局部的设计，投票的标准是什么（例如投入产出比）。智者见智，你需要根据产品方案的性质和参加设计冲刺成员的特性作出具体判断。

仅仅是上面的内容不需要一整天的时间。在实际操作过程中，投票会伴随着深入的讨论和各方意见的冲突，讨论需要大量的时间。必要时，还可以再来一轮写写画画，做一轮新的票选。设计冲刺要求整个冲刺有一个决策者（不一定是设计冲刺的引导者），来总结各方之言，参考商业、科技和设计的意见，得出一个均衡并且收敛的权威结果。理想的情况是，领导层的人应该参与到这个环节中（尽量让领导层的人参与，至少知会整个设计冲刺，但是领导层的人往往很难做出一整周的时间承诺，那么就需要把他们的时间"用"到这些关键的决策时刻）。星期三的票选结果伴随着前面大家集思广益整理的设计假设，成为周四和周五的行动指引和整个设计冲刺的主要成果之一。

星期四

星期四的主要内容是分工合作来构造原型。只有一天的时间

（除掉午饭和讨论时间也就只有六个小时），所以周四的原型构造要服务于验证假设，打造"刚刚够"的步骤和保真度原型产品，避免不需要验证的步骤和过早地创造高保真设计。星期四的主要产出除了设计原型以外，还可以整理出故事板（storyboard），用讲故事的方式把不需要验证的产品视觉化地呈现出来。最后，周四也是设计研究人员准备招聘测试者和准备测试方案的好时间。设计冲刺的引导者需要着重关注的是如何让每个人都有重要的任务在身，为周五的成果展示做出准备。

星期五

星期五是激动人心的一天。

首先根据周三拟定的设计假设以及周四的原型产品，设计研究员的角色扮演者可以快速地做可用性测试。这里"设计研究员的角色扮演者"可以是任何人，这样一方面调动所有人的积极性，同时把大家合作一周的设计结果放到实际用户面前得到反馈是一个非常宝贵的时刻，这对于培养整个团队认同用户研究关键性是一个很好的练习。另一方面，还可以有一个"小分队"把原型产品拿去向工程师团队展示，获得关于技术的反馈：

- 能否实现？如果不能，可以有什么替代方案？
- 难度有多大？按照现在的研发实力，需要多长时间，哪些地方是投入产出比很低的，可以如何被替代？
- 关键体验是否能实现？如果按照 Kano 模型（后面会详细讨论），"必要的"和"性能的"功能是否能实现，非常关键。
- 风险在哪里？罗列出潜在的风险是管理风险的第一步，这些信息也会在最后成果展示时让整个团队有更有信心。

最后，至少要有一个人来做幻灯片，在周五结束前向关心此次设计冲刺的人做成果展示和总结。

当团队完成设计原型的评估以后，可以预见下面三种类型的

结果：[⊖]

- 有信服力地失败了：原型方案没有达到原先的预期，或者大量的设计假设都被验证为假，团队并没有找到好的方案。我们可以分析总结失败的原因，有哪些内容值得日后借鉴。仅仅五天的设计冲刺节省了整个大团队三个月甚至是半年的时间。
- 有瑕疵地成功了：整个方案大体上是可运行的，但是一部分假设或者是设计没有通过用户的验证。这也是一个宝贵的经验，接下来需要更多的迭代。
- 大获成功：每一个假设都被验证，用户测试反馈非常正面，那赶紧趁热打铁，考虑如何真正产品化这一周的结果。

对于第二和第三种结果，周五的下午也是一个讨论"谁该做什么"的行动方案的好时机。

除了开香槟庆祝完成这一周辛苦的设计冲刺工作之外，类似于前面设计工作坊第二天的结尾，大家还可以共同讨论一下对这一周的任何想法，感谢一些人的倾力支持，请大家分享一下反馈。

设计冲刺的优势

Jake Knapp 在他的博客中总结了设计冲刺的几个优势：

- 避免集体肤浅的点子，设计冲刺的每一个点子都来自于个人的深入思考。
- 避免了话多声音大或者是声誉好威望高的人的点子被过度重视，而忽略了其他人的好点子。
- 简单的头脑风暴为了营造一个正面开放的环境，人们会避免争辩与冲突，从而造成最后的结果无法触及核心难题。设计冲刺鼓励大家有不同的意见，到了最后引入一个有威信的决

⊖　Sprint Conclusion: Recap and Next Steps, https://designsprintkit.withgoogle.com/methods/validate/sprint-conclusion/。

策者来收敛各家之言。

- 避免了头脑风暴的零实际产出的局面，设计冲刺得到的是产品原型和用户数据验证结果，以及下一步的行动方案。

我认为这几个优势应该成为一切设计活动、设计工作坊、头脑风暴的衡量指标：无论我们的设计活动时间长短、目标如何，是否能集结到合适的人选投入足够的时间，我们都需要落到实处，得到可以实现的点子以及快速的初步验证，去避免日后走弯路。

5.4 驾驭设计决策，制定设计原则

前面在讨论"设计简报"这个工具时，就已经涉及设计原则这个话题。简单而言，设计原则就是在设计产品时要遵循的一个信念系统和甄别条件。

设计原则有什么作用？制定设计原则可以帮助设计师和设计团队系统地思考产品的价值系统和理念原则，在设计过程中做出高一致性的产品设计决策，抵御各种削弱产品价值和理念的尝试。

好比我们是茫茫大海中的一艘船，设计原则就好比在漫漫长夜帮助船长指导水手们朝着目标方向航行的罗盘。不仅仅是船长要知道如何航行，每一个船员也要对方向有一个明确的了解。团队里的每一个设计师就如同一个个水手，共同掌握着这艘船的命运。

优秀的设计师对自己的每一个设计决策都能清晰地阐述其背后的思路。比如：

- 这个"喜欢"的按钮放在这里是因为单手操作能很容易地按到它；
- 在从左向右阅读顺序的文化里，"喜欢"按钮放在"不喜欢"按钮的右边会符合他们文化的习惯；
- 这个按钮大小是 36dp×36dp 是为了与剩下的按钮信息层级区

分开来；

- 这个按钮在按下去时会出现这个效果，是因为我们的动效系统语言里有先例来定义；
- 现在的问题是我们不确定用户在不熟悉这个体验的情况下能够迅速理解这个按钮的意义，所以我们设计了这个暗示；
- 这个按钮图标设计有一个最大的问题是无法克服的文化障碍，在中东等一些国家竖起大拇指是侮辱人的含义。
- ……

一个简单的按钮，尚且可以有如此多层的决策去雕刻它。那么一个体验随时都有成百上千个决策来驱动设计。一个优秀的设计师确实可以深入地考虑这成百上千的决策，也应该这么做，但是这种方法没办法大规模运用：试想一个设计团队有 10 名设计师，他们如何对每个人的这么多决策进行沟通？如何保证每个人的设计决策都能一致？再放大一步来说，一个大型公司有上百名设计师，可能互相都不在一个时区，互相也不认识，如何保证公司的设计具有一致性？设计原则（design principle）是一个如果运用得当则非常有效的工具。

嗯，"如果运用得当"。我们先来看看英国政府的数字服务部门在 2012 年发布的数字服务设计原则：⊖

- 从用户的需求出发
- 少些
- 用数据设计
- 用实际付出换得简洁
- 迭代，再迭代

⊖　UK Government design principles, https://www.gov.uk/guidance/government-design-principles。

- 为所有人做设计
- 理解上下文
- 构造数字服务，不仅是网站
- 一致，但不千篇一律
- 开放

作为政府的数字服务部门，如果他们真的可以用心做到以上十点，比如从用户的需求出发和简洁，那么他们就已经比全世界大部分政府数字服务好出 10 倍。但是如果剥离开政府运营的实际问题，这些设计原则从产品设计的角度听起来觉得都有道理，但是总觉得缺少了点什么：这些原则似乎放之四海而皆准（试想，哪个产品不是从用户的需求出发，哪个产品不想简洁、一致，哪个产品不做迭代？），给人一种不知道从哪里开始、如何才能运用得当的感觉。

好的设计原则不好撰写。好的设计原则应该有以下这几个特质[⊖]：

- 简洁；
- 对设计决策能起指引作用；
- 对实际的商业和现实世界的问题能产生影响；
- 能反映品牌。

Facebook 的设计 VP Julie Zhuo 也谈到过[⊖]，好的设计原则能够：

- 帮助人们解决关于具体设计的实际问题；
- 能应用到一个品牌下面所有的设计决策上，包括我们现在已经想到的全部问题，以及还没有想到的未来会冒出来的问题；
- 能解释清楚为什么，让非设计师也能理解这些设计原则背后的道理；

⊖ Design principles behind great products, https://medium.muz.li/design-principles-behind-great-products-6ef13cd74ccf。

⊖ A Matter of Principle, https://medium.com/the-year-of-the-looking-glass/a-matter-of-principle-4f5e6ad076bb。

- 包含一个清晰的观点和优先级排序逻辑，可以让人们赞同或者否认；
- 配合一个具体清楚的例子来示意这个设计原则为什么成立。

所以一个更优秀的设计师，除了可以告诉你为什么她的设计有这些决定，还可以向你解释清楚背后的原则，让你作为听众也能领会这个设计好在哪，另一个设计不好在哪，让你能领会到她设计决策背后的核心价值。

我们可以再来看看苹果 iOS HIG 的设计原则：⊖

- 美学完整性（aesthetic integrity）
- 直接操作（direct manipulation）
- 运用比喻（metaphors）
- 一致（consistency）
- 反馈（feedback）
- 让用户控制（user control）

举例来说，iOS 一路升级到 11 版本，每次版本的重大更新你都能感受到它的美学理念的更新。从象形比喻，到扁平化设计，到字体和风格的微调。整个 HIG 对于触控操作与反馈也都有很严格、清晰的规定：从触控目标到 3D touch 再到振动反馈等。你可以感受到这些设计原则是真正渗透到了苹果设计的细微决策中去。

谷歌的 Material Design 的设计原则：⊜

- 用材料作为比喻（material is the metaphor）
- 大胆、视觉化、充满意向性（bold, graphic, intentional）

⊖ iOS Design Themes, https://developer.apple.com/ios/human-interface-guide-lines/overview/themes/#//apple_ref/doc/uid/TP40006556-CH66-SW1。

⊜ Material Design, https://material.io/guidelines/material-design/introduc-tion.html#introduction-goals。

- 用动效提供意义（motion provides meaning）

谷歌的很多设计（Gmail、文档、卡片）都隐喻于纸张，所以用"材料"作为设计的出发点自然能够加速用户对设计的理解。熟读谷歌 Material Design 的读者可能都知道，Material Design 对动效有很深入的探索和规定，让动效为产品的可用性真正起到作用（后面的章节里我们会详细地讨论）。Material Design 的这些设计原则和思路不仅为谷歌自身的产品提供了指导，还成为一个框架，让更多非谷歌的应用也加入到这个设计系统中来。

在企业服务中，Salesforce 的设计原则（如下图）在产品开发过程中也起到了指导性的作用。我们先来看看这些原则：⊖

- 清晰（clarity）
- 效率（efficiency）
- 一致（consistency）
- 美观（beauty）

Salesforce 的设计原则⊜

⊖ Lightning Design System Design Principles, https://www.lightningdesign-system.com/guidelines/overview/。
⊜ Defining Principles to Drive Design Decisions, https://medium.com/sales-force-ux/defining-principles-to-drive-design-decisions-b647b68fb057。

Salesforce 的设计师 JD Vogt 分享到："我们可以做的事情是无穷尽的，但是我们真正要去做的事情是有限的。在 Salesforce 实际的产品设计讨论中，很多产品设计决策因为多种原因会相互冲突，我们不仅需要设计原则告诉我们为什么，还需要设计原则告诉我们什么更重要"[一]。经过设计团队的重重辩论以及与领导层的沟通，Salesforce 最终决定把"清晰"摆在第一位。清晰是整个企业服务的核心价值和基石，用户需要清晰度来完成工作任务。如果我们可以一次又一次地把信息和任务清晰地呈现给用户，我们终将赢得用户的忠诚、感激和信任。这对于 Salesforce 的产品是最重要的。那么"效率"和"一致"谁更重要呢？企业软件效率就是生命，我们设计产品当然要追求一致，但是效率一定是更重要的。相信看到这里，读者已经能感受到对设计原则的优先级排序的作用：在下一次遇到"效率"和"一致"两者相冲突的设计问题时，比如一个表单的设计会与整个设计系统的交互风格相冲突，但是如果它是服务于用户效率，并且没有明显的可用性缺陷的话，应该优先"效率"的方案。由此可见设计原则的排序也能加速产品设计讨论。

最后，我们可以看看 Facebook 的另一个设计 VP Margaret Gould Stewart 分享的"商业设计"的设计原则：[二]

- 帮助人们学习和成长（help people learn and grow）——帮助人们做出最好的决定，增加他们的信心和成功率。
- 平衡效率和效力（balance efficiency and effectiveness）——改

[一] Defining Principles to Drive Design Decisions, https://medium.com/salesforce-ux/defining-principles-to-drive-design-decisions-b647b68fb057。
[二] Facebook's Four Business Design Principles for Crafting Elegant Tools, https://medium.com/elegant-tools/facebook-s-four-business-design-principles-for-crafting-elegant-tools-581a7055dee8。

善人们的工作方式让他们用最少的时间达成目标。

- 在复杂度中寻找清晰度（bring clarity to complexity）——打造简单易用的方法让人们完成复杂的任务。
- 准备而可以预测（be accurate and predictable）——提供可依靠的控制方式和相关的反馈来营造用户对产品的信任。

我们都知道 Facebook 的一个核心业务是广告。这也就意味着 Facebook 除了有常规的消费端的界面，还有针对超过 200 万的商业伙伴用户。Facebook 的团队从生产面向消费端的产品开始壮大，对面向企业的 B2B 软件起初经验不足。经过不断地试错和向用户学习，Facebook 沉淀下了这四条商业设计原则。其中你可以清晰地观察到他们最大的优先级就是帮助用户（广告商）学习和成长（随着自身的成长更有效地投放广告）。

如果读者对各大公司的设计原则感兴趣，可以访问 http://www.designprinciplesftw.com/ 或者 https://principles.design/。这个网站全面地搜集了不同公司不同产品的设计原则和原文链接，当你尝试给自己的产品撰写设计原则时这个网站是个好资源。

5.4.1　如何打造产品的设计原则

每个产品都有自己独特的上下文、用户目标和商业目标。这也就意味着每款产品（哪怕是同一个公司的产品）都应该在设计原则上有所区别。

设计原则必须是稍微具体一点（而不是"设计要美观"）和稍微具有争议性的。例如，微软产品现在的 Metro 设计语言在开发之初，设计团队定下了"content not chrome"（展现内容而不是展现专递内容的界面）这样的设计原则。你可以在微软现在的各个操作系统里感受到他们扁平化设计背后的力量：把用户关心的内容放在最前面，对 UI 做最小化处理。

如何打造产品的设计原则呢？

首先，设计原则是对话。它能够发挥的作用源自于对话，那么自然它的产生也来自于对话。作为一个设计团队，我们可以针对下面几个问题展开对话：

- 我们（作为一个设计团队）现在做得好的方面有哪些原则？
- 我们做了哪些事可能是违背上面这些原则的？
- 我们还有哪些设计原则是符合用户与商业目标的？
- 我们需要作出哪些改变来更好地遵循这些原则？

假设这个时候团队列出了 10 个候选的设计原则，那么下一步（也是最有意义的一个步骤）就是讨论我们按照什么思路来筛选将这些设计原则进行排序。这个步骤可能会非常"痛苦"：

首先，设计原则根本上是价值观念，非常主观。我们曾经把一个工作坊现场的设计师分成四桌，讨论硅谷交通系统的设计原则（听起来非常基本），然后发现四桌产生的原则和排序都有很大区别。其次，设计原则很难自证，所以很难轻易让团队达成一致。

如果你引导一个专门来讨论产品的设计原则的设计工作坊，有以下几个思路可以考虑：

- 对话比结果重要。鼓励大家讨论自己产生和排序设计原则背后的道理是什么，然后针对这些道理产生对话。
- 鼓励对每一个原则举出实际的例子，揭示这个原则在产品决策中扮演的角色和对用户与商业带来的影响。
- 引入不同职能的领导层和专家，从他们的高视角提供更宽广的信息。

我们不需要太多的设计原则，4～5 条就足够了。得到组织里高层领导的支持是至关重要的。正是因为设计原则具有一定的具体性和争议性，高层的支持在后期推进设计原则驱动的设计决策会起到至关重要的作用。一小群设计师自己确立的几个没有大团队支持的设计原则是很难有影响力的。确定好设计原则以后，建立从设计原则出发进行产品设计的团队文化，在实际协作中真正运用这些原则，是一个更大的挑战。

5.4.2　制定产品优先级

时间是无限的，但是你的时间是有限的。我们在做任何一个项目时，不光在决定我们要做什么，也在决定我们不做什么。如果我们投入两倍的精力，是否能够得到两倍的回报？

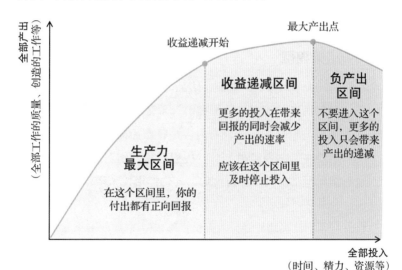

收益递减定律

上图所示的收益递减定律几乎适用于我们任何的项目——回报不与投入呈正相关关系。效率高的人会谨慎选择追求完美，避免把时间用在低回报的活动上。而大部分的人会在低效率的活动已经发生了一阵子之后才会意识到并且停下来。

在设计项目中，探索设计潜能很容易掉进这个陷阱中去。我们如何能：

- 投入相对较少的时间，初步筛选出有希望的方案；
- 避免过早地追求完美；
- 为用户和能产生更大影响力而做设计。

读者是否有过这种经历：有的时候尽管我们竭尽全力去完善产品里的一个功能，用户的反馈似乎平平；而有些细小的功能或者是一个细节的处理，往往被你的用户写到 review 里面去赞扬或者是抱怨。我们当然希望自己从策略上可以尽量多地去关注用户更加在意的部分，从而提高用户满意度，但是具体如何做到呢？

5.4.3 卡诺模型

东京理工大学教授狩野纪昭（Noriaki Kano）在 20 世纪 80 年代，第一次将满意与不满意的标准引入质量管理领域⊖，创造了著名的卡诺模型。卡诺模型的核心内容是将产品需求以"用户期望"和"用户满意度"为特征做划分，提倡对其分别对待。换句话说，不是所有的功能都对用户满意度起同样的作用，卡诺模型旨在将这些功能区分开来。

狩野纪昭把产品功能划分为五类：基本型需求（basic feature），期望型需求（performance feature），兴奋型需求（excitement feature），不相关功能（indifferent feature）和反作用功能（reserve feature）。如下图，横轴是这个功能的需求实现程度（functionality），纵轴是客户满意度（satisfaction）。这几类需求的总和就是我们产品的需求。

⊖ KANO 模型简介，http://wiki.mbalib.com/wiki/KANO%E6%A8%A1%E5%9E%8B。

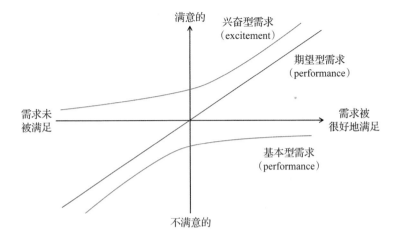

- **基本型功能**的特点是用户期望它的存在，比如一辆电动汽车可以准确地显示剩余电量，把剩余电量转换成剩余公里数。用户不会因为这个功能的存在感到兴奋：你可以看到，在卡诺模型里需求实现率再高，满意度也不会大幅度地提升。但是，如果这个功能缺失了，卡诺模型就指出其会导致用户满意度急剧下降（试想你发现你需要自己猜车里还有多少剩余电量）。

- **期望型功能**是用户所期待的功能需求。这些功能有两个特点：一是，用户在做购买决定时会仔细斟酌这些功能的表现（performance）。二是，这种功能的实现率越高，用户的满意度就越高（呈正相关关系）。比如电动汽车的电池容量，后备箱的储存空间等。用户在购买这款汽车时会认真评测自己的需求，关注这方面的特性。如果功能强大，满意度也自然会提高，如果缺失，满意度也会随之下降。更重要的是，用户会为这一部分的需求买单（想象一下汽车销售人员跟你推销同款汽车更大电池容量的型号，或者是后备箱的升级）。

- **兴奋型功能**是产品的亮点，是用户所没有期待到的，也是人们会口口相传的谈资。用户不期待这些功能，所以缺失了也不会降低用户的满意度。但是如果功能设计得当，当用户接触到这个功能后主观感知到的满意程度会高于期望型需求所带来的满意度。（试想一下你发现你的电动汽车具有高级的自动驾驶功能，你感知到的满意度很有可能高于对具有更大的电池容量的汽车的满意度。）但是兴奋型功能能够发挥作用，需要以前两种需求已经被合理地满足为前提。如果前两种功能严重缺失，用户是很难为兴奋型需求买单的。

狩野纪昭同时指出，兴奋型需求随着时间的推移，会逐步转变成基本型需求（想想 2007 年 iPhone 刚刚问世时，用手指直接操控的触摸屏让全世界为之兴奋不已，但是在今天，这却早已成为了智能手机标配和必备的设计之一）。所以兴奋型需求是更加瞬息万变的，也是更加主观的。

随着用户体验设计的兴起，卡诺模型逐渐在体验设计上被用来对功能进行划分。还有另外两类需求也被划入其中：

- **不相关功能**（indifferent feature），这一部分的功能无论是存在还是缺失都不会在用户心中激起任何浪花（不对用户感知满意度有任何影响）。耗费人力物力去开发不相关需求的功能无疑是一种浪费。但是需要注意的一点是，如果一个对的需求、对的解决方案过于复杂，人们因为无法理解而放弃使用这个功能，也会让这个功能变成不相关功能。如果你用过微软 office 里的电子表格办公产品，你会发现里面有很多复杂的高级表格处理功能，对于一个普通用户来说，这些功能都有可能是不相关功能。

- **反作用功能**（reserve feature），这种功能非常"悲剧"，它若不存在让用户反而满意，它的出现让用户满意度随之下降。你的电脑里是否有一些功能是一出现你就想把它关掉的？很多年前 PC 上流行"小助手"，或者是一些流氓插件，在我个人看来都属于反作用功能。

如何把功能划分到这几个类别里去呢？我们可以通过对用户提一系列关于期望度的问题来寻找答案[〇]，方法如下：

让用户填写一份调查问卷，在这个问卷中对每一个功能进行描述（文字或者图片），然后马上向被访者提出以下两个问题：

如果产品这个功能你可以使用（functional），你有何感受？

1. 我很喜欢这样

2. 我知道它会这样

3. 中立意见

4. 我可以容忍

5. 我不喜欢这样

如果产品没有这个功能（dysfunctional），你有何感受？

1. 我很喜欢这样

2. 我知道它会这样

3. 中立意见

4. 我可以容忍

5. 我不喜欢这样

有很多更严谨的方法去计算 Kano 模型，这里我们介绍一个简单的对照表。A 代表兴奋型功能，O 代表期望型功能，M 代表基本型功能，I 代表不相关功能，R 代表反作用功能，Q 代表答案有冲

〇 Choosing the Right Features with Kano Model, https://uxdesign.cc/choosing-the-right-features-with-kano-model-cc0274b6a83

突（比如某被访者表示一个功能如果存在，她很喜欢；如果这个功能不存在，她也很喜欢，很明显这个答案自相矛盾）。由此我们通过用户对一个功能存在和缺失而引发的针对期望进行评估，从把功能做了卡诺模型分类。

客户需求		如果产品没有这个功能				
		1. 我很喜欢这样	2. 我知道它会这样	3. 中立意见	4. 我可以容忍	5. 我不喜欢这样
如果你可以使用产品的这个功能	1. 我很喜欢这样	Q	A	A	A	O
	2. 我知道它会这样	R	I	I	I	M
	3. 中立意见	R	I	I	I	M
	4. 我可以容忍	R	I	I	I	M
	5. 我不喜欢这样	R	R	R	R	Q

卡诺模型：A代表兴奋型功能，O代表期望型功能，M代表基本型功能，I代表不相关功能，R代表反作用功能，Q代表答案有冲突。

我们在探索设计潜能时，时间和资源要"用在刀刃上"。我们可以考虑提前对用户进行调研，依照产品的功能得出卡诺模型分类，然后有策略地进行时间规划：

- 基本型功能要"足够好"，但是不必过度追求完美，因为过多的完美并不能带来更多的满意度。针对这样的功能，我们要保证产品"达标"，不会回头来伤害客户满意度。可以考虑建立"达标"的标准，并且定期追踪管理这些功能。
- 期望型功能是兵家必争之地，这一部分要保证产品有足够的核心竞争力，否则很难存活。这一部分功能设计不一定是核心主导，但是好的设计可以润滑甚至是放大这些功能的体验，提升主观感知满意度。
- 兴奋型功能难以捉摸但是能让用户感知的满意度大大提升。

这些功能甚至都不用很大：它可以是一个小的交互瞬间，一个对用户细致的关怀，这些都可以起到关键作用。

- 不相关功能有一部分用户不在乎，这一部分功能要避免投入精力。但是还有一部分不相关功能由于太复杂，用户因为不了解而不在乎，这里可以考虑使用用户教育来越过壁垒。

核心策略三：精益的设计

最近我在墨西哥城的一个设计会议上跟当地的设计师分享交流设计话题。演讲结束以后我们做了一个小型的设计评审交流，当地的设计师和创业者把他们的产品设计拿给我们看，然后我们给出一些反馈。其中不乏非常精彩的设计和激动人心的产品创意。但是我留意到一个小细节，而且这个细节在任何地方都普遍存在，较为初级的设计师在评审设计时会这样说："这个是我的设计，请你给我一些建议让我的设计得以改进。"我们举办这个活动确实就是要达到提供设计反馈的目的，但是这个问题非常难以回答，因为我作为评审者不知道提问者需要哪方面的反馈，关于什么问题的反馈。我一般都会询问："请问想要我提供哪方面的反馈呢？"当提问者可以阐述清楚他们的问题时，我们的对话一般都会变得非常有效率：具体的问题，思路的转换，潜在的解决方案等。当提问者无法阐述他们的具体问题时，我们的对话都会比较勉强，我不确定我的意见对他们是否有任何实质的帮助。

为什么有的设计师可以具体地阐述清楚自己的问题，而有的设计师却不能呢？

答案是设计的意向性（intentionality）。

在本书的开头我们对设计的意向性做过简单的讨论。意向性是心灵代表或呈现事物、属性或状态的能力[⊖]。"意向性"一开始是一个哲学名词，但是我们大可不必被它"唬"住了，可以简单地把它理解为设计师在设计时思虑周全的能力。

一个伟大的设计充满了意向性。

一个伟大的设计师在向你展示她的设计时，会告诉你各种设计决策的思路：设计背后的商业模式是什么、有数据支持的用户场景有哪些、用户在这个体验下的主要问题有哪些、设计原则是如何形成的、信息的架构、视觉风格的选择、字体选择的道理、动效设计的作用、声音设计的功能、文字内容的筛选等。她还会告诉你每个设计决策所权衡过的方案的利弊，相互如何牵扯，基于什么原则她做出了现在的设计决定。

最重要的是，她还会告诉你她对哪些设计决策坚定不移，哪些设计她需要得到你的反馈。关于这个设计决策，她所期待的对用户的影响是什么，基于你的反馈，她会如何行动来得到更肯定的结论。所以读者看到这里，应该得出了一个这样的结论：

精益的设计充满了意向性。设计师的职责就是将这个意向性所涵盖的方方面面梳理清楚，或者是驱动项目利益相关者来梳理清楚。

这里所谓的"方方面面"，其实就是关于用户体验设计的各种思维框架，进而用这些思维框架去雕琢用户体验。很多时候初级设计师会把提高自己的竞争力集中在设计表达上，如何创造出漂亮的效果，哪些工具可以做出交互性强的原型等，这些都是很好的设计技能。但是一个成熟的设计师还有更重要的几个方面，它们让设计师的设计更加精益求精，也让设计变得更容易被讨论、沟通与合作。这也正是一个成熟的设计师真正的核心竞争力。

⊖　维基百科，https://zh.wikipedia.org/wiki/%E6%84%8F%E5%90%91%E6%80%A7。

在这个章节，我们从三个方面来讨论如何获得精益的设计：意向性、反馈和系统思维。

- 意向性：我们刚刚提过，本书主要会从硅谷的明星设计团队取经，学习每个团队在自己产品的设计过程中所遇到的问题和总结出的经验。设计的意向性可以非常深，每个产品所运用的思维框架也各不相同，但是这些例子可以抛砖引玉，帮助读者形成自己的思维框架。

- 反馈：基于有意向性的设计里的设计反馈是精益设计的一个非常关键的环节。这个章节我们将一起来探讨硅谷的设计师们如何从个人、团队和公司层面来建造一个有效设计反馈、打磨设计项目的方法。

- 系统思维：一个好的设计可以有很多思维系统：交互体验、视觉风格、内容策略、声音反馈、用户信任等。全面地运用系统思维，从整体和动态的角度来考虑设计是设计产生真正影响力的根本。系统思维就像一个社会的法律，从这个社会的各个方面对整个设计做出规划，让设计可以自行"运作"（operationalize）起来，继续巩固现有的系统或者对系统做出修改。在本章的最后，我们会一起探索设计的系统思维。同样也是抛砖引玉，读者看了之后结合自己的产品和公司情况做出思考，这些信息才能真正为你所用。

6.1　意向性

我的教育背景是理工科，除了小时候自己爱在纸上用水彩乱涂一通以外，也再无任何正式的艺术背景。很多人给我写信问如何提高自己的视觉设计能力，我也和很多没有视觉设计背景的设计师一样，一直在内心思考这个问题。虽然设计师反感他人认为我们的工作仅仅是把"东西画漂亮"，但是老实来讲，谁不会被更美的设计所吸引呢？做一个出色的产品设计师需要很多技能，其中卓越的视觉设计能力肯定是必不可少的。

用户体验设计是一个非常"杂"的学科，与我在硅谷共事的同事中，有美术、心理学、教育学、计算机学、社会学等多种背景。尽管"产品设计师"的职位要求设计师成为综合能力强的"独角兽"，什么都要会一些，但是你仍然可以观察到，不同的设计师对用户体验设计有不同的兴趣，擅长的方向各不相同。

换句话说，谁都难做到"面面俱到"，增强对设计各个方面的"意向性"，是每个设计师都要有的修行。好在我们的工作环境里有各种非常优秀的设计师，网络上也有相对成熟的设计师社区，我们可以向他们取经。

在这个关于"意向性"的章节里，我们从视觉、动效、声音等直观的设计方面开始，然后讨论设计的可用性、情商以及包容性。当我们再次评审一个设计时，这些方面都是我们可以复用的思维框架。

6.2　严谨的视觉设计

6.2.1　格式塔理论

接下来我们会讲到很多视觉设计的原则。但在这之前我想先分享一个故事。

在 1910 年的德国，捷克出生的心理学家 Max Wertheimer 在乘火车度假的路上，看到火车道上闪烁的信号灯，他联想到了戏院里的走马灯。实质上，走马灯不过就是一连串的灯泡有序地开和关，但是从观看者的角度，看起来却是有一条"光线"流动"穿梭"

在灯泡所形成的轨迹上。他在法兰克福中央车站下车，顺手买了一个视觉效果玩具"Zoetrope"。这个玩具比较有意思，如下图所示，它主要由一个可以旋转的有竖空隙的空心圆形组成。圆形内壁上画有一系列动作的拆解，使用者从外面转动这个玩具并且观察里面就能看到里面"动起来"的画面。Wertheimer回到居所开始在Zoetrope这个玩具里画画，并做一些视觉实验。但是他画的不是具体的人或者动作，而是抽象的横竖各异的线条，来研究所谓的"似动运动"（apparent movement）⊖。接下来Wertheimer的一系列研究奠定了著名的"格式塔理论"（Gestalt theory）⊖。格式塔理论影响和造就了后来一系列的视觉设计理论。和Wertheimer一起对格式塔理论进行研究的另一位心理学家Kurt Koffka有一句很精辟的话，其总结了格式塔理论：

"整体大于局部之和。"

Zoetrope玩具，现保存于俄罗斯Nizhny Novgorod科技博物馆

图片来源：https://commons.wikimedia.org/wiki/File:Zoetrope_NN.jpg

⊖ Art, Design and Gestalt Theory by Roy R. Behrens, https://www.leonardo.info/isast/articles/behrens.html#1。

⊖ Gestalt psychology, https://en.wikipedia.org/wiki/Gestalt_psychology。

这句话说的就是格式塔理论核心研究的东西：人在看到一系列的物体以后，总是倾向于把它们视作一个整体。人的视觉和心智在看到一些图形后，会寻找一个逻辑上的"整体"、自行"补充"一些信息去理解它，从而"大于"局部之和。⊖

格式塔原则示意图

图片来源：https://upload.wikimedia.org/wikipedia/commons/a/a7/Gestalt_Principles_Composition.jpg

看到上图，读者是否"看"出了零散形状叠加在一起所表现的形状了呢？事实上还有更多有趣的规则：

- 整体在局部之前就被我们的心智所"发现"。我们的大脑会先留意到整体，再根据需要去观察局部。
- 我们的心智能够填补"空白"，哪怕有缺失的元素。

⊖　Design Science: What Is Gestalt Theory? https://designshack.net/articles/ins 产的 piration/design-science-what-is-gestalt-theory/。

- 我们的心智会尽力通过"创造"一个所认识的物体来避免不确定性，也就是说我们想要"看懂"这个视觉信息。所谓"创造"来源于生活经历和知识水平。
- 我们可以在不同的环境里认出一个物体。比如一片树叶，无论它是竖着躺在草丛中，还是横着夹在书本里，我们都能轻易地认出它来。

由这些基本的视觉特性，可以衍生出很多规律来约束视觉设计，下面举几个例子。

相似性（similarity）

一个元素可以有很多特征：颜色、大小、形状、材质等，特征越相近的元素联系越紧密（如下图）。

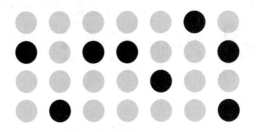

所以在视觉设计时，信息层级属于同一个部分的，我们可以利用相似性原理，尽可能共享更多的特征，让眼睛把它们归为一类。同理，如果你想要使一个元素吸引人们的注意力，只需要把它的特征差异拉大，如下图中的方形。

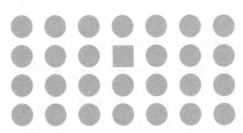

闭合性（closure）

空白的空间会让人看到不完整元素中的"完整"。我们的心智不断地在寻找"简洁"和"整体"。下图左边我们先"看"到的是一个三角形，再看到三个局部的带有缺口的圆形。著名的世界野生动物协会的 logo 大熊猫也运用了这个视觉原理，打造了一个经典的设计。

相邻性（proximity）

相邻的元素相较于距离远的元素会被认为更相关。所以在视觉设计上，把逻辑上相关的元素摆放得更近有助于让用户感知到它们的"相关性"（如下图）。

连续性（continuation）

被安排在同一个直线或者曲线上的元素关联更紧密。比如下图中，就黑色点元素个体来说完全一样，但是我们的视觉却会把在一条直线或者曲线上的不同颜色的点判定为更加相互关联，因为它们构成了连续性。

看到这里，相信我们会更加理解，为什么视觉设计师会把元素一个像素也不落地对齐。这在视觉上有助于提高元素之间的相关性，使它们看起来更是一个整体，更加简洁。

对称性（symmetry）

人们倾向于把物体或者元素理解成一个对称的、从它们中心所展开的结构。换句话说，当你把元素对称地摆放在空间里时，我们的心智会"创造"出一个整体来。人类的天性是希望给杂乱的自然提供秩序，对称性正好提供了这种秩序感（如下图）。

所以在视觉设计中，我们强调很多"视觉对称"和"视觉平衡"，一旦眼睛观察到了对称、平衡的结构，我们的内心会感受到这个设计的整体性和简洁性。

物体与背景（figure and ground）

一个元素要么被理解为焦点关注的物体，要么是另一个物体所栖息的背景表面。一般情况下在自然条件里我们很容易做到这一点，下面这张图就是一个很经典的例子：根据你把什么图形视作"物体"，什么视作"背景"，你会观察到一个花瓶，或者是两张对视的人脸。

物体与背景

图片来源：https://commons.wikimedia.org/wiki/File:Cup_or_faces_paradox.svg

在视觉设计时，除非是故意要达到这种冲突的视觉效果，我们应该提供良好的视觉结构让眼睛清晰地辨认什么是前景里的"物体"，什么是背景，从而起到更好的聚焦作用。

平行性（parallelism）

彼此平行的物体会被认为更加相关。线条被视为指向某一个地方或者朝某个方向运动，所以相平行的线条被视为有"共同使命"而更加相关联（如下图）。

6.2.2 视觉设计的意向性

讨论了这么多格式塔理论，除了非常有趣以外，我们也能感受到视觉设计的根本是非常科学的。每一个细节的背后都有它的道理。设计师在研习他人的作品时，仔细感受这些细节是成长的一个好方法。那么"细节"究竟是什么？我们观察好的设计，都看哪些方面呢？

视觉层级与平衡

信息层级的重要性不言而喻，从认知和视觉上看，视觉层级是视觉设计向观众讲述一个故事的时间线。一个视觉设计，人们从中先看到什么，再看到什么，这些层级内容所包含的信息会讲述一个均衡的、有吸引力的故事。

视觉样式与潮流

从以前大当其道的拟物化设计，到现在流行的扁平设计，以及谷歌 Material 设计系统，iOS 11 和安卓越来越多的圆润、背景模糊、阴影等样式都是视觉样式的实例。这些视觉样式就像时装，它们有逐渐升温的阶段，也自然有失去影响力的时刻。它们是你设计的血与肉，是真正给观众感官提供刺激的来源。

字体的设计

关于字体的话题太大了。尺寸、衬线 / 非衬线、字间距、行间距、字体所透露出的感情、相互搭配等话题都是学问。中文字体又是另外一个世界，因为文字与历史和传统文化紧密相连。中文的形状与线条无不透露出东方的美学，是一个新的设计领域。如果读者对英文字体感兴趣，Ellen Lupton 用了整整一本书[一]去探讨字体的运用原则、历史、样式，值得一读。关于中文字体，廖洁连老师写的《中国字体设计人：一字一生》，从历史的角度解读了印刷字体从形制、体制到印制的演进过程，以及对中国文化、经济、科技和人们生活产生的影响。[二]

[一] Thinking with Type, 2nd revised and expanded edition: A Critical Guide for Designers, Writers, Editors, & Students, https://www.amazon.com/Thinking-Type-2nd-revised-expanded/dp/1568989695。

[二] 中国字体设计人：一字一生，https://book.douban.com/subject/11542961/。

色彩的运用

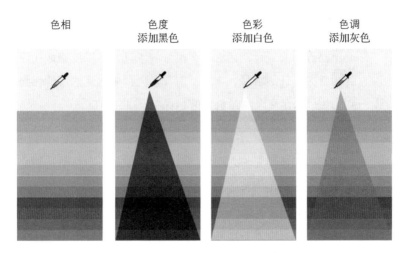

色相、色度、色彩和色调

　　基本的色彩理论处处都能见到：在每个编辑软件色彩选择器里可以看到的色彩轮（color wheel），以及由此产生的和谐配色（相邻、相补、自然取色）与冷暖色等概念。此外还有色相（hue）、色彩（tint）、色度（shade）和色调（tone）等概念（如上图），这些色彩的变体都很有作用。除去这些色彩的基本功之外，色彩心理学和色彩反差对可用性（usability）的影响也是至关重要的。例如这几个基本原则：

- 不能只依靠色彩作为唯一的信号在用户界面上释放信息，因为每12名男性、每200名女性就有一位是色盲或者色弱⊖（你必须依靠形状与文字来诠释信息）。
- 文字必须满足足够的前背景颜色反差来保证可读性。WCAG 2.0 ⊖ AA 级别要求正常文字至少有 4.5∶1 的颜色反差，大

⊖　http://www.colourblindawareness.org/colour-blindness/
⊖　https://www.w3.org/TR/WCAG20/

文字至少有 3∶1，而 AAA 级别则进一步需要正常文字至少7∶1 的反差，大文字至少也要有 4.5∶1。为大家推荐一个检查颜色反差的小工具，见 https://webaim.org/resources/contrastchecker/。还有一个很好的工具，可以便捷地让设计师输入设计的字号、字重、前背景色和要达到的可读性级别来生成满足要求的颜色，见 http://colorsafe.co/。

负空间

一个空间内元素与元素之间的空白叫作负空间。负空间是精心设计的结果，不是简单堆砌之后的剩余。举个简单的例子，如果两行文字的负空间（行距）过小，这两行文字的可读性会很差，视觉上也会有压迫感。反过来，良好的负空间设计不光可以带来视觉上的均衡，还会指引眼睛有秩序地接收信息。很多时候我们做设计时总有一个冲动想要把负空间填满，不愿让它白白空闲下来，其实负空间本身在视觉上能产生一种优雅的感觉。

在 Google 工作了一阵子以后，我发现了两个有趣的现象：

- 优秀的视觉设计师在设计沟通中，可以从很多维度去解释和评审一款设计。我以前总认为视觉设计和抽象艺术创作一样，全凭艺术家的一时兴致，很难去评价其优劣。但这些优秀的视觉设计师能够清晰地阐述设计里的视觉层级、样式、色板、视觉系统以及其扩展性。就好像交互设计师会从交互流程中的各个方面去考量一款设计一样，视觉设计师也有这样的"一套语言"，从人的眼睛、注意力、信息的表达等方面去评估各种视觉设计方案。换句话说，好的视觉设计也具有非常强的意向性。所以说提高视觉设计能力的过程，就是一个不断增加视觉设计意向性的过程。

- Google 虽然有交互设计师、视觉设计师的职位之分，但是你会发现这两类设计师的产出都非常精细：交互设计在终稿时已经有高度细致的视觉设计，视觉设计师的终稿也充满了对交互设计的补充甚至是修改。撇开在这样的团队如何分工合作这个话题不说，这个现象充分说明了优秀的设计师在产生充满意向性的设计时，不仅仅进行只包括自己职能范围内的考量，也会进行包括所有关于这个产品方方面面的思考。在Google，有句话叫"Make it part of your job"，说的就是在Google 没有人要求你做某方面的工作，但是也很少有人来阻止你去做这方面的工作。你可以自己来定义你的工作，把这方面的内容变成你的职责所在。一个优秀的设计师，会主动把设计的各个方面纳入思考之中，包括自己职责之外的产品内容。

我们一起来看下面这个例子，看看如何运用刚刚提到的几个概念针对设计提问，以改善视觉设计。

假设橙子通信的设计团队现在在评审一个门店预约的页面，我们一起来分析和改善这个页面的视觉设计（如下图）。

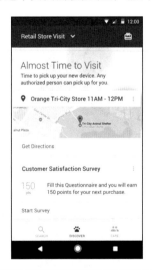

橙子通信门店预约页面的设计初稿

　　Facebook 的产品设计师 Jasmine Friedl 在她的博客里分享了提高视觉设计的一系列提问，这里我们可以一起参考。[⊖]

　　问题 1：字体的设计层级是什么？

- 一共有几种功能的字体样式？字号、重量、颜色，是否加粗、对齐，大小写都是怎么设计的？在这个页面上我们可以看到七种不同的字体样式：三种不同的重量，五种不同的大小，三种不同的颜色，三种不同的大小写规则。

- 大标题、小标题、按钮、辅助信息都应该指定什么样的字体样式？大标题字号大，但是采取的重量很轻，把它由字号带来的视觉重点抹灭掉。按钮（Get Directions）和各个标题采取的都是单词首字母大写，没有功能上的区分，稍显凌乱。

　　问题 2：信息呈现的样式是什么？

- 这个页面的主要信息是标题和卡片。

- 标题有标题文字和副标题文字，每个卡片都由标题、内容以及动作构成（如下图）。

 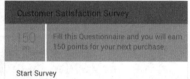

　　在卡片的样式里我们很快发现：卡片的高度不一样，有的卡片有图标，有的没有；橙色主体内容部分有的是一整块，有的是一分为二的左右结构。在这个案例里只有两个卡片所以并没有什么大问

⊖ How To Make Your Not-So-Great Visual Design Better, https://medium.com/facebook-design/how-to-make-your-not-so-great-visual-design-better-67972eee3825。

题，但是如果有 10 张卡片，我们就必须定义卡片的信息结构，便于用户查询消费信息。

针对上面的提问与反馈，我们可以采取以下改变：

- 标题改成 25 号，其余文字全部改为 14 号。
- 标题加粗，烘托其视觉重点，其他文字去除不必要的重量变化。
- 文字颜色缩减到粉色 #FF0068 和深灰色 #333333 这两种。
- 文字大小写全部改为段落 / 句子首字母大写，按钮字母全部大写。
- 卡片信息结构统一，去除图标，橙色部分统一到一个部分。

下图是根据以上几个改变做出调整后的效果，供读者参考。

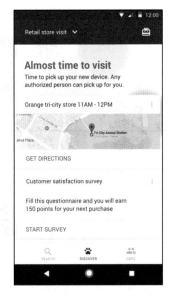

字体和信息样式改变调整以后的设计图

问题 3：这个设计与现在已有的样式比较起来如何？

- 现在已有的是哪些样式？（https://pttrns.com/ 和 http://

www.mobile-patterns.com/ 是两个非常好的资源，可以从
中查看已有的移动设计样式）。

- 基本交互和视觉样式特点有哪些？下图是 Google Now 的截
图，在其中我们可以看到 Google 的设计师对卡片有多种多
样的定义，但是一些基本的信息结构非常有特点：卡片没有
"标题"，最大的字号给了主要信息，通过主要信息来讲述卡
片的内容；一个按钮会横向占一排，不会横向堆砌；图标用
于会呼出外部 App 来加载的按钮上；卡片来源和原理的解释
信息采用斜体……

- 我们的设计需要复用哪些现有样式，为什么？

- 哪些样式特点可以忽略，为什么？

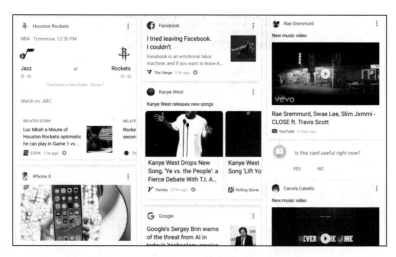

Google Now 的卡片对比

　　有对比我们就有了更多可以对自己的设计进行检视的思路。每
一个相同点和不同点都是一个有趣的机会。这里我们受到 Google
卡片设计的启发，可以考虑去掉卡片的标题，让卡片的第一个阅读
部分即是主要的信息（如下图）。

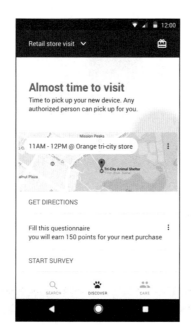

去掉了标题的卡片

问题 4：这个设计中的边距和间距的规则是什么？

- 你运用栅格系统了吗？

- 字的各个边距是多少？有一套系统来规定这些边距和间距吗？

- 有一个实用技巧是把所有的边距、间距都定义成以 8 位增量（8px、16px、24px……），这样可以避免在设计过程中随机选择顺眼的边距和间距，最后显得杂乱无章。

问题 5：图标的运用是否清晰？

- 一定要用图标吗？可以删去吗？

- 可以只用图标吗？

- 图标的作用是什么？

- 有哪些地方可以增加图标来提高辨识度？

- 图标表达的意思清晰吗？这个图标还可能被理解成什么？其

他 App 都是怎么设计这个图标的？

问题 6：页面内的每项内容都是必需的吗？

- 是否能把文字减少？
- 背景里红黄绿三个原型的作用是什么？可以去掉吗？

针对这几个问题，我们考虑做出以下调整：

- 调整整个位置，以 8dp 为单位调整边距和间距。
- 去掉三个原型意义模糊不清的背景，用非常浅的灰色作为背景色，把白色的卡片衬托出来。
- 标题上加入预约的基本信息：时间、预约标题。
- 缩短副标题的文字长度。

最后我们在下图中对比一下这六个问题前后的区别。

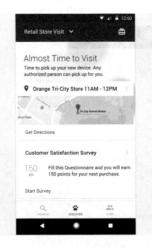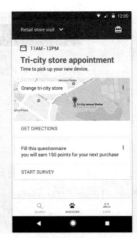

同样的信息内容，左边呈现的虽然富有逻辑性，但是视觉细节上非常混乱。右边的设计在我们上面提出的六个问题的引导下，从视觉上看干净很多，可读性和一致性大大提高。

在开始设计更多页面时，我们可以向自己的设计提出更多的视觉问题，如下。

问题 7：我们的设计风格是否全盘一致？

问题 8：我们是如何定义颜色板的？我们选择的颜色所传递的信息和品牌意义是什么？（有很多免费的色板软件和网站提供的精心搭配好的颜色供我们参考，详见 http://www.colorfavs.com/。）

问题 9：我们设计里面的拼写、语法、标点符号是否都运用准确？还有一些细节的一致性，比如一段 UI 文字只有一句话，结尾是否需要加句号？最理想的情况是我们的团队能有专门的"UX 作家"来负责内容策划。

问题 10：这个设计现在是按移动端进行的设计，如果以后要出平板电脑版本和桌面网站版本，这些视觉系统是否可以很好地传递下去？比如某个视觉设计是为了手机触摸和滑动而优化的，那么这个视觉设计如何传递到桌面网站上？喜欢研究 Sketch 插件的读者们如果还没有试过 Fluid 这个插件，可以上 GitHub 免费下载。Fluid 可以让设计师在 Sketch 里直接对各个元素的相对位置和大小做响应式规划。规划好以后当设计师再次调整画板（artboard）的大小时，设计图就会自动地适应，模拟响应式设计的效果。

这里有一个实用小技巧：当今设计师常用的工具（Sketch、Keynote、Photoshop 等）都有很全面的 Color Swatch（色板）和 Styles（样式）功能。这些功能让设计师可以提前定义好这个设计里需要的颜色和样式（包括字体和符号），然后复用它。如果对样式有修改，所有引用这些样式的地方也会一同修改。在设计过程中定义好一套这样的颜色与样式，会限制我们在设计过程中随意取用颜色和样式，自然而然地提炼和复用这些样式，从而优化视觉设计的产出。

视觉设计是一个复杂的任务，因篇幅有限我们从基本技术上讨论这些概念。如果说本章只能向读者传达一个观点，那么则是——视觉设计是一个意向性很强的工作，并非单纯依靠主观审美。提高视觉设计，本质上是增加自己对视觉原理的了解和把控。

视觉设计的艺术在于细节，但视觉设计的功能源自整体。

要达到精益的设计，我们可以先从留意细节（be meticulous）做起。有大量的设计师在 Behance、Dribbble、DeviantArt 网站上分享他们的作品，可以用关键字来搜索和发现好的设计（如果你有了非常满意的设计，也应该以你个人或者团队的名义把你的设计在不影响保密性的情况下发布出去，供他人学习）。此外，像 Muz.li 这样的服务（需要 Chrome 浏览器）每天都会精心整理一些激发灵感的设计，供你早间喝咖啡时翻阅。

6.3　有意义的动效设计

十几年前苹果公司对外发布了 Mac OS X 操作系统。熟悉苹果电脑的用户可能知道，十几年对于互联网世界如同一个世纪之久。两三年前的科技尚且已经落伍，这么多年来，互联网都已经历了几个不同的时代，但是熟悉苹果电脑的用户发现，苹果的 Mac OS X 无论是从视觉还是交互上都没有太多的变化。读者可以由此想象，当初从零开始设计 Mac OS X 的设计师们是多么伟大！在 Mac OS X 所有的设计中，最为有趣而且保留至今的一个经典设计就是这个名为"genie"的窗口最小化动画。使用苹果机从事设计工作多年，每天要看这个简短的动效无数次，但是我还记得我第一次看到这个动效时的激动和赞叹：我端着电脑到我父亲面前，父亲那时没有用过苹果电脑，我激动地向他展示了 genie 动效，让一个窗口像被阿拉丁神灯吸入灯里一样最小化在屏幕下方（如下图）。一个经典而恰当的设计，当时把我俩都逗笑了。在老版本的 OS X 中，还可以按住 Shift 键然后放慢这个最小化效果，可惜新版本貌似去掉了这个小功能。写到这里，真的想念乔布斯还健在的年代了。那时来到加州的第一反应就是可以在上午十点而不是北京时间凌晨看苹果的发布会。我搬家到北加州的第一时间也是去库比提诺苹果总部"瞻仰"这家公司。

聊得太远了，还是回到这个 genie 效果上面来。为什么它这么经典？

我们先从它要解决的问题谈起。当苹果设计团队在设计窗口管理系统时，肯定遇到过这样一个问题：用户最小化窗口以后，不知道窗口跑哪去了，也不知道从哪再把它给恢复出来。这个时候 genie 效果就是一个天才的设计，它把窗口近乎卡通式地变形，"吸入"到右下角的甲板上。通过这个动效，把一个复杂的方位变化概念的"故事"用这个简单又诙谐的动效诠释得非常精彩，也极大地提高了窗口管理系统的可用性。

从 iOS 8 开始，用户开始留意到苹果的手机系统加入了更多的动效。有了这些动效，iOS 更像一个完整的实体，而不是很多不同的空间串联到一起。iPhone X 问世时去掉了 Home 键，依靠从屏幕边缘滑动来解锁，这里无疑对动效设计提出了更高的要求。

动效设计可给数字产品带来生命力。我们很容易简单地把动效设计理解成"动画效果"，让我们设计的数字产品灵动起来，显得有趣。但是动效设计的作用远远超过了"视觉效果"的范畴。动效设计除了"好看"之外，还有重大的可用性意义。从抽象层面上来说，可以从这四个角度来看待动效设计对可用性的帮助：⊖

- **期望**（expectation）。让用户知道元素是什么，它所应该被期待的行为有哪些，不应该被期待的行为又有哪些。如果你手边有安卓手机，当有电话打进来时，留意观察绿色接听按钮的动效，分析一下这个动效传达了哪些期望。

- **连续性**（continuity）。同一个屏幕内动作的关联性和形成整个用户体验的各个屏幕之间的连续性。

- **故事**（narrative）。你的动效设计如果有声音，它想要向用户讲述一个什么故事？这些故事应该是由一连串时间和空间上的动作组成的。这些故事或者表达："快来点我，我可以帮你做到某件事"，又或者"来来来，留意一下我这边，这两个东西合并到一起了"等。这些概念很难用静态的视觉设计优雅地完成，而用动效设计来讲述故事却是一个极好的选择。

- **关系**（relationship）。当屏幕上的元素动起来时，用户可以更容易地从它们的时间、空间、信息层级的角度来理解界面并做出相应的决定。前面格式塔理论里面所提及的"相似性""闭合性""连续性"等都适用于动效设计。

进一步来说，动效又可以分为协同动效和延时动效。简单来说，协同动效就是指与动作同时发生的效果，比如 iOS 11 从屏幕下边缘上划可以最小化一个 App，这个过程中当前的 App 会随着手指的移动而移动，并且背景虚化的亮度也会发生变化，这些设计都是与手指滑动协同发生的。延时动效与协同动效相反，是发生在

⊖ Creating Usability with Motion: The UX in Motion Manifesto, https://medium.com/ux-in-motion/creating-usability-with-motion-the-ux-in-motion-manifesto-a87a4584ddc。

动作前与动作后，在没有新的用户操作时借由动效来表达意义。比如前面提到的 genie 效果，Mac 用户鼠标点击最小化窗口按钮动作完成以后，genie 效果用来承载"之后发生了什么"的信息。

　　从具体的例子上来说，谷歌的 Material Design 就提供了一些动效有意义的实际用途。[⊖]

- 展现元素在信息层级和空间上的结构；
- 表现当前元素的直观功能，暗示如果完成一个动作会达到的效果；
- 完成一个动作以后给出反馈（庆祝动作完成、表达错误或者警告等）；
- 引导人们在屏幕切换后的注意力；
- 短暂地分散人们的注意力，减少等待感，为背景活动（比如读取信息）争取时间；
- 提供惊喜，从视觉上取悦用户。

　　上面这些理论基础可以帮助我们增强对动效设计意向性的理解。读者朋友们不妨打开自己常用的国内外 App，甚至是 iOS 和安卓系统，来评审一下它们的动效设计，先从有动效的地方看起。

- 设计当前要向用户透露的期望是什么？有什么概念需要表达？
- 屏幕内的信息层级是否运用动效来表达？为什么要用动效而不是静态的视觉去表达？
- 动效本身讲述了一个什么故事？（例如窗口是最小化了，还是消失了，或者是被摧毁了，或者是暂时躲起来了，等等。）
- 这个动效如何把前后屏有机地结合在一起？
- 整个 App 的动效是否有系统，这个系统的特点是什么？

⊖　Why does motion matter? https://material.io/guidelines/motion/material-motion.html.

动效设计工具

- **After Effect**。Adobe After Effect 无疑是最好的动效设计工具。市面上有很多教程与文章可帮助我们学习 After Effect。单从动效设计来说，这个工具没有什么可以挑剔的。但是从工作流程上来说，After Effect 与现在产品设计师习惯使用的 Sketch 兼容性一般，间接地影响了设计迭代的速度。主要的瓶颈在于导入素材的速度。

- **Sketch2AE**。谷歌的设计师 Josh Fleetwood 和他的团队编写了一款插件[一]，让设计师可以从 Sketch 直接复制粘贴设计到 After Effect，大大地提高了原型设计和动效设计的工作效率。有兴趣的读者可以参考引用脚注[一]的内容了解更多。

- **Principle**。这是一款重点要向读者介绍的工具。Principle[二]是一款让设计师设计带有动画的可交互原型的强大软件。Principle 支持从 Sketch 快速导入素材，并且把原型放在手机上交互测试（需要安装 Principle 提供的 iOS App）。相比 After Effect 的时间线概念，Principle 运用了一个更简单的概念：屏幕切换，然后给两屏中相同的组件生成动画。它最有魅力的地方在于设计师可以对这个生成的动画做细致的规定（时间、曲线、延时、驱动等），达到现在 App 的设计的很多复杂效果。使用 After Effect 时很容易使用一些复杂的视觉特效，导致在工程阶段无法实现，Principle 会教促设计师使用一些基本概念来构建动效设计，这一点在工作流中也很重要。

[一] Bringing Sketch and After Effects Closer Together, https://medium.com/google-design/bringing-sketch-and-after-effects-closer-together-d83b3e729c93。

[二] Principle for Mac, http://principleformac.com/。

- **Lottie**。能把动效设计出来是一回事，最后能够让工程师团队实现出来又是另外一回事。软件工程也是术业有专攻，与你合作的工程师不一定都有"动效魔法师"，把你的设计全部写出来。Airbnb 的设计团队开发了一款叫 Lottie [⊖]的工具，可以把你的 After Effect 动效设计直接输出成 iOS、安卓或者 React Native 可以高效读取的 JSON 文件，从而让你的工程师朋友可以直接应用。目前 Lottie 比较适合制作一个单独的没有交互的动画（比如加载进度等），但是 Lottie 的受欢迎程度与其潜能势必会让更多交互性强的动效成为可能。

6.4　内容设计

什么是用户体验的"内容"（content）？在 UX 领域使用的术语中，"UX 写作""UI 字串""UI 文字"被交替使用。它们都是指标签、菜单、链接、按钮、标题与副标题、工具提示、悬浮提示、错误提示、帮助文本等元素里面的文字。这些文字在数字产品本地化（localization）的过程中，又被翻译成不同的语言甚至是文字书写方向，完成与用户的沟通。在本书中我更倾向于将其统称为内容设计，因为"内容"不仅仅包含文字，还有文字所传达出来的品牌与声音。"设计"更是强调了写作过程中的强大的意向性。换句话说，一个产品 UI 里面的文字，需要思虑周全的设计。

⊖ Airbnb 的 Lottie 工具网站，https://airbnb.design/introducing-lottie/。

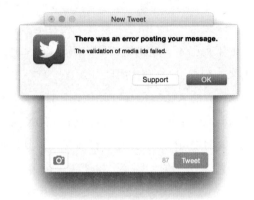

但是现实总是"骨感的"。上图这个推特的错误提示[⊖]的截图是用英文写的，但是即便英文是你的母语，估计你也看不懂它想说什么，发生了什么，你该做什么。就算是你终于梳理清楚发生了什么，下定决心点了"OK"以后，常常又会看到一个这样的"世纪难题"："你确定吗?"（如下图）

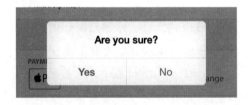

我不确定!（我要是什么都知道我还需要你做什么?）如果我可以修改加州的法规，我一定要加入"禁止用软件和服务强迫用户做出不可逆的选择"这一条。用一句简单粗暴的"你确定吗?"，几乎就是在宣告："你最好自己确定一下，选择了'是'以后，再出事就不要来找我了。"这会带来糟糕的用户体验，对此我们还可以做

⊖ How to write a great error message, https://medium.com/@thomasfuchs/how-to-write-an-error-message-883718173322。

得更好一些。

在你的产品团队里，UI 里的文字是谁撰写的？是产品经理在需求文档里规划好的？还是设计师在做设计时"顺便"补充上去的示例文字？"文字我们最后改一下就好了"这句话是否非常耳熟？在实际的产品设计流程中，文字内容因为"看似"难度不大，而且容易在软件工程后期修改，所以常常被搁置在开发周期的尾声"草草了事"。但是实际上，UI 文字内容设计往往需要反复推敲、实验，需要花费大量的时间和精力，在硅谷拥有百名设计师的团队里这样对待内容设计尚且奢侈，对于一个更小更敏捷的团队来说很难想象内容设计会得到更大的重视。

但是好的内容设计却是至关重要的。

- 用户界面的各种元素是与用户交互的媒介，但是文字内容却是这些交互的实质载体（试想如果把用户界面里的文字全部删去，这个产品界面是否还能正常使用？）
- 当用户搞不清一个用户界面如何使用时，多半是因为文字晦涩难懂、模棱两可或者是会误导用户。
- 在软件的本地化过程中，母本文字的长度和质量直接影响着本地化后的内容的可用性和易用性。

在硅谷的科技公司里，很多团队都设有"科技作家"（tech writer）、"用户体验作家"（UX writer）或者是"内容策略师"（content strategist）这样的职位。抛开名词和各个职位的细微差别，这些专业人士的工作有一项是一致的：用文字写作来让产品听起来有人情味，雕琢着产品用户体验。他们关注着内容设计的这几个方面为用户体验增加意向性：

- 考虑谁在使用这款产品，在什么上下文和情境里使用的。
- 这款产品希望让用户感知到什么样的情感？产品想要表达何种品牌信息和价值？

- 用户希望完成什么任务和动作，如何帮助他们从 A 到达 B？

在工作流程上，他们从定义需求、制定策略和写作实现三个方面在用户体验中起到关键的作用。"定义需求"包括对现有的内容做审计，对关键合伙人（比如法务部门）做采访，对竞品进行分析等，为产品需求的定义做出内容设计角度的贡献。"制定策略"的步骤包括定义信息层级和分类，制定内容品牌的计划以及内容生产的计划，测试计划等，如同设计流程一样，这一步主要关注具体的产品开发，涉及内容设计的方方面面如何被组织计划起来。"写作实现"则是具体的写作工作：撰写、编辑、审计和评审创作内容。协调法务部门、本地化团队等在开发周期里的工作。

整个内容设计的工作艺术可能需要另外一本书来记录和讨论。但是看到这里，相信读者都会有这样一个感受：这些工作如此重要，绝对不可能是产品经理或者设计师可以抽出 5% 时间来"兼职"完成的。有条件的情况下，设计团队应该考虑聘请全职用户体验作家，来管理产品的内容设计策略。

那么如果实际条件不允许设置一名专门的用户体验作家，必须亲自上阵怎么办？首先我们来梳理一下手头上的问题：我们作为设计师或者产品经理，只有半个小时时间来完成设计稿或者需求文档里面的写作。我们的用户一般注意力都不会停留在某个地方太久，用户界面已经有很多文字了，很多的用户对科技也不是很了解，所以要保证通俗易懂，而且文案还会被翻译成德语、西班牙语、俄语等比中文和英文字符串都要长的语言。这时候都有哪些问题需要注意的？我们一起来看内容设计的几个常见问题和应对策略：

- **问题一：段落太长**。听起来应对策略非常简单，把文字写简短一点便可。但是实际上，我们可能需要表达 5 个不同的概念，两个产品经理和法务部门都会跳出来要求某某文字"必须出现"在这个屏幕上。事实上，用户基本不会阅读义字，它们都只会用眼睛"扫"一下文字，结合图形来判断这个界面的意图。这前后我们可能只有不到一秒钟的时间，向用户表达一个概念，并且鼓励它们采取行动。所以我们不妨把一个界面所要表达的信息一条一条写下来，然后删去不是必须要表达的内容（比如用户测试并没有用户反馈到需要某条信息）。把剩下的信息整理成一个个简短易懂的文字，如果有机会把内容转换成图标或者是图形来表达会更有帮助。确保一个界面只表达一个复杂的概念，并且通过交互和视觉的设计把用户的注意力集中在一个动作上。

● **问题二：言辞生硬**。很多时候为了"安全"，我们设计内容会写得非常保守、冷冰。为了方便，我们甚至直接把错误代码和一堆科技语堆砌到对话中去。最后的结果就是我们无情地告诉用户：你并不是在与我们沟通，你是在与冰冷的机器执行一个冰冷的任务。为了解决这个问题，我们应该为内容设计制定一些基本原则这些基本原则是我们真正应该考虑推广运用的：

■ 确保文字内容有用（useful）。不仅要向用户传达一个问题，还要教育、帮助用户找到一个答案。必要的时候，向他们作出推荐。比如用户的音乐库里没有任何音乐，你可以简单地说："没有任何的音乐"，也可以变得更有作用："没有任何音乐，点击这里开始浏览最新音乐"。

■ 确保文字的真实、真挚性（authentic）。要与用户产生信任，我们要确保我们的内容创作真实、真挚地向用户传递信息。不应该粉饰或者夸张表达任何的信息。

■ 确保文字友善性（friendly）。想象你在向你 5 岁的小孩或者亲爱的外祖母解释一个概念，并且帮助他们完成一个动作，而不是在让他们签一个契约或者跟法官打交道。清晰性和易懂性是关键。一个很经典的例子是亚马逊的网站上有商品推荐的功能，亚马逊选择了使用"购买了这款产品的人还购买了"这个清晰友善的文字标题来代替"向你推荐"。

- 确保文字的积极乐观性（optimistic）。通过文字表达积极乐观的态度有助于用户加深对该产品品牌的正面印象。比如未读邮件为空时，你可以简单地说："没有任何新邮件"，也可以加入一个正面元素："太好了！所有的邮件都看完了。"

● **问题三：措辞不清晰**。用户界面里面的任何文字应该被 80% 的普通用户所理解，而不是专门为 20% 的高级用户设计的。不要害怕运用常用词汇，用更短的句子。考虑限制一个句子在 15 个英文单词或者 25 个中文字符以内。如果你的文字有任何地方是超过两句话的，很有可能你会有一整个方块里面都是冗长的文字。这时可以考虑把这个方块里的文字打碎，然后通过字体的变换、视觉的设计，把重要的、有助于做出决策的信息突出。

谷歌的 Material Design 里有很多正例与反例⊖，对于英文写作和任何语言的写作都有帮助。

6.4.1　数据驱动的内容设计

如同交互设计可以做用户测试一样，内容设计也可以在产品发布前做用户测试。现在网络上有很多工具可以让你把一个简单的设计界面匿名推送给网络上的用户（比如谷歌的 Google Consumer

---

⊖　Material Design Writing, https://material.io/guidelines/style/writing.html#。

Surveys ⊖ 或者 UserTesting ⊜）收集数据。举个例子，如果你在设计一个用户增长相关的功能，需要鼓励更多的用户打开接收信息推送，这个时候你可以写出三个不同的文案来，你就可以通过 Google Consumer Surveys 指定特定的国家、地区、语言的人做测试，给他们看不同的文案，然后请他们回答问题。这些问题可以是专门来探测他们对你的文案的理解程度（问人们这个文案是什么意思，然后答案里只有一个是正确答案）和态度（是否会因此打开信息推送功能）的。你可以进行好几个这样的用户测试，来选择最佳的文案。如果你有百万级的用户，哪怕只是增加 1% 的成功率，也代表着至少有一万个是成功的。在我的工作实践中，不同文案的成功率差异常常都能达到 2% 以上，不同用户界面来呈现文案甚至能带来 5% 以上的区别——这代表着文案与文案之间的区别是显著的。

如果你的团队环境无论是时间还是经费上都不允许这么细致地去做内容设计，DropBox 的设计师 John Saito 还分享了两个策略供我们考虑：⊜

- 使用 Google Trend ®，比较在一个时间段里人们搜索不同关键词的运用频率。例如在英语里，"Sign in"，"Log in"，"Sign on"，"Log on"都可以用来表达"登陆"的概念，但是从 Google Trend 的数据来看，从 2004 年以来，"Sign in"以压倒性的优势出现在搜索关键词里（如下图）。通过这个方法，我们可以初步了解一些关键词的使用习惯。

⊖　Google Analytics Solutions, https://www.google.com/analytics/surveys/#?modal_active=none。

⊜　https://www.usertesting.com/

⊜　Design words with data How data informs our writing at Dropbox, https://medium.com/dropbox-design/design-words-with-data-fe3c525994e7。

®　https://trends.google.com/trends/

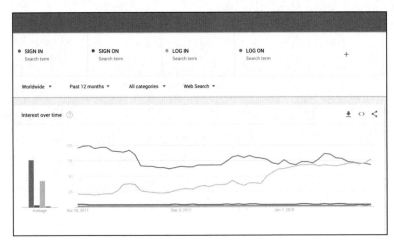

Google Trend 的截图

- 在公司厨房里用户测试。找两台手机，把写有不同文案的设计图载入手机中，到公司的厨房里，找几个没有参与过这个项目的同事做一个不是那么严谨的"用户测试"。这种方法适用于按钮上的简短文字或者标题。重点是可以从几个不同的意向性来撰写文案，然后跟这些内部用户进行交流。有比较就会有伤害，能淘汰掉其中一部分文案就代表着我们又给用户体验增加了一点点意向性，积少成多。

6.5 声音设计

这本书只有文字，无法为读者播放声音，但是如果我现在提到几个"经典的声音"，看看读者朋友们能回想起几个？

- 腾讯 QQ（或者如果你跟我一样出生在 20 世纪 80 年代，会更熟悉 OICQ 这个名字）的滴滴声。
- iPhone 第一代经典的铃声"Marimba"。
- 微信视频时的拨号声音。

这些声音在我的印象中非常深刻，因为他们往往伴随着一个个"事件"：重要的信息、电话、视频。接下来我们再一起回想一下这几个声音：

- 苹果手机 iMessage 发送信息时的声音
- 安卓手机收到推送消息的声音
- 苹果电脑发送邮件的声音

这些声音我依稀记得，但是声音具体有什么特征我觉得自己没有办法详细地描述出来。不知道读者朋友可以回想起几分。我们为什么会对某些产品的某些声音印象更加深刻？为什么有些声音却又记不住？简单来说，这些声音都是精心设计的结果。

前面我们聊完了视觉设计、动效设计、内容设计，他们都有一个共同点：通过意向性强的视觉来引导用户完成当前的任务。在一定的程度上，这些设计需要被"看到"，被清晰地"感知"到，才能发挥作用。但有一个例外，有另一项用户体验的设计，设计师费尽心思，却是希望自己的设计不要在用户体验过程中喧宾夺主，不要被"注意到"。不仅如此，被"注意到"反而是这个设计项目失败的标志。

这项设计就是声音设计。回头想想我们用过的产品，提到微信、安卓、谷歌的 Pixel 手机、Facebook Messenger 等，你的脑海里第一个浮现出的更可能是它们的画面，而不是产品的声音，你可能甚至很难一下子想起来这些产品到底发出过哪些声音。但是读者朋友们可以做一个小实验，现在把这些程序拿出来用一用，听一下里面的声音设计，你可能又会感觉到里面的声音设计很熟悉。

声音设计为什么重要？如何为产品做声音设计？用户体验设计里面的声音设计又需要关注哪些方面？

好的声音设计可以提高产品的可用性、调节用户情绪、强化品牌形象。

提高可用性

试想我们的用户在一个迷宫里，我们只可以运用声音设计来帮助他们走出迷宫，我们要如何设计？当然把数字产品比作迷宫略显夸张，但是用户在我们创造的虚拟世界里确实有很多时候疑惑不堪。这时声音设计作为常常被忽略的维度，能提高可用性。Will Littlejohn 是 Facebook 的声音设计总监，他分享了他在非洲旅行的一个故事⊖。当时 Will 在国家公园看大象，正好有一只大象生气地追赶他们的四驱车。它用手机拍下了这珍贵又有趣的一幕，想马上分享给 Facebook 上的朋友们。我们很多人都生活在免费的 WiFi 和低价格的 LTE 网络里，而 Will 当时所在的地方只有 2G 网络连接。要把这段大象追车的视频发到网上去需要 90 分钟。90 分钟！

但是 Will 和我们很多人一样，非常希望可以现在就把视频"趁热"发送出去。如果需要我们盯着进度条一点一滴地前进 90 分钟，这对谁都是一个煎熬。但是 Will 回想起来 Facebook 发送更新成功以后会有一个声音信号。于是他确保声音是开着的，然后把手机开着继续欣赏车外的风景。这是一个小例子来示例声音对可用性的影响。

在一段声音被设计的初期，声音设计师会考虑这段声音会如何被使用：

- **环境：环境会比较嘈杂还是安静？**用户此刻距离这个交互有多远，有怎样的声音设备？比如设计手机铃声，铃声有可能在安静的房间里被播放，有可能是一大早用户还没睡醒时播

⊖ THE BLEEPS, THE SWEEPS, AND THE CREEPS! https://www.20k.org/episodes/the-bleeps-the-sweeps-and-the-creeps。

放，也有可能在嘈杂的闹市里播放，这时如何设计铃声可以兼顾和尊重这么多的环境变化？音量是一个传统的解决方法，我们可以让声音渐渐进入 100% 音量，以给用户一个时间来调整期望。谷歌的 Lead 声音设计师 Conor O'Sullivan 介绍他在做 Pixel 2 项目时，就运用了声音的复杂度来解决这个问题[⊖]。他给谷歌 Pixel 2 手机设计的铃声就是先由简单的高频段声音，到渐渐地加入较为复杂的元素，借此让铃声更容易被听见。如此一来，闹市里的用户可能在复杂元素介入时才会听见铃声，但是在安静的环境下这款铃声前面简单的部分听起来更为优雅。

- **使用频率：这个声音会出现多少次？** 试想我们每个推送通知不是一个简短的电音而是一段冗长的语音提示，我们应该很快就会对这个声音感到厌烦。一般来说，越频繁使用的声音应该越简单。

- **声音的可用性故事？** 从可用性的角度来说，这个时刻这段声音想要表达什么——错误、警示还是成功？出去还是进来？前进还是倒退？动作已经发生还是等待发生？把这些故事整理清楚了，我们就得到了一个简单的"声音设计需求"。这个可用性故事还包含"Accessibility"，对于视弱的用户，我们可以运用哪些声音反馈来增加产品在低视力时的可用性。（如果读者闭上双眼使用 iMessage，会发现信息发送的声音成了唯一的反馈）。

- **此刻我们真的需要声音吗？** 记得我小时候还在 Windows XP 的年代，可以自定义很多系统事件的声音。我们很容易把整个系统设置得"到处都是声音"。所以声音设计的可用性

⊖ THE BLEEPS, THE SWEEPS, AND THE CREEPS! https://www.20k.org/episodes/the-bleeps-the-sweeps-and-the-creeps。

也是最重要的一个问题，是我们真的需要一个声音吗？有哪些用例声音提供的可用性信息是最有价值的？举个例子，Facebook Messenger 在发送信息、发送信息成功以及信息被阅读时都各有一个气泡声，这个声音可以帮助用户不用观察用户界面细小的变化就能够知道信息的发送状态。这个时候我们说这个声音是被需要的。举个反例，老版本的苹果电脑开机时会有一个开机声音，不知道读者朋友是否还记得，这个声音除了品牌信息以外，并没有什么实际的作用，而且因为笔记本电脑的可移动性，这个设计甚至会带来问题：如果你在一个安静的课堂忘记关声音，重启一下电脑的声音足够招致很多正在睡梦中的同学的白眼。所以声音应该被用在需要的地方，我们要仔细地考虑每个声音的可用性。

调节用户情绪

一个任务的完成，一个意外的发生，一个漫长的等待……这些事件都伴随着用户情绪的转变。这些关键的事件发生时，考虑加入一个声音事件，可以达到庆祝动作完成、提升用户警惕心理、缓解等待焦虑等作用。声音设计使用得当，可以把用户对事件的感知放大或者缩小，进而调节用户的情绪，非常有意思。试用一下 iOS 的 Bedtime 闹钟功能，因为提醒用户该睡觉了和该起床了所面临的用户情绪是完全不一样的，你会发现声音设计也完全不一样：前者简短有力，后者从舒缓简单的音符开始演奏起，让用户从深睡眠中慢慢醒来，充满了意向性。

强化品牌形象

如同视觉设计能够建立品牌形象一样，统一而一致的声音设计也可以强化品牌的形象。举几个例子，如果读者朋友去看谷歌

2016 年～2017 年很多电视广告的结尾，都会以一个钢琴的音符作为结尾，这个弹奏的音符正是"G"音符，代表"Google"。如果你现在开始仔细留意，会发现 Facebook 和它的 Messenger 都很用心地用了气泡声或者电音。在声音设计时，设计师会使用所谓的"声音拟物化"（audio skeuomorphism），从原始的声音中提取声音模式、频率等，如同先从照片中提取色板一般再进行艺术创作。虽说前面认为苹果电脑的开机声可用性一般，但是它确实令人印象深刻，传递了品牌形象。谷歌的 Home 智能音箱和亚马逊的 Echo 开机时就有一个声音效果，让人听了联想到人工智能的"觉醒"，而同样标榜智能的某汽车启动以后只有提示安全带没系好的警报嘟嘟声，似乎错过了一个产品的声音机会。

　　虽说不是所有的产品设计都需要运用到声音设计，我们还是要避免为了设计声音而设计声音，而且我们不得不承认声音设计在如今的产品设计中并没有被充分利用。意向性强的声音设计告诉我们还有大量的机会等着产品设计师去探索。Facebook 为大家准备了一套声音套件[⊖]，其方便设计师朋友在做原型设计时加入按钮导航、成功、失败、通知和警示等事件的声音，值得一用。

　　声音设计是一个平时很容易被忽略但是如此有意义的话题。为了更多地了解声音设计的世界，我们请到了谷歌的第一名声音设计师 Steven Clark，跟我们一起聊聊他如何步入声音设计师这个职业，如何在 Nest（如下图）这个有很多苹果基因的创业公司（后来被谷歌母公司 Alphabet 收购）里发挥声音设计的专长。因为声音设计不同于平面设计，我还专门留意提问了声音设计的过程和他所遇到的沟通合作方面的挑战。

⊖　Facebook sound kit, http://facebook.design/soundkit。

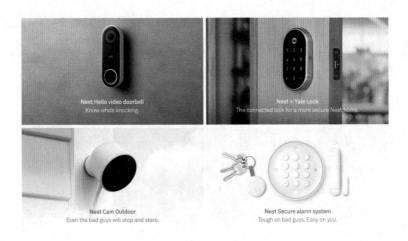

Nest 的一部分产品

图片来源：Nest 网站截图

6.5.1　采访谷歌的第一位声音设计师史蒂芬·克拉克

笔者：史蒂芬，您好！非常高兴再次见到您。非常感谢您抽出宝贵时间接受我的采访。声音设计是一个非常迷人的职业领域，可以向我们的读者介绍一下您自己，以及您的职业发展轨迹么？您曾经从事产品经理工作，能跟我们说一下您职位转换的经历么？

史蒂芬：嗨，大家好！我是史蒂芬·克拉克，是一名声音设计师，也是一名 Nest 用户体验设计经理。我大学的专业是作曲，在加州大学伯克利分校拿到了我的博士学位。我在学习作曲的同时，也进行了一些电子音乐的学习、实践和教学，其中包括音频制作和声音设计。一直以来，不管我从事什么职业，我其实都在编写、录制、表演和制作音乐。我最初的理想是做一名大学教授，但后来却机缘巧合地加入了硅图公司，从事网站开发，图像处理工作，并在工作中学习了HTML。那时候是 1994 年，网站还是个新鲜事物。

后来我在一个会议上遇到了 Beatnik 公司的 CEO，这家公司是一个声音和音频网络技术公司，有一个很适合我的职位。我加入这家公司后，负责运用 Beatnik 的技术在网络上制作可交互的音乐应用。之后，在一个合适的时机，我又加入了一个叫作 Tribal Brands 的公司，在这里我最终成为一个工作室的主管，包括前端和后端的程序员，音频及视频的制作，数据采集，以及图像设计。在 Tribal Brands 的那段时间也是我担任产品经理的职业生涯。那段时间我也做了很多与音乐相关的工作，我们当时为客户做的很多项目也都是与音乐相关的。

所以我的每份工作其实都由负责声音制作的基层员工做起，然后转到管理层。我到了 Nest 之后也是一样的轨迹。我有一个朋友当时在 Nest 做烟雾探测器的项目，他跟我说他们需要声音设计上的帮助。于是我从只参与制作警报声音的临时工做起，后来转正后开始参与烟雾报警器语音的设计，再后来的很长一段时间内我都在编写脚本，管理声音人才，以及编辑音频。之后我一直在不断地成长，由 Nest 所有声音设计的带头人成长到管理声音设计组以及声音版权组。

笔者：非常酷！那是不是可以说在您加入 Nest 的时候，声音设计还是一个比较新的职业？

史蒂芬：可以这么说。从一定程度上来讲，iPod 的设计师、iPhone 的主要发明者托尼·法戴尔成立了 Nest。因为他在以 iPod 为代表的声音优先的产品上颇有建树，所以他在 Nest 的用户体验上，把音频设计放到了一个很高的优先级。当他们只有 Nest 恒温器产品的时候，所需要的声音只有用户切换温度时点击的声音，没有太多的音频需求。但是当他们开始设计烟雾报警器的时候，他们意识到他们的愿景是发明一个能与用户交流的烟雾报警器，所以语音成为用户与设备交互的主要界面。我初加入时，Nest 报警器有一个发光的环，但是那个环不能"告诉"用户很多东西，然而现在，因为它可以与用户"交流"了，它可以"告诉"用户探测到的到底是烟还是一氧化碳，是一个紧急情况还只是一个提醒。当 Nest 团队认识到了语音工程的重要性的时候，他们为我的加入专门设立了一个职位。当时他们说："哇，这个家伙不仅是一个能设计铃声的音频设计师，更是一个声音的用户体验设计师！"在我加入之前，谷歌的声音设计都是外包出去的，我成为 Alphabet 的第一个声音设计师。

笔者：这是一个很棒的故事。您可以跟我们分享更多您在 Nest 做声音设计师的故事么？

史蒂芬：当我们提到声音设计的时候，实际指的是我们打造特别的音调、敲击、叮咚的铃声的过程；声音设计有时也指的是游戏、电影里面那些爆炸声，人们聊天的声音。但是，我和我同事在 Nest 所从事的声音设计指的是前者，加上音频的交互以及用户体验的设计。

试想一下设计图标与设计有视觉元素的用户体验设计之间的区别，也就是音频设计与音频用户体验设计之间的区别。比如说，你有一个 Nest 家庭安防系统，当你把安防系统的状态从"戒备"更改为"解除"，系统只会发出一个声响。但当系统探测到有问题或者异常的时候，系统却可以用语音告诉你。比如当你将系统设为"戒备"状态，但你却忘记了关家里的后门的时候，它会告诉你说："后门是开的"。这就是其中一个你作为设计师需要思考改用铃声还是语音的场景。如果是铃声，你需要用多少种铃声？如果是语音，你该用什么样的语音，说话的那个声音的性格和感情应该是什么样的，以及设备用不同的方式跟你说话的时候，对你产生的心理影响又是什么样的？所以你看，声音设计是远超出制造声波本身的。

笔者：嗯，很有意思。我发现 Nest 的很多产品都没有很大的用户控制屏幕，那是不是意味着对于 Nest 的产品来说，通过声音来引导用户完成一些情景以及思考，那么用户会如何对这些声音进行反应就变得格外重要？您可以跟我们分享一个典型的设计音频用户体验的流程么？

史蒂芬：在 Nest，音频设计通常会与整体的用户体验设计相结合。我们整个设计中的环节包括功能规格确定、工业设计、用户体验设计等，这些环节通常都是并行展开的，所以环节之间可以互相提供反馈。我们的设计流程通常会从跟负责整体用户体验设计的设计师的合作开始，在整合整体的用户体验的过程中，我们会识别出来在产品设计的哪些地方可能需要加入一个声音。

举个例子，我们曾发布过 Nest x 耶鲁锁。这是我第一次需要为一个产品设计一整套的声音，包括上锁、解锁、错误提醒、按键、进门、重置等声音。在那之间，Nest 只有烟雾报警器需要声音设计，而它所需要的声音也只有两类，重启和各种警报提醒。所以我着手于将 Nest 烟雾探测器已有的两种声音作为基准点，用同样的 D 大调里的几个音键，再融合一些铃铛以及钢琴的感觉，加上一些电颤琴类型的声音来设计一种新的乐器。声音设计的一部分其实是创作发音的乐器，而另一部分则是创作乐器所演奏的音乐。

所以，我想出的那套用于耶鲁锁的新乐器，我认为是在用于烟雾探测器的那套乐器的基础上的进步，它也进一步加强了 Nest 的声音品牌。这是声音设计艺术的一部分，就有点像视觉设计里面创造一个新的字体或形状一样。我需要选择一些东西能够和谐地支持 Nest 品牌，这些东西能创造出一种令人愉悦又简单友好的感觉，让你觉得是家的一部分。同时他们做工精良，值得信赖，那种感觉跟用户从苹果产品上获得的体验一样，因为 Nest 的很多员工之前在苹果工作。

在我感性地想出了新乐器之后，开始了创作实际的音色。对于 Nest x 耶鲁锁来说，它有上锁和解锁的功能。具体的场景又有锁门、关门、离开房子、回家、解锁、开门等。所以开门对我来说感觉像是上扬的声音，但是回家是一种解脱，应该是下降的声音。所以我有两条支路需要解决。那时 Nest 也同时启动了家庭安防设备的研发，我也就是在那时突然意识到安防系统会有"开启戒备"和"解除戒备"两种状态，而"开启戒备"跟耶鲁锁的"上锁"，"解除戒备"跟耶鲁锁的"解锁"的感觉很相似。而耶鲁锁的声音设计需要与家庭安防设备保持一致，所以我想在两种设备上用一套同样的声音，大概六七种声音。所以最终，与开始设想相反的，我为耶鲁锁的解锁、开门场景，安防设备的解除戒备场景设计了上扬的声音，与之对应的，为上锁、关门场景，开启戒备设计了下降的声音。

后来在内测的时候，我发现原来设计的三个音节的声音如果重复听很多遍之后会感觉太长了。我非常想把三个音节缩短为两个音节，这样即使每天听也没有问题。这些事情是在当同事和审阅人质疑我的设计的时候，用口头说清楚讲明白的，但他们其实是源于一种主观层面的反应的，这也就是艺术的特质。

笔者：非常棒。声音本身就是一种艺术，更多的是主观和感性的体验。但是你却能够将设计原理和哲学融入到声音的体验，并创造出客观又重要的用户旅程。

史蒂芬：用户旅程是很重要的一环。因为音频体验是用户当下的感受。视觉体验除非是动画效果，否则都是静态的，而音乐体验却贯穿整个音频的始终，从前期，到中期，到尾声，所以它是一个旅程。

笔者：所以声音设计整个的流程大概是先跟用户体验设计师一起识别出产品场景中需要声音的时刻，然后你们起草声音和声调，之后再测试这些声音，最终做出一个声音库。您提到您在家里测试的 Nest 产品，除此之外，您如何测试音频的用户体验设计，以及如何从您的同事那里收集反馈呢？

史蒂芬：我们制作原型。有时原型可以简单到只是邀请别人到我们的工作室，然后演奏给他们听。有时我们尝试着建立物理环境以便被测试者能够觉得更真实。比如说我们在家庭安防系统上有一个新的功能，每当有门打开的时候，基站会播放一个声音。我们让人们听这个声音，获得了很多反馈。但是我们意识到，如果我们想获得准确的即时反馈，必须把人们放到物理环境中，于是我们造了一个门框，让被测试者从门框走过去然后真实地感受那个声音。

此外，我们也给音频序列做原型。音频序列是指一套铃声和语音的组合。人们可以听到当一些事件被触发时，整个声音序列是怎样的，比如用户触发了两个事件时会是什么声音组合，当用户触发了 5 个事件时又是什么样的声音组合？而又在什么条件下我们会触发很多事件？在触发很多事件的时候我们的解决方案是不再将它们一一列举出来，而是告诉用户查看 Nest App 以获得更多信息。

笔者：在创建原型的时候，试图让人们通过物理环境来感受，是一个很有意思的想法。

史蒂芬：是的！这也就是为什么 dogfood [⊖] 超级重要。事实上我们通常会推迟我们的设计决定直到产品进入了 dogfood 阶段。我知道人们在日常生活中接触哪些声音，但确实不知道人们会对那些声音做出什么样的反应。比如那三个音节的声音，即使它只有三个音节，但在现实生活中你会发现它还是太长了。

笔者：确实，如果人们只是坐在会议室里通过一个幻灯片演示听到那些声音，是很难对一些重要的产品情景做出有意义的决定的。你谈论的声音设计和音频体验很吸引人，上次我们在法国里昂聊天的时候，你提到过，要让你团队的其他设计师在音效设计上有所作为，这是你工作的一部分。我想大多数人并不具备欣赏或评审声音设计的口头语言表达能力，另一方面，他们完全可能会"过度欣赏"声音设

⊖　dogfood 是指邀请谷歌内部员工参与测试开发的功能。

计，并要求在所有地方加入声音。那么在谈论音效设计时，您如何让人们与您沟通呢？

史蒂芬：你提的这个观点很有趣，我的工作很大一部分，是告诉人们何时不需要使用声音。当人们对在产品中加入声音感到兴奋的时候，他们往往会过度使用声音。Nest 需要让事情变得简单易懂，你不想创造一种用户必须通过学习才能理解的过于复杂的语言。音频和音乐是高度专业化以及高度抽象的领域，音乐家和音效设计师可以通过一套通用的术语以非常详细的方式相互交流，但是非从业人员却并不熟悉那些专业术语。所以我们在 dogfood 阶段收到了很多类似于"那个声调听上去太悲伤了"、"语音听上去非常疲劳"之类的反馈。人们经常会用一些情感词汇来表达他们的感受，但是他们无法表达出诸如"音调的内部需要更宽"、"音调需要上升而不是下降"之类的专业术语反馈。对于有商业环境工作经验的声音设计师，他们必须让客户喜欢他们的音乐，并且要学会如何解读用户的反馈以及做出相应的反应。

与非专业人士就声音设计进行对话的最有效方式是举例说明。如果他们无法向我用专业词汇进行反馈，我可以尽力解读他们的感受并修改声音，让他们再听一次。所以这是很多迭代、碰撞或试错。就像任何设计流程一样，你从一定程度上收集不同来源的反馈并进行迭代，作为设计师，你可以依靠自己的专业知识和风格跟被测试者说："这是这个设计应该有的方式，相信我"。我的同事们作为被测试者都明白这一点，他们会说："我不喜欢它，但我只是一个数据点"，所以最好有能够理解并相信你的人来做测试，由你来做出最终决定。

笔者：所以说可以通过很多例子进行更多的对话，这有助于与人们建立沟通。我很好奇，当你与不同的人，特别是来自世界各地的用户进行这些对话，来设计声音和音频用户体验时，你会考虑哪些文化差异？

史蒂芬：是的，这非常棘手。在我看来，西方音乐很普及，对不同文化的流行音乐也产生了深远的影响，有些文化差异正在被抹去。所以过去的情况是，大调代表快乐，小调代表悲伤，这个理论只适用于西方人。如果你去了印度或阿拉伯，那些同样的情感内涵是由不同种类的音高结构，不同的调音系统，不同类型的间隔产生的。在 17 世纪，说这首歌很开心，那首歌很悲伤，也完全是文化上的主观判断。但随着现代西方音乐和科技的普及，现在再判断音乐所表达的情感上有一定的稳定性。例如，当声音是开放的并且正在上升时，表示高兴。声音应该受文化影响的，并且在文化上会是主观的，但我发现世界音乐现在越来越有共同规律可循。这让我感到有些苦恼，因为我热爱文化多样性，我喜欢在其他文化中探索声音，但现在我们的音乐越来越同质化。

笔者：嗯，我喜欢 Nest 的产品，我家里有很多。我喜欢它的平易近人，它的用户体验很友善。你在法国 IxDA 上做得演讲中，你和 Jennifer 谈到了让产品变得人性化，当涉及音频用户体验设计时，这意味着什么？

史蒂芬：首先，对于 Nest 的音效设计，我们不会选择听起来比较具有未来主义特点的电子合成器，尽管其他的产品会这样做。我努力让我们的声音 UI 听起来更像声学天然乐器。我使用的乐器是由人类演奏的真实物理乐器的混合录音，它们由木头或金属制成，它们不单单是电子电路或电脑产生的合成声音。会给人一种有触觉，有温度的感觉。在撰写电子音乐时，你可以量化音符，让它听起来工工整整，你听的很多电子音乐都是这样做出来的。例如，EDM，在那些音乐里一切都是绝对机械精确的，并产生一种特定的感觉。但是如果你听爵士乐萨克斯管演奏，会觉得它们非常松散和自由，那些音乐里，有很多伸展。所以我们试着放一点点这种伸展，感觉就像是人或演奏乐器的音色。

第二，当我们在设计语音时，会选择听起来像一个人与另一个人交谈的方式。例如，假设你在浴室里有一扇窗忘了关，而浴室里有两扇窗户，你的爱人会告诉你："亲爱的，你浴室里有一扇窗没关。"但你的爱人不会跟你讲："浴室的两扇窗里的其中一扇是开的吗"？因为人类自然会试图与人交谈，然而电脑却试图精确表达事物。这就是人类音频用户体验设计。

此外，还有声音设计的技术和硬件部分。特别是烟雾探测器，要最大限度地提高响度，因为它是一个紧急设备。我们也需要考虑一定的成本效益。如果你去听很多其他的电子设备，他们没有考虑音频质量，只会使用最便宜的扬声器。就像当你按下微波炉上的按钮时，它只能发出哔哔声。这实际上是微波炉组件唯一能发出的音符——你只需用电力驱动使它发出那个声音。我们选择了具有更多频率范围的扬声器，这样你就可以获得更贴近人声的声音。当设备说话时，听起来不像是从设备发出的声音，却听起来像一个人在房间里说话。我们在处理这种声音方面做了很多工作，最大限度地提高响度、清晰度和可理解性，而不会使声音机器人化。

笔者：哇，这真的很好地解释了为什么我觉得我家的 Nest 产品听起来像一个谦虚的朋友，并且很友善。今天我们讨论了很多，我还有最后一个问题，除了 Nest 之外，有没有什么产品具有非常出色的音效设计让你钦佩和欣赏？

史蒂芬：Facebook Messenger 有很棒的声音。它们听起来愉快、有趣，也有很好的交互响应。它几乎就像表情符号的音频版本。还有 iPhone 铃声，那里有一些非常漂亮的东西。我非常欣赏 iOS 预先打包的声音，因为它们在所有手机上听起来都很棒。我在创作 App（iPhone 中的应用程序）的声音方面做了很多工作，我发现很难在不让扬声器震动发出嗡嗡声的前提下，让电话发出清晰而响亮的声音。

iPhone 的声音设计师真的很棒。如果你浏览 iPhone 上的所有声音，不管是新的还是旧的，它们都具有复杂性和智慧性。当每个人听到那些声音的时候，他们都会知道，那是苹果的声音。

笔者：谢谢您 Steven，感谢您今天与我们的读者分享您的见解。

6.6　有情商的设计

我常听到一句话："一个人智商低还可以挽救，要是情商低就彻底没救了"。虽说是玩笑话，但是我们却都可以体会到：如果是思维比较慢，大家等等就是了；可是如果"缺了心眼"，那可能就没办法沟通了。Byron Reeves 和 Clifford Nass 用了一整本书和大量社会科学实验[一]证明了人们可以把计算机、电视和各种新媒体当作真实的人来对待，尝试与之交流。换句话说，如果我们手机里的各种应用，电脑上浏览的各种网站，都被比作一个个的角色，用户不仅会关注这些角色的智商（功能、速度等），还有这些角色的情商。

在人工智能成功走进千家万户的今天，我们不断地给科技产品注入拟人化的特性，合成的声音、语言的个性等，产品的情商这个话题越来越重要了。就算一款产品没有任何的人工智能，没有任何的语音对话等明显的拟人化特征，情商依然是一个重要的话题。

Facebook 的设计师 Beth Dean 分享了一个她遭遇产品低情商的故事[二]。Beth 的母亲几年前去世了，这对 Beth 是一个非常大的打击。在那之后，她开始体验到很多"不贴心"的服务设计：每年

[一]　The Media Equation: How People Treat Computers, Television, and New Media Like Real People and Places (CSLI Lecture Notes S), https://www.amazon.com/Media-Equation-Computers-Television-Lecture/dp/1575860538。

[二]　Emotional Intelligence in Design How Design Grows Up, https://medium.com/facebook-design/emotional-intelligence-in-design-abcd1555b3e7。

母亲节，她都会收到很多商家的促销邮件建议她为母亲挑选心仪的礼物。尽管她相信这些市场营销邮件目的都非常单纯，绝无恶意，但是这些对于 Beth 来说无疑是又一次地揭开伤疤。好不容易母亲节过了，有一天一个网站的身份验证程序又来问 Beth 是否认识她已经去世的母亲。

如果我们与一个有基本情商的人对话时出现了同样的情景，对方一定会礼貌地说："对不起我不知道令堂已经辞世"。但是上面所提到的文字中，用户没有机会向机器来表达母亲已经不在世，这个网站的验证流程也不会因此作出特别的改变。对于这个网站来说，名字只是一个验证账户的数据，一个字符串，而对于用户来说，某些名字却是自己生命的全部。

产品需要情商，更准确来说，是用户在使用产品时能感受到设计者对用户的关怀。这就要求设计师在产品设计时不仅要追求产品的"智商"，同时需要赋予产品足够的"情商"来体现这种关怀。美国的心理学家 Daniel Goleman 提出了情商的五个元素[⊖]，分别是：

- **自我意识**：情商使人们意识到自己的情绪。人们知道自己的强项和弱点，并且通过不断的学习来改善自己对情绪的理解。
- **自我控制**：人们控制情绪和冲动的能力。自控力强的人通常不允许自己过分嫉妒、气愤，他们会三思而后行。
- **动机**：高情商的人会舍弃短期的结果换得长期的成功。他们喜欢挑战，富有生产力，能把事情做好。
- **同理心**：能够认识、理解、感受周围人的需要和心理需求。同理心强的人拥有开放的心态，真实的生活。

⊖ Characteristics of emotional intelligence, https://www.cio.com.au/article/391355/characteristics_emotional_intelligence/。

- **社交能力**：有更强社交能力的人通常都是团队合作者。这些人不仅仅关注自己的成功，他们还会帮助周围的人成功。

我们把情商拆分成这五个方面，可以从这五个方面来看如何做好有情商的设计，增强设计的情商意向性。

6.6.1　自我意识

无论设计师是否有意，我们的产品除了把用户按照我们预先设定好的流程推送之外，也在表达自己的情绪和态度。比如我们在用谷歌的 Gmail 和微信登录时，它们都对账号的安全性进行了各种思虑周全的设计，表现出产品严谨、认真的态度。而我们可以对比一些旅游业发达和旅游业欠发达的国家的大使馆网站，就能马上感受到它们"态度"的区别。科技产品本身是不会有自我意识的（当然，如果你是 HBO 电视剧《西部世界》的粉丝除外），所谓的自我意识都是由终端用户产生的，是产品设计者为了关怀用户所融入设计的一种感情折射。并且这种感情折射是真实存在、难以消除的。对于科技产品来说，尊重多元的用户需求，提供机动的错误补偿方案，尝试与用户建立一种情感的连接，都是建立这种"自我意识"的途径。Spotify 有一个小设计一直非常打动我：当用户取消了高级版按月付费以后，Spotify 作为一款贴心的音乐服务，向用户推送了一个道别播放列表，每首歌的名字叠加在一起，形成了这么一句话："如果你现在就离开我们，你将带走我们最重要的一部分"（如下图）。虽说有点肉麻，但是谁看了不会心中一暖？人是个很复杂的动物。从理性上来说，Spotify 仅仅向我们推送了一系列有版权的音乐数据，我们的智能设备再将其转换成音乐，但是有情商的设计却将 Spotify 的人设变成了过去那个了解我们重视我们的音乐小助手。

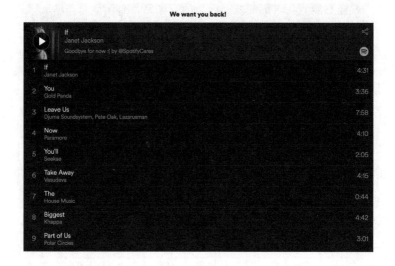

6.6.2　自我控制

科技产品常常让我们不得不小心谨慎的是，一旦我们"批准"了一个操作，它可能就会机械地完成这个动作。但是这个动作的后果常常会让人意想不到。例如，现在很多社交网站"问"用户能否读取你的通讯录，并会自动与通讯录中的人在这个社交网站里连接上。这是一个非常方便用户又利于社交网站扩展自己社交图谱的方法。粗心大意的用户很有可能就选择了"好的"，然后发现自己向自己多年不见的前女友／男友以及讨厌的人发出了"友善"的加为好友的需求。从科技产品的角度来说，用户赋予了你权限，并不代表着因为你"可以"为所欲为。用户对产品的信任一旦动摇，就很难补救与挽回。在"自我控制"这个方面需要做到比最好还要更好的例子非谷歌莫属。使用谷歌服务的人都知道，用户的各种隐私数据、电子邮件、机票酒店、搜索记录都被谷歌一一记录，谷歌想要"不作恶"，除了产品团队和公司的自我控制，还与各国政府和机构的合作。2017 年欧盟对谷歌在构建购物搜索比较结果中滥用自己的市场领先地位提出了 24 亿英镑的罚金，这就是一个案例。尽管欧盟的这个裁决在很多人看来没有道理，而且欧洲国家最近通过 GDPR 对科技公司的约束惹出很多争议，但这个案例足以体现出"自我控制"对一个科技公司、科技产品的重要性，不仅仅是信任问题，还有直接的法律、法规的管制。基因检测公司 23andMe 在获得用户的基因序列数据以后，可以商业化的场景也有许多。除了 FDA（美国食物与药品管理局）对其的管制以外，其自身的约束也非常重要：用户信任你，把自己的 DNA 序列信息都交给了你，如何让用户信任你的产品，认同产品中的价值，是决定 23andMe 成败的重要因素。

6.6.3　动机与同理心

了解用户的动机、使用强大的同理心，为真正的用户做产品设计是一个伟大设计师的标致。我们的天性让我们在做产品设计时很容易把自己代入产品中，为自己"止痒"。在产品设计的流程中，不断地向用户获得反馈是一个有效地抗击这种"天性"的策略。此外，打造一个多样化的团队也是一个重要的策略：当来自五湖四海各种背景的人一起思考一个问题时，势必会带入更新鲜、更全面的思维。

6.6.4　社交能力

前面提到的内容设计是产品的"喉舌"，也是产品展现自己社交能力的重要方面。内容设计如何表现产品的特质，如何从错误中恢复，如何表现品牌，都是值得考虑的地方。Beth 在她的博文中分享到⊖，在每年 12 月时 Facebook 都会自动生成一个有趣的回顾视频给用户。在这个产品最初版本中，会统一称这一年是"很棒的一年"，于是就有用户就反馈自己在这一年里失去了女儿，真的不

⊖ Emotional Intelligence in Design How Design Grows Up, https://medium.com/facebook-design/emotional-intelligence-in-design-abcd1555b3e7。

能称今年为"很棒的一年"。Beth 说,"当我们给产品划分优先级时,已经决定了我们不在乎哪些用户了。"这些用户在产品规划时被称作"边缘用例",不在产品能力照顾的范围以内。但是当这些用户使用了忽略自己的产品时,所感受到的忽视并不是"边缘"的,而是 100% 的被忽视。一个有充分社交能力的人,会对不同的人的情况表达充分的尊重和调整,我们设计的产品也应如此。

6.7   有包容性的设计

所谓包容性,只有我们成为不被包容的那一方时才会有体会。当我们属于"主流人群"时,很难去体会"少数人群"的感受。设计的包容性因此似乎成为一个很远的话题,容许我讲几个故事,来理解为什么设计的包容性与我们每个人息息相关。

每次到一个新的环境,或者生活发生一些改变时,都是我们体验生活的一个新的机会。我很幸运,从生下来就四肢健全,而且我的成长环境里也没有与残障人士有太多的接触。第一次来美国印象最深的是,每一个停车场最好的停车位都是预留给残障人士的。这些停车位往往在你找不到车位时是空着的,我总是感到不解,为什么需要这么多预留车位?几年前我在太浩湖滑雪扭伤了侧边韧带,变成了"暂时性残障人士",医生给了我一个残障人士的停车许可证。当我自己举步维艰时,才真正地体会到行动不便对生活造成的巨大冲击。在停车场里,靠近门口的车位、建筑里的无障碍通道为残障人士的日常生活提供了很大的方便,健全人士可能感受不到。

设计的包容性也会体现在简单的数字产品中最"基本"的功能里。出国以后,我的中国手机号码就没有继续使用了。然而每年回国最沮丧的体验,竟然来自于"短信验证码"。在 2016 年之前,很少的数字服务支持发送短信验证码到国外的手机号上。想要网上支付、出门打车、注册服务等，漫游的手机号码是不能接收验证码的，而很多服务如果没有短信验证码是不能继续下去的。于是我只能求助于自己的亲人，一次次地把验证码发送到他们的手机上。我第一次在自己的祖国感到了"不适应"。进而我尝试想象一下如果我是外国人到中国旅行，不会说中文，没有中国手机号码，想要使用中国这么多方便的数字服务是何等困难。好在现在越来越多的服务都支持海外手机号码，我这个小问题也就得到了缓解。

我是一名设计师，用同理心为用户做设计是我的本职，但我仍然需要这"暂时性的残障"和海外手机号来教会我这些看似显而易见的道理。那么肯定还有更多的地方，我的无知限制了我对设计包容性的理解。

到谷歌工作的第一天，我印象最深刻的不是大众视线下那充满想象力的办公室设计，而是公司的男洗手间里的两个不同于我之前用过的任何洗手间的地方：男洗手间里总有一个小便池设置得非常低，我的身高不到一米八，但是已经觉得如果自己再高一点，简直需要蹲下来才能使用这个小便池了。另外一点，洗手池上总是有一筐女性每个月都需要使用的卫生巾和棉棒。毕竟这是男洗手间，难道是怕女性走错了洗手间而设置的？我的疑惑一直没有得到解答，直到有一天我看到 Sinéad Burke 的一个名为《为什么设计需要包容所有人》的演讲⊖。Sinéad 身高只有 1.05 米，她在演讲中分享了她的身高让她体会到的"没有恶意"的艰难。比如她去买咖啡，大部分的咖啡柜台都设置得非常高，导致她需要从高过自己头顶的地方举过一杯滚烫的饮料，一个普通身高的人简单的一个动作对于 Sinéad 而言却非常危险。又比如她在洗手间，因为身高的因素会有很多东西都够不到，很多东西使用起来极其困难。她在演讲中鼓

⊖　TED talk why design should include everyone, https://www.ted.com/talks/
sinead_burke_why_design_should_include_everyone。

励所有设计者在考虑"我们在为谁设计"的同时，也要问问自己"我们选择放弃为谁设计"。

我们选择放弃为谁设计？

这是如此强大而重要的一个问题。相信每个设计师都很难在设计时，决定主动放弃某些人群。这个演讲突然令我想起了谷歌的洗手间：原来那一个低矮的小便池是为身高没有我高的人士以及小朋友预留设计的，原来洗手池上的棉棒是为了自我判定为男性但是生理仍然是女性（所以每个月仍然会有月经）的跨性别人士设定的。我尝试着想象自己是一个身高一米的人过了一天，发现生活中处处都充满了障碍。我又尝试着想象自己是一个跨性别人士，虽然心理判定自己是男性但是仍有很多女性生理特征，就会对加州提倡很多的"无性别洗手间"的概念更加尊重。

所以设计的不包容性是隐形的。我们看不到自己不知道的事情，而被设计排除在外的人往往选择了沉默。

但是设计的不包容性的结果却是非常实质的：有时是公司的声誉，有时甚至是生命的代价。

2010 Chevrolet Traverse 的两个安全气囊测试人偶，侧面气囊被激活

图片来源：https://commons.wikimedia.org/wiki/File:V08354P065.jpg

在汽车安全气囊开发设计流程中，要用上图中这种测试人偶来反复做撞击测试。而在过去几十年的测试过程中，开发安全气囊的公司和为公众监控汽车安全性的政府机构，一直采用了平均身高的男性体型人偶来作为测试标准。这看起来没有什么问题，毕竟男性和女性身体形态差异也不大，而且世界上那么多体型不同的人，并且女性比男性驾驶汽车平均时间要短，用一个"平均"的男性体型来测试也非常合乎逻辑。但是懂得这其中原理的人知道，体型越小的人对撞击的承受能力越小，这就让小孩成为这个安全气囊产品所忽略的对象。而根据美国公路交通安全管理局（National Highway Traffic Safety Administration）的数据显示，女性因为颈部肌肉没有男性多，在车祸中更容易颈部受伤。弗吉尼亚大学 2011 年的一份研究表明，在交通事故中，系好安全带的女性严重受伤的概率要比系好安全带的男性高 47%[⊖]。这还只是严重受伤概率，如果只是轻伤，这个数字会上升到 71%。

如果安全气囊的设计考虑到各种体型的用户，那么各种体型的人群受伤的概率应该相似而不会有如此之大的差异。设计的包容性，带来的负面影响可以如此之大。试问有哪个消费者会愿意购买一款让女性和小孩更容易受伤的汽车？从设计的包容性来说，包容性所带来的影响已经不再是便利性，而是生还的概率，这不应该被忽视。这个局面直到 2012 年美国公路交通安全管理局开始要求测试中必须也使用女性体型的测试人偶才得以改变。

增加包容性，并不只是兼顾了"少数群体"的利益，也可以是一个增长策略，为企业和组织带来收益的实质增长。

⊖ Female dummy makes her mark on male-dominated crash tests, https://www.washingtonpost.com/local/trafficandcommuting/female-dummy-makes-her-mark-on-male-dominated-crash-tests/2012/03/07/gIQANBLjaS_story.html?utm_term=.3635191b89f5。

在印度、印度尼西亚和巴西这样的发展中国家的市场，数以百万计的用户正在第一次登录互联网。"下十亿用户"（Next Billion Users，NBU）是谷歌的一个重大发展项目。每个市场用户对互联网的需求肯定与洛杉矶的一个科技发烧友的需求截然不同。深入地了解 NBU 市场的特点，为其开发符合其用户习惯的产品则是增加产品的包容性的表现。YouTube Go 就是其中的一个项目。在印度市场很多用户的数据流量费用依然很高，带宽也不高。YouTube Go 让用户可以下载视频离线观看或者下载低清版本节省数据消耗，还可以离线通过蓝牙跟朋友分享视频。截至 2017 年 12 月，You-Tube Go 已经获得了一千万的下载量[⊖]，为 YouTube 开辟了新的增长空间。

聊了这么多，总结一下，要提高产品设计的包容性，一个组织要做出远大于设计团队影响范围的努力。

- 产品团队要反复问自己，我们放弃了为谁做设计，带来的后果是什么？
- 开发流程的每一个环节都思考如何加入包容性的评审和测试。
- 构建一个多元化的产品团队，用来自各种背景的声音为产品设计增加包容性。

在全球化的今天，我们每个设计师的设计都有可能被全世界数以百万计的用户使用，影响着他们生活的方方面面。每个人都有可能成为生活里某一方面的少数群体，每个设计决策集结在一起，都在雕刻着我们共同的未来。

正是因为我们的产品设计在全球化的今天如此重要，所以设计师不仅要依靠自己的力量，更要借助团队、社区、组织、平台的力

⊖ YouTube Go reaches 10 million downloads on the Play Store, http://www.androidpolice.com/2017/12/19/youtube-go-reaches-10-million-downloads-play-store/。

量来优化自己的设计。在这个过程中，设计反馈则成为一个有效的优化机制来用群众的力量增加设计的意向性。在下面的篇幅里我们就来系统地介绍设计反馈——如何获得有效反馈，如何正确地提出反馈。

6.8　设计反馈

刚开始做设计师时最头疼的，就是把自己的设计给别人看：自己已经把所有的用户流程都整理好，所做的设计也简明、透彻，而且还花费了很多心思把小细节做得很到位。接下来在自己把已经"欣赏"过很多次的作品传给大家看，并准备接受大家的惊叹与赞美时，却遇到 A 同事问，你这个设计流程为什么要这么设计，B 同事有一个页面没弄明白，C 同事问了很多细节的问题，一脸不满意和不在乎的样子，D 同事最简洁，说你为什么不能把设计做简洁一点？

"你为什么不能把设计做简洁一点？"这个问题犹如晴天霹雳。

我听到这个反馈哭笑不得，同时，心中感到一阵无力，脑子里有一个黑暗的声音："我到底适不适合做设计师？我会不会天分不够？"

画面快进到今天，我虽然已经克服了上面那些令人头疼的心理障碍，并且知道好好分析、利用设计反馈会对设计大有帮助，但每次向别人索要设计反馈时，却难免心跳加速，唤起我内心极为内向的那一面。而且回头想想，我从来没有见过任何一个设计师不挣扎于设计反馈的。有些人在设计评审时过于捍卫自己的设计，有些人在别人提出反馈之后不经过滤全盘接收最后难以消化，更有很多的设计反馈像一把散弹枪，大家没有议程七嘴八舌说完以后思路变得更加混乱。一个设计评审会感觉开完后整个人得洗个热水澡、喝瓶啤酒才能恢复过来。久而久之，有些人开始下结论：与其消化低效的设计反馈，不如自己拿主意。

容许我把话锋调转回来。很多设计团队之所以会出现上面的情况，是因为没有构建出一个有效的设计反馈的机制。具体来说，无架构沟通、无针对性反馈、过度代入个人感情色彩都是让设计反馈变得低效的直接原因。

有效的设计反馈机制，与上面写到的情况相反，是有高度组织架构、分工明确、有高度针对性、去除个人感情的沟通方式。

设计反馈听起来强调"反馈"，好像责任都落到了提供反馈的人身上。事实上在这个"有效的设计反馈机制"里，提问者应该在主导地位，设计反馈是为提问者的设计而服务的，提问者是否做出努力，也决定了设计反馈会话的成败。回想本章最开始我在墨西哥城为设计师提供设计反馈的那个例子，其中一条就是有效的设计反馈机制需要提问者能清晰地问出问题，反馈者才能清晰地回答这个问题。此外我们还需要有一个明确的系统来运营这些设计反馈的对话，让反馈者有一个简单易遵守的规则来提供设计反馈。如此一来，这个沟通架构就顺畅了。

6.8.1　心态

前面一章已经提到 Carol Dweck 提出的成长型心态与固定型心态的概念。把这个概念应用到设计反馈的实践中再合适不过了。成长型的心态的基本心理描述是：人们提出的设计反馈都是让我的设计变得更好走得更远的燃料。任何设计永远都有改进的空间。我需要做的是向他们清晰地解释我的想法，让他人在这些想法基础上提出宝贵的意见。我当下的设计并不能定义我的能力，我协调大家的反馈来完善设计的过程才能定义我的能力。

现在看看我前面描述的自己刚开始做设计师时的困惑，其实完全就是掉入了固定型心态的陷阱里：我那时的心理暗示是，聪明厉害的设计师是一次就能做出完美的设计的。如果人们提出了改变大方向性的设计反馈，会直接反映我的失败，所以我需要做的就是在反馈对话中捍卫我的设计，不惜一切代价，说服他人我是对的。这个计划听起来不错：我去一个设计反馈的会议，展示我的设计，捍卫我的设计，让大家理解我设计背后的思路，结束会议。听起来是不错，但是有几个致命的问题：如此一来我的设计最好也就只能到达我能力的上限；我的设计里不能有任何的错误。站在提供反馈者的角度这也是头疼的问题：如果你没有打算来听取我的意见，开会浪费我的时间做什么呢？而且就算是我有好的反馈想要给你，我现在还要绞尽脑汁地想怎么样才能够不冒犯你，让你听得进去。长久以来，我还是不提出反馈来得轻松。

当然这只是一个极端的心态例子，大部分的设计师都挣扎于成长型心态与固定型心态之间：我们既真诚地希望得到设计反馈完善自己的设计方案，又对他人的反馈心存警戒。再加上设计反馈沟通中可能缺乏架构、分工和针对性，整个设计反馈就让人很茫然。

正确的设计反馈心态，需要索要反馈者与提供反馈者达成几个共识：

- 设计永远有进步的空间。
- 众人拾柴火焰高，我的反馈（无论大小）让你的设计更加完善。
- 我们谈论的是设计，不是你的职业能力，这个沟通中没有任何感情色彩。

如果团队的领导者能够构建这样的团队文化，那么人们会在心理上感到更安全，提供和索要设计反馈的障碍会更小。

6.8.2 什么是有效的设计反馈

我们先从设计反馈的基本单位说起：什么是有效的设计反馈？

继承本书举反例的"传统",我们先来看看什么是无效的设计反馈:无信息量的贬低。例如:

- 这个设计很一般,我看不懂它。
- 这个设计感觉很复杂,你为什么不能把它设计得简洁一点?
- 谁想出来要设计这个功能的,根本就不该花费时间来做这个。

原因也很直接:这样的反馈除了贬低他人,没有任何实质性的作用。它会挫伤士气,不但不会让提供这个反馈的人看起来很聪明,反而会因为反馈没有任何信息量让反馈者看起来很不专业。

我们所有人都很擅长发现瑕疵。瑕疵就像是白纸上的一个黑点,瓷器上的一条裂缝,那么的明显。但是所有呈现出来的设计都经过思量,之所以会有这个黑点与裂缝,有它背后的道理。有效的设计反馈,不需要跳出来指出黑点与裂缝,而是理解背后的原因,然后探究如何改善设计。那么究竟什么是有效的反馈?前推特的设计 VP Mike Davidson 分享过有效设计反馈的四个层级和步骤⊖,值得我们探讨。

- **直接反应**(direct response):描述你看到一个具体的设计的直观反应。
  - 比如,"我感觉信息概览的设计有点复杂"。直接反应的反馈是很真诚的。它与无效反馈最大的区别是,直接反应会针对一个具体的设计来做出反应,而不是评论"设计本身"。
  - 设计师都需要知道用户看到设计后的情感反应,真诚的直接反应反馈是一个好的对话的开始。接下来索要反馈者与提供反馈者应该来鉴别原因,看看为什么"信息概览设计有些复杂"。

⊖ How To Give Helpful Product Design Feedback, https://medium.mikeindustries. com/how-to-give-helpful-product-design-feedback-1e4c053b6da。

- **鉴别问题**（identify problem）：指出一个你使用这款设计实质遇到的问题，或者你担心用户会遇到的问题。
  - 比如，"我感到信息概览设计有点复杂，因为我的眼睛无法辨别信息的重要性，扫读起来比较困难"。提供反馈者清晰地阐述当前的问题是很关键的一步。在这一步，如果设计师已经考虑过这个问题，则可以做出解释："这个地方我考虑过，因为我希望把信息的重要性留给标题……"
  - 如果设计师没有考虑过这个问题，则可以大方承认："你提的这个问题我的确没有想过，从我的理解来看，A 与 B 更重要，需要改善设计来突出 A 和 B。"
  - 鉴别问题这一步是有效设计反馈至关重要的一步，因为索要与提供反馈者需要统一意见，看当前设计方案究竟有哪些问题。
  - 此外，一个设计往往包含很多方面，后面我们还会继续讨论，索要反馈者还需要确保大家的讨论聚焦在关键的（自己关心的）问题上。好比一个设计反馈的对话中需要一个"主持人"，来时刻检查："我们现在讨论的问题是你（索取反馈者）关心的问题吗？"不然一个对话里可以鉴别出很多问题，但是不一定都对设计师有帮助。
- **理解问题**（understand problem）：开始询问和理解为什么设计师会做这样的决定。
  - 每个设计，无论"好坏"，都有它背后的原因。设计师之所以做出现在的设计决定，一定有他 / 她所看到的以及忽略掉的上下文和背景原因。
  - 要提出有效的反馈，首先需要理解这些上下文和背景原因。比如，我曾经设计过的一个案例，因为法律原因必须在对话框里一字不漏地摆放大量的法律文字，导致对话框的可读性很差。试想这时候如果提供反馈者告诉我她觉得文字太多了，应该尽量减少。我下一步就会告诉他这些文字为什么不能删去。那么这个反馈就失去了作用。

■ 理解问题的步骤是产生对话的绝佳时期。比如，"这个信息概览设计有点复杂，因为我的眼睛无法辨别信息的重要性，扫读起来比较困难。我看到 ABCD 这四项信息确实属于一个层级，没有谁更重要，而且我推测你想把视觉重点留给标题。你（设计师）能告诉我们用户使用这个信息概览最重要的任务是什么吗？你在设计这个页面时有哪些限制"？

■ Mike 提供了一个非常好的准则⊖：如果一个问题看起来非常简单，但是却没有按照常规的方法来处理它，多数情况是你可能还没有理解清楚整个问题的上下文，而不是对方还没有考虑过。这个时候应该更多地询问和理解问题，而不是急于提供任何反馈。

● **提议**（make a proposal）：理解清楚设计问题的上下文和决策背景以后，尝试提出一个合理的解决方案来改善设计。

■ 比如，"我明白了，你希望把 ABCD 信息做淡化处理，让用户注意力集中在标题上，所以 ABCD 的视觉待遇是一个层级的。你是否考虑过使用图标或者隐藏 D 或者 CD"？

■ "你是否考虑过"是一个非常好的开放式建议方式。如果设计师已经考虑过，那么这个对话就回到理解问题的阶段，要继续讨论。如果设计师没有考虑过，那么设计师则可以考虑如何采纳这个解决方案。

■ 反馈者不一定必须做出提议。在一个设计反馈的对话中，只要能鉴别出问题，就已经对设计师很有帮助了。经过对

⊖ How To Give Helpful Product Design Feedback, https://medium.mikeindustries.com/how-to-give-helpful-product-design-feedback-1e4c053b6da。

话，如果双方能够把问题清晰地定义出来，那么这已经足够让设计师带着这些反馈进一步去回炉自己的设计。

■ 一个存在问题的设计不一定都需要改进方案，当前的设计可以是最佳的解决方案。设计永远都是在各种冲突中做权衡。如果当前的设计已经是最佳的方案，那么这段设计反馈的对话的作用在于确认问题，深入讨论，确认当前方案已经是最佳，这也对设计师提高设计信心大有帮助！

6.8.3　多种类型的反馈对话

身为设计师，我们会与不同职能的人打交道。作为索要反馈者，我们自己需要对设计反馈的聚焦负责。

前面提到过一个设计有很多不同阶段、不同层级的内容需要得到反馈。最糟糕的情况，是我们索要反馈时，发现反馈发生在错误的时间（太晚了，项目已经没有时间做出相应的改变）或者错误的级别（已经做出了很多具体的设计，结果有人跳出来挑战基本结构）。Facebook 的设计 VP Julie Zhuo 分享过[⊖]，我们作为索要反馈者需要有策略来在合理的时间与正确的人展开设计反馈对话，来确保正确的人在正确的时间里提出有效的反馈，推进设计项目。

● **跟直接经理索要设计反馈**。跟自己的直接经理索要设计反馈，应该越早越好、越频繁越好。你的经理的工作职责的一部分是要确保你工作的成功。应该把你的经理当作亲近的合伙人，向其呈现早期的想法与思路，这样可以帮助你在设计上少走弯路。同时，因为是设计早期，可以多呈现几个不同的方案，有助于经理人收集数据来支撑你的设计。如果与直接经理建立一种合伙人的心态，那么你们的设计反馈对话自

⊖　Avoiding the Camel, https://medium.com/the-year-of-the-looking-glass/avoiding-the-camel-f3e98c701016。

然而然地就会聚焦在形成有信息支撑的观点上。

- **向同事索要设计反馈**。跟同事索要反馈，应该尽量求广。想象着你自己在为当前的设计做调研。作为设计师，你需要宏观地去了解不同的人对你的设计的反应。每个人都有自己擅长的方面和独特的背景，所以你还可以有选择地提问，以拓宽设计反馈的内容范围。比如和工程师同事索要设计反馈，你可以多问问这个设计是否容易实现，现在都在用什么新技术，或者同类型的 App 怎么实现类似效果；和市场部门的同事，可以多聊聊商业营销策略，设计应该如何结合这个策略；和有孩子的妈妈，你可以从家庭用户角度来提问，如果是日程满满的商务人士，你或许又能有一段不同的对话。自然而然的，这些对话会拓宽你对这个设计所涉及范围的认知。

- **向客户或者上级领导索要反馈**。他们说客户和大老板总是对的，但是你不能让你的客户或者是上级领导在评审会议或者反馈对话中为你做设计。如果你走上了这条路，会发现设计项目到了最后你不断地妥协，在为客户或者领导做设计，而不是产品的最终用户。这里有个小技巧，当你在一个对话中发现客户或者领导开始"插手"帮助你开始设计，并且你感到他们的方案有可能不奏效时，你可以跳出谈论解决方案的圈子，转而讨论统一要解决的问题，统一设计目标，并且肯定他们所提的方案会是其中一种可能性，但是你需要一些时间来进行考虑。此外，对于客户或者上级，因为他们并不一定直接从事设计行业，他们可能很忙碌精力有限，或者他们对设计词汇和思维方式都很陌生。但是这些人经验丰富，他们的意见和支持对你的设计项目又很重要。这时你需要做一些工作让他们更"便利地"向你提供反馈，比如清晰地指出你所需要的反馈的项目，或者是讲一个生动的故事来吸引他们的注意力。

- **向终端用户索要反馈**。在设计初期尤其是有一些疑问或者拿不定主意的地方，向几位终端用户索要反馈是一个帮助设计师脱离困境的妙招。向终端用户索要反馈的要点，是把他们置于情景之中，让他们"自然地表现自我"。切记不可把他们当作设计师同事，抛出一堆术语后问他们"想要"什么。

总而言之，不同的角色在你的设计项目中起到不同的推进作用。梳理清楚他们的需求，及时尽早地向他们获取设计反馈是设计师们的必修课。

6.8.4 如何组织设计反馈评审会

每个设计团队都应该有属于自己团队的设计反馈时间，让团队有一个安全的环境互相提供设计反馈。从团队的角度来看，建立一个团队内的机制提高每个人的设计质量，也有助于团队的品牌发展。然而现实往往是另外一种情况：很多团队可能每周都会召开例会来评审大家的设计，但是没有精良的组织方式，很容易变得拖沓、漫无目的、效率低下。Facebook 的设计师 Tanner Christensen 曾说过这其中原因有两个：

- 如果设计反馈常常没有建设性，人们自然会产生保护心理，久而久之设计师会恐惧自己的设计被盲目或残酷地批判。
- 整个设计团队在这种评审例会中没有清晰的目的，结果导致整个会议拖沓低效，最后变成想到哪说到哪。

每个公司都有适合自己公司的组织设计反馈的方式。但是回溯到前面提到的反馈机制（有高度组织架构、分工明确、高度针对性、去除个人感情）是一些应该遵循的基本原则。Tanner 继续分享了 Facebook 如何组织设计评审，这与我在 Salesforce 和谷歌所在的设计团队组织设计评审的方式都具有异曲同工之妙。在这里同样我们把 Facebook 的设计评审组织方式呈现出来，希望起到抛砖引玉的作用。

分工明确

为了保证反馈评审会议的效率，可以考虑划分清晰的分工。在一个组会里，应该有展示人（presenter）、主持人（facilitator）、观众（audience）三种角色。展示人应该稍作准备，用容易理解的方式简短地向观众阐述产品要解决的问题、设计目标、当前方案及任何相关上下文。展示人此刻的任务不是要说服观众这个设计是好设计，而是需要把问题清晰地呈现出来。主持人通常是主持这个会议的人，负责管理日历邀请、订会议室、设定会议议程、保证每个人不超时和记笔记（因为展示人忙于展示和展开讨论，很难分开注意力同时来记笔记且不占用大家的时间）。观众是除了展示者和主持人之外的所有人。观众需要确保自己理解清楚展示人陈述的问题，然后尽可能多的提供有效反馈。参见上面直接反应、鉴别问题、理解问题和提议的结构来组织自己的有效反馈。

确保每个人都理解问题

Tanner 分享在 Facebook 的反馈评审会议中，按照如下的格式来陈述问题非常有帮助。⊖

- 我今天展示的是（早期/中期/后期）的设计工作
- 关于（某某问题）
- 因为（设计目标，为什么解决这个问题很重要）
- 我希望得到具体关于某某方面的设计反馈

⊖ Four Things Working at Facebook Has Taught Me About Design Critique, https://medium.com/facebook-design/critique-is-an-important-part-of-any-design-process-whether-you-work-as-part-of-a-team-or-solo-ef3dcb299ce3。

读者可以考虑把以上几个点做一张幻灯片，让每位索要设计反馈的设计师把幻灯片加在自己要展示的设计前面，方便团队形成这样一个习惯。"我希望得到具体关于某某方面的设计反馈"这一句尤为重要。这个章节里我们讲述了设计如此之多的意向性，说真的，把几个设计师放在一个会议室里，给他们一个页面，他们可以津津有味地争论上一整天。当索要反馈者提出我希望得到具体关于某某方面的反馈时，观众的职责是只提供（起码是先提供）关于这方面的反馈。主持人的角色也需要确保现场讨论围绕着展示者所提出的这个方面。阐述设计目标也非常重要。很多时候大家提供设计反馈容易停留在细节上而忽略了要解决的大问题。一开始能够清晰地描述设计目标，是为了提醒大家改进设计的方案，而不仅仅只是修改细节，还有其他很多可能性。最后，如果任何时候我们发现设计反馈开始变得漫无目的，主持人和每位观众都可以提出疑问：请问我们提供什么样的反馈才可以最好地帮到你（展示者）？

增加时间限制

想要得到好的设计反馈，评审会议需要应该干脆而有节奏。最行之有效的方法就是主持人提前把会议时间适当地分成 N 份，然后要求每位展示者把展示和讨论的内容控制在时间限制以内。主持人和观众都应该主动参与进来保证展示者在规定的时间内获得他所需的足够的反馈。

6.8.5 如何回应设计反馈

讨论了这么多设计反馈的机制和策略，但是请不要忘记了毕竟我们每个人都是设计的专家，我们每个人都是自己设计项目的权威，随着我们经验的增长，我们会越来越有信心地应对各种设计反馈，最后优雅地让产品设计走向成功。最后我们分享几个回应设计反馈的策略。

- 不要从字面上去反驳，急于给出答案。这会打击提供反馈者的积极性，并向其他观众发送一个信号：我不需要你的反馈。
- 确定自己理解清楚对方的意思。在回应设计反馈时（尤其是自己思路并不是非常清晰如何回应时）简单地重复总结自己听到的对方的发言。这个策略有多重功效：首先，用自己的行为告诉对方我有在认真倾听你的反馈，向其他观众发送一个欢迎的讯号。其次，确认自己听明白对方的反馈了，从我个人的评估来看，至少有30%以上的时候，我没听明白对方的反馈，但是感到自己必须做出回应。最后，为自己争取时间，在重复对方发言的同时，我们自己的大脑就已经在思考如何回应了。
- 不要对自己的设计产生太多感情。我们应该对最终产品产生感情，但是对中途的设计应该视作随时需要迭代的半成品。我们一定需要完成的思维转变，是你的中途设计并不能定义你，最终产品才能够定义你。所以请在设计反馈的过程中把自己也置身在第三方，加入观众的角色一起来雕琢和改善设计。
- 退一步简短地阐述设计决策的上下文和自己思考过的其他可能性。这是一个帮助大家迅速理解你的设计决策轨迹的过程，帮助观众后面提出有效的设计反馈。
- 如果你坚信，请客观捍卫你的设计。是的，讨论了这么多，我仿佛一直在暗示，不要去捍卫你的设计，要听多方之言。但是细心一想，我们每个人都是这个设计问题的领域专家，是否要去捍卫设计在于，你捍卫设计提供的信息是否有助于观众们理解这个设计问题和上下文。一个问题有多种可能的解决方案，捍卫设计的过程，是向观众解释自己已经探索过哪些方案，为什么综合选择了现在的方案的过程，同时也是一个向观众呈现更多上下文信息的过程。

- 各方发言后总结自己听到的意见方向，组织讨论。前面提到过，在设计反馈的过程中把自己也置身在第三方。仿佛自己的设计是雕塑，现在自己也成为观众的一员，多方观察这个雕塑并且思考如何完善这个雕塑。此时除了等待观众自由发言，展示者与主持人都可以组织大家讨论，抛出开放式的问题"动员"大家一起参与思考。我们常常遇到一种情况，观众们兴奋地讨论了目标范围内的各种方案，但是想法非常散乱。这时展示者可以考虑重述一下自己听到的几个"意见流派"。经过展示者对"意见流派"的总结，大家可以继续讨论要如何做出选择，由此让对话得以继续。

- 如果反馈偏离自己需要的范围，感谢大家所有精彩的（但是偏离主题的）讨论，然后重述自己需要的具体范围的设计反馈，因为时间有限，重新组织讨论。

- 感激他人，每个人的时间都如此宝贵，作为展示者应该从心里对每位观众以及主持人为自己的工作所付出的时间表示感谢。

- 总结自己综合各方讨论后会采取的行动。不是所有的设计反馈都需要明确后续的行动，更不应该强迫所有的反馈一定要产生后续行动。一个病人（设计师）面对一屋子医生（观众等）来给自己"诊断"是一个极其痛苦的过程，这也会让设计反馈评审会议变得难熬。但是展示者应当对各方的讨论做出一个总结，并且主动提出自己会采取的行动。这个行动可以保持不变，也可以回去以后推倒重来。

6.8.6　建立组织架构里的设计反馈

上面讨论了从个人角度如何与自己的领导层、同事、客户沟通设计反馈，和从一个小型设计团队内部的角度如何组织设计反馈机制。再往上一层，一个大型公司、组织，动辄上百甚至上千名设计师，跨越不同的产品线、地区和时区，要如何组织组织架构里的设计反馈？这其中有以下几个方面值得思考：

- 如何释放横向组织的能力：比如设计系统团队、视觉艺术团队、可用性团队的专业知识可以通过跨团队的设计反馈来释放。在很多公司，这些团队会开设专门的办公时间（office hour）供其他部门的设计师们来咨询和获取反馈。例如可用性团队对设计的可用性、残疾人用户特征有专业的了解，那么跟可用性团队的设计师一起来评审设计则可以专注于设计的可用性。

- 如何让设计更易被批准，提高设计的一致性：一个设计很多时候需要被"层层"批准，跨团队、有高层参与的设计反馈和评审会可以作为设计"批准"的一个步骤。虽然听起来有些官僚主义，但是这些流程也是保证像谷歌这样的大型公司设计出一致性高的产品的配方。

- 如何增加跨组织的分享与沟通：在一个大型机构里面，设计师很难在紧张工作的同时还能关注别的产品组有什么新闻。设置一些跨组织的设计反馈有助于参与者相互了解，增进团队合作的可能性。

6.8.7　小结

好的设计反馈从来都不是把一堆设计师放到一间会议室里让他们自由讨论。相反，好的设计反馈机制本身也充满了意向性，也是一个设计组织的软实力。好的设计反馈是有高度组织架构、分工明确、有高度针对性、去除个人感情的沟通方式。它需要每个人的积极参与，从个人角色分工，团队文化培养到组织架构设定进行有意地练习、维护和发展。

6.9　系统思维

佛教经典著作《长阿含经》讲述了盲人摸象这个广为人知的故事，一群盲人摸完大象以后，触牙者即言"象形如萝菔根"；其触耳者言象"如箕"；其触头者言象"如石"；其触鼻者言象"如杵"。每个人都以为自己了解了大象的全貌，但是我们都知道大象不是以上任何一个类比。

我们做设计，最需要避免的就是犹如盲人摸象一样只为其中的一个局部做设计，而没有考虑到系统的整体。

什么是系统？在这个"沉重"的话题前我们先来看看所谓的 Rube Goldberg 机器娱乐一下。Rube Goldberg 机器指的是用复杂的多个设备连接起来形成多米诺骨牌效应来完成一个简单的动作。下图是 Rube Goldberg 在 1931 年的一个名为"自动擦嘴餐巾"的设计。当教授拿起汤勺 A 牵动绳子 B 撬动勺子 C，从而抛起实物 D 令鹦鹉 E 飞起来晃动 F 杆，撒出 G 里面的种子进入 H，天平 I 开始倾斜打开打火机 J 引爆火箭 K 连接的镰刀 L 切断绳子 M，终于放下餐巾让它给教授擦嘴。此后很多电影都运用了这个 Rube Goldberg 机器来表达幽默的情节。

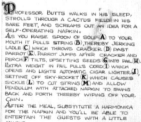

"自动擦嘴餐巾"的设计

图片来源：https://commons.wikimedia.org/wiki/File:Self-operating_napkin_
(Rube_Goldberg_cartoon_with_caption).jpg

虽说是个打趣的设计，但是 Rube Goldberg 机器揭示了系统的三个本质。

- 系统是由各个元素组成的；
- 系统是相互连接起来的；
- 系统的部分有各自内在的规律，最后连接在一起达到一个目的。

Donella H. Meadows 在她的著作《Thinking in Systems: A Primer》⊖里这样定义一个系统：一个系统是一系列相互连接的元素被连贯地组织起来达成一个目的。

MIT 的高级讲师 Peter Senge 有过这样一个总结：系统思维是一门洞察总体的学问。它是一个去观察相互连接关系而不是局部事物的思维框架，它企图寻找改变的规律而不是静态的画面。所以从系统的角度去看待任何一个问题，都尝试使用宏观的角度、关注元素之间的关系、承认系统的流动性。自然的，从系统角度得出的解决方案也是偏长期的、综合的方案。

我们做一个简单的思考练习，美国的毒品问题日益严重、政府如何降低吸毒人口比例？如果我们单纯把吸毒者视作问题的根源，那么我们自然会想到把加大吸毒的惩罚力度来作为政策之一。但是如果我们开始把这个问题当作一个系统来看待，从毒品的生产到分销，到其中会涉及的腐败，再到吸毒者的故事，再到吸毒者的家庭、社区以及整个社会的态度、机制，我们就会发现降低吸毒人口比例是比原先所想要复杂得多的一个系统问题。清代思想家龚自珍说过，"一发不可牵，牵之动全身"，说的就是系统内的局部相互连接、相互影响的道理。关于系统思维可以谈论的话题有很多，

⊖ Thinking in Systems: A Primer by Donella H. Meadows (Author), Diana Wright (Editor), https://www.amazon.com/Thinking-Systems-Donella-H-Meadows/dp/1603580557。

Donella 和 Peter 关于系统思维的著作深深地影响了我看待问题的角度，有兴趣的读者可以找来看看，这里我们就不深入讨论了。但是想在这里讨论一下系统思维对于用户体验设计意味着什么。

6.9.1 系统思维与用户体验设计

用户体验设计提倡以人为中心展开设计，但是个人的接触注定是系统的一个子集。所以运用系统思维来看待设计问题是人本设计思维的一个有力补充。那么系统思维在用户体验设计领域究竟有哪些应用呢？系统本身讲述的是有关于关系（relationship）的故事[⊖]。系统始终都在向当前状态提出这样两个基本的问题：

- 这个元素会延续能量传递到下一个元素吗？
- 这个元素会改变能量传递到下一个元素吗？

设计师了解产品所在的系统，进而关心产品的生命周期、产品特征、行业产业、设计思路以及生产方案等方面，都有可能为解决一个设计问题带来极为不同的角度和思路。以 YouTube 音乐为例，设计 YouTube 的音乐体验，如果我们仅仅是从人本设计角度出发，考虑的更多的是从云端播放音乐的场景和体验，固然重要。但是如果从系统的角度去思考音乐产业：艺人、唱片公司、艺人团队、粉丝、赞助商、内容、竞争对手、竞争优势，YouTube 音乐所面临的挑战与机会就是一个完全不一样的格局。

在对系统有一定了解以后，当我们再回到设计的意向性这个话题，视觉、动效、声音等方面，似乎向设计师揭示了更多"背后的原理"，也能为设计师提供更多的思维依据。在这方面非常合适的一个例子是企业用户体验设计（enterprise UX design）。企业用户体验设计有复杂的用户角色、工作流程、数据模型以及花样繁多

⊖ Intro to Systems Thinking (for UX), https://www.slideshare.net/JBOng2/introsystemsthinking-v2。

的抽象概念。这些概念本质上都是系统。当设计师设计企业用户体验时，更像是在设计一个新的系统，让不断变化的角色在各自不断变化的工作流程中，与数据和概念做动态的交互，达成各自的目标。

在整个"精益的设计"章节里，我们讨论了设计的意向性与如何提高这些意向性来改善设计的方方面面。我们还替设计师在设计反馈活动中出谋划策。最后我们简单地讨论了一下设计的系统思维。这个话题完美地引出了下一章的话题：可扩展、易整合、可持续地交付。在打造了精益的设计以后，这"可扩展、易整合、可持续"都是设计师在交付设计时运用系统思维所创造的更高效的工作方式，与利益相关者来合作。下一章集中讨论交付设计时的硬功夫与软功夫。

核心策略四：可持续
交付与设计影响力

7.1 故事思维

大家有没有好奇过计算机键盘的按键为什么是"QWERTY"的顺序？"QWERTY"的命名由来是键盘字母区左上角的六个字母。为什么我们的键盘不是按照字母表的顺序"ABCDEF"来排列？键盘的布局设计背后又有哪些思考？

仔细想想，这套键盘产品的可用性设计并不是很好：对于一个没有使用过计算机的人来说，这些字母的排序毫无逻辑，需要反复识记才能运用。"ABCDEF"键盘对于任何一个认识英文字母的人来说，都可以容易理解，并且不需要任何培训就可以使用。然而，为什么"QWERTY"键盘在今天几乎是唯一的呢？

在18世纪60年代，美国政治家、印刷家、新闻人和业余发明家 Christopher Latham Sholes 的业余爱好是发明一些小机器来提高他的业务效率。其中一个就是他跟 Samuel W. Soulé，James Densmore 和 Carlos Glidden 在1868年申报专利的早期打字机（如下图）。我们可以看到这个打字机的键盘虽然特殊且字符位置也跟今天略有不同，但是"QWERTY"键盘的布局已经清晰可见。

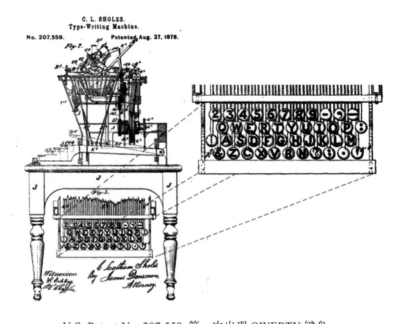

U.S. Patent No. 207,559. 第一次出现 QWERTY 键盘

图片来源：https://patents.google.com/patent/US207559: U.S. patents 使用权文献

　　那么为什么 Sholes 会选择"QWERTY"布局呢？一个主流的
理论⊖是由于早期的打字机是机械键盘，若打字员输入速度过快，
容易产生机械阻塞。"QWERTY"的布局就是为了最大化地把英文
单词所常用的单词字母（比如"th"或者"he"）分开到键盘的不
同地方，以降低机械键盘阻塞的概率。这是个很有意思也很容易理
解的理论，但是"er"也是英文里经常成对出现的字母串，在
"QWERTY"键盘里却被放在了一起，这又怎么解释呢？日本京都
大学的 Koichi Yasuoka 和 Motoko Yasuoka 两位学者在 2011 年

⊖　Fact of Fiction? The Legend of the QWERTY Keyboard, https://www.smith-
　　sonianmag.com/arts-culture/fact-of-fiction-the-legend-of-the-qwerty-key-
　　board-49863249/。

的论文[一]里研究了"QWERTY"的历史，他们总结出一个不同的理论：那时的打字员由于发电报等需要高速输入，他们很快发现"ABCDEF"键盘效率不高，然后在随后几年的时间里就演化出了"QWERTY"键盘布局，效率更高。

无论历史如何被世人理解，我们可以看到输入速度是键盘演变的一个核心因素（回想起来，我小时候甚至参加过全市小学生打字速度竞赛），这从侧面反映了想要"速度快"并不容易。然而如果你对计算机历史有些研究的话可能会知道，August Dvorak 博士和他的小叔子 William Dealey 博士在 1936 年提交了一个不同的键盘布局，后人称为 Dvorak 键盘[二]（见下图）。Dvorak 键盘布局会减少手指在输入英文字母时移动的距离并减少错误发生的概率。可见"QWERTY"键盘的效率也值得拷问。

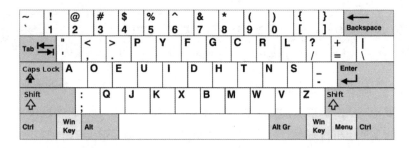

现代的多沃拉克简化键盘

图片来源：https://commons.wikimedia.org/wiki/File:KB_Dvorak_Left.svg

那么问题来了：

● 为什么最后"QWERTY"成为键盘的标准布局，被世界上很多国家采用？为什么不考虑速度至上？

[一]　On the Prehistory of QWERTY, http://kanji.zinbun.kyoto-u.ac.jp/~yasuoka/publications/PreQWERTY.html。

[二]　https://en.wikipedia.org/wiki/Dvorak_Simplified_Keyboard

- 如果"QWERTY"键盘已经脱离机械故障的困扰，是否还有改进的空间？
- 为什么智能手机的键盘（用拇指在触摸屏上输入），也采用"QWERTY"布局？有没有更好的布局？（有兴趣的读者可以了解一下 KALP 键盘）
- 设计电视机上面的软键盘（用户使用遥控器方向键盘输入，而不是直接触摸屏幕）要不要采用"QWERTY"布局？

这是很有趣的讨论，但是请容许我在这个地方暂停一下切换到一个相关的话题。

每次演讲时，我在开场一定会希望找一个跟演讲主旨相关联的故事作为切入点。然后从这个故事给人们带来的疑问作为出发点开始演讲。如果上面这个关于"QWERTY"键盘的故事吸引了你的注意力，那么我们不妨一起先从其中跳出来看看这个故事的信息结构：抛出有趣的问题→讲一个有趣的故事→抛出有趣的问题。

如果说读者的思维是一列火车，那么这个键盘所铺设的故事和思维顺序则是这列火车的铁轨。一个有趣的故事，是为了确保读者、听众可以产生足够兴趣愿意坐上这趟火车。（试想在一场演讲中你准备了非常重要的内容，但是一开始听众们就失去了兴趣，思维根本没有搭上这班火车，这场演讲会是什么结果。）

讲好一个故事很重要。人类可能是地球上唯一一种能以故事作为单位来思考和沟通的动物。远在文字出现以前，居住在洞穴里的人类就开始在石头上作画来讲述故事、传递知识。科学家也通过扫描大脑发现当人们在听一个故事时，有更多的大脑区域被激活[⊖]，

⊖　The Science of Storytelling: Why Telling a Story is the Most Powerful Way to Activate Our Brains, https://lifehacker.com/5965703/the-science-of-storytelling-why-telling-a-story-is-the-most-powerful-way-to-activate-our-brains。

普林斯顿大学的神经学科学家 Uri Hasson 和他的团队通过实验发现，当一个人在听另一个人的故事时，这两个人的大脑相同的区域会被"同步"激活⊖。Hasson 的团队还发现，当众人在听一场号召力强的演讲时，每个听众的大脑都能被"同步"起来⊖。讲一个好的故事，可以只通过文字的传递，把不仅是事实信息，而且还有体验、感受从演讲者那里传递给受众（如下图）。

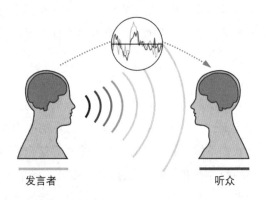

发言者   听众

产品开发和用户体验设计充满了故事思维。

首先，科技从业人员可能都熟悉在产品开发设计过程中，在产品经理的需求文档里，其会把产品场景打散成"用户故事"。设计师在设计产品时也是按照用户故事、产品场景来组织思维。用户研究团队无论是前期设计研究还是后期设计验证，也常常以故事为单位去做研究。

其次，从更广的角度，在产品的层次来说，这些故事聚集在一起，也是为了让产品能形成一个吸引人的故事，然后通过市场行为

⊖ Hasson brings real life into the lab to examine cognitive processing, https://www.princeton.edu/news/2011/12/05/hasson-brings-real-life-lab-examine-cognitive-processing。

⊖ Brain-to-Brain coupling: A mechanism for creating and sharing a social world, https://www.ncbi.nlm.nih.gov/pmc/articles/PMC3269540/。

把这个故事传播出去：

- 微信是一款全方位的手机通讯应用，帮助你轻松连接全球好友；
- 穷游网鼓励和帮助中国旅行者以自己的视角和方式体验世界；
- VeeR 要创建一个全球 VR 内容社区，让用户体验沉浸式虚拟现实内容；
- 23andMe 是唯一一款用户可以直接获得美国药监局批准的基因报告的服务；
- 特斯拉要加快人类对可持续能源的接纳速度；
- 谷歌要把全世界的信息整理起来，让其普遍地容易访问、有帮助。

所以如何定义故事思维？

故事思维是强调"人"作为主体，以个体为单位，关注它的故事、内容、体验和意义的一种思维方式。

我们每个人似乎都生来自带故事思维。这种故事思维强调个体，通过个体的体验来让听众"感同身受"。所以我们在看电影《血战钢锯岭》（Hacksaw Ridge）时，即便电影讲述的是二战期间冲绳岛战役十八万人的故事，电影仍旧选择其中最具代表性的一名前线医疗兵 Desmond T. Doss 来讲述这个故事。Desmond 因为宗教原因拒绝在战场使用武器，但是他冒死英勇救下了 75 名受伤士兵，这个感人故事让人印象深刻，同时观众也对冲绳岛战役全局有了更深刻的理解。

故事思维有助于在产品开发中从用户角度出发，为其服务。故事思维还有助于沟通交流，让听众感同身受。

但是产品开发还需要并且充满了"系统思维"。这些系统思维则不是与生俱来的，刚好相反，系统思维是需要每个从事产品的人后天学习、锻炼和强化的。在上章里我们已经对系统思维做了一个简单的讨论。系统思维以第三人称的角度更客观地去关注各个主体

之间的连接、动态规律以及系统整体。产品设计融入系统思维，有
以下几个明显的作用：

- **体验设计需要系统思维和故事思维协同发挥作用，以达到一
  个优化的结果。** 比如一款软件可以免费试用基础版，但是运
  用到了高级功能时我们就需要向用户收费。单从故事思维出
  发，用户如果希望一直免费试用，他最好的体验应该是永远
  不要看到收费提示。但是从系统思维的角度出发，如果这个
  公司追求单纯用户体验不收任何费用的话，就无法建立商业
  模式。从系统思维的角度出发，用户并不是永远都排斥软件
  付费的。用户需要的是在软件能向其提供的价值与软件向其
  索取的费用之间做比较。要达到这个比较，软件需要"系统
  地"教育用户，向用户解释自身的价值，并且在合适的时机
  向用户提出收费建议。毕竟，一款软件对用户提供的价值肯
  定大于它收取的费用。

- **系统思维有助于产生设计的一致性。** 比如 Google Now 的卡片
  系统。卡片是一个非常好的比喻，向用户以卡片为单位呈现一
  个符合上下文的信息片段，然后让用户采取合理的行动。从
  "故事思维"角度来讲，一个卡片就是一个微小的故事，仅从
  故事思维来设计，卡片的信息结构、内容、可采取的行动都是
  针对当前故事进行优化的。但是如果从系统一致性来看，需要
  考虑这种产品会有哪些不同的故事，如何创建一个"卡片"系
  统，让这些卡片都具有高度一致性？这样一来，用户在接触任
  何新的卡片时不用重复学习新卡片的结构，对可以采取的行
  动也能有一个准确的期望。如此一来，我们的系统思维可以
  帮助产品提高可用性。前面提到的视觉、动效、声音等都是一
  个个的系统，而这些思虑周全的系统都会为设计产生一致性。

- **最后，系统思维还有利于可扩展、易整合、可持续地交付。**

直接来说，软件工程是一个高度地由系统思维驱动的活动。设计师把零散的设计交付给工程师团队，工程师都需要拿到设计稿自己再重新架构一次，转换成编程语言。如果设计师可以在交付时阐述清楚设计背后的系统，将对工程师团队的工作有很大的帮助。举个例子，Salesforce 在开发其旗舰用户体验 "Salesforce Lightning" 体验时，Salesforce 的设计团队就成立了专门的设计系统项目组，把 Lightning 体验的各个元素高度系统化，并且又编写了前端样式库，供全公司的工程师团队直接引用。这样的设计交付的可扩展和可持续性是非常好的。在开发过程中，如果产品决策对某个组件或者元素有变更，Salesforce 只需要修改设计系统的样式库源代码，而成千上万的已经写好的页面因为都是引用的同一个样式库，不需要做任何修改即可生效。这个例子是往大处说，还有更多细小的例子比如对话框的样式、卡片的样式等，都会因为设计师能提交系统设计而大大提高交付的可扩展、易整合、可持续性。

我们在本章里，想要跟大家分享的最核心的思路就是将故事思维与系统思维交织，把设计师手中精益求精的设计成功地变为产品发布出去。无论是像谷歌这样的大型公司，或者是几个人的小创业团队，设计交付环节都是最令人激动的一步，而在这个沟通和合作的过程中，也是展现设计影响力和领导力的重要阶段。在这个章节里，我们分以下这几个话题来谈论设计交付：

- **设计系统与体验指标**：在精益设计的背后，如何运用系统思维创建一套易整合、可扩展的设计系统，让你的设计变得有规律、有原则？设计的交付不是静态的，产品团队也大可不必认为自己必须一次成功，设计系统应该有足够的韧性来包容动态的变化。在这个部分，我们还会探讨设计指标，看看设计团队在交付设计以后，如何运用体验指标来衡量设计的效果并且做出相应的调整，系统性地优化产品，也是整个产品团队应该真正关注的。

- **设计沟通**：在 Salesforce 流行着一句话，你每花一个小时工作，就应该花至少 10 分钟来向别人宣传你的工作。乍一听显得有些功利世俗，有"邀功"的嫌疑。但是仔细想想，设计是一个团队协作的工作，如果设计中的想法不被人理解，甚至不被人知晓，得不到反馈，那么这个设计还有什么意义呢？设计是图纸，盖出来的房子才是真正的产品。到了设计沟通这一步，故事思维就需要上场了。我们会好好聊聊设计沟通的心态、技巧，也跟硅谷圈的其他设计师一起聊聊这个话题。

- **设计影响力**：设计师的核心能力是给产品所要讲述的故事增添思虑周全的图画。对于一个用户故事，产品经理可以写出它的需求骨架，工程师可以给它构造血肉，设计师则是能给产品注入性格与灵魂。然而设计师对产品的影响远远不止产品设计的范围。设计师能对团队文化、跨部门协作、产品愿景等方面都起着驱动和领导的作用。这个章节的最后，我们一起来聊聊设计领导力，包括对（设计团队）内以及对外的思维框架，也会跟来自 Google 和 Facebook 公司的设计副总裁这样的设计领导者进行对话，从不同的角度来理解设计领导力。

7.2　设计系统

先来反问一下，为什么需要设计系统？我们设计一款产品，已经折腾了这么久，好不容易评审通过了，要交付给工程师了，怎么还要琢磨着去做一套"设计系统"出来，会不会是给自己没事找事？能不能省略这个环节？答案当然是可以省略的，设计的哪个步骤都可以省略，我们无非是要权衡这里面的得失。下面我们简单地分析一下：

首先，设计系统给设计提供限制与边界。我们作为设计师常常对繁多的设计限制感到苦恼，要是没有某某限制就好了。但其实仔细想想，设计没有限制更可怕，没有限制你甚至都不知道什么是对的。设计是主观的，对好的设计的理解也是主观的。这时设计系统的限制就会像一部字典，对字、词的意义有一个基本的约定和约束。这些限制与边界，反而能把设计师解放出来。

其次，设计涉及多团队协作、多个利益相关人，也常常跨时间、跨平台。设计系统是语言也是桥梁，能把这些分散的因素统一起来。很难想象一个大型项目能够在没有设计系统的情况下协调各方做出一致性的决策。细心的读者可以留意一下，各个公司品牌旗下的各款 App 是否有遵循任何的设计系统，App 里面有没有设计系统可言？App 与 App 之间有没有设计系统可言？其中你就能读出这个公司设计团队悬殊的实力。

7.2.1 提炼出设计系统

设计系统的重要性不言而喻，但是究竟如何为自己的设计提炼出设计系统？

我们常常听人提到"设计语言"这个词，其实设计系统最好的比喻就是语言本身。读者们想想，人类的自然语言由字、词、句和语法，来建立一个沟通的结构。语言的功能是帮助人们沟通，而设计系统本身是一个面向用户、帮助用户与科技产品交互的交流系统，两者的功能是非常相似的。当设计遵循一套设计语言，而这套语言又被用户所熟知时，产品与用户之间就有了这门"共同语言"，来帮助用户理解如何使用产品。人类的自然语言虽然不断发展变化，但是基本的词、句和语法的基础规则都是趋于稳定的。在这个不变的基础上，人与人之间才得以顺畅地交流。设计系统也是同样的道理：我们去创造和提炼出字、词、句、语法所对应的设计元素，并且去增加和维护其一致性，这就是创造一个设计系统的过程。

第一步　给设计元素列一个审计清单

创造设计系统的第一步基础工作，是要把"房子"打扫一遍。把设计图的关键屏幕拷贝到同一个文件里，然后开始按照下面这些类别把关键屏幕里的各种元素打散归类：

- **样式**（pattern）：比如按钮的样式，对话框的样式，表单的样式等。这些样式往往是几个基本 UI 元素所组成的最小功能模块。以按钮为例，按钮还可以继续拆解成按钮外形、按钮文字，但是我们在设计系统开始运行以后，希望可以跟其他人说："这里应该使用按钮样式 1 或者按钮样式 2。"命名方式我们后面再谈，但是这里一个关键的概念是样式的单位。每个设计项目样式的单位都可大可小，设计师可以跟前段工程师做一个简单的采访，了解在工程项目里，尤其是如果我们在为一个已经被前人开发出来的工程项目重构设计系统，在工程里是以什么为单位构建样式？下图中就给出了几个谷歌安卓系统的样式示例，供读者理解。

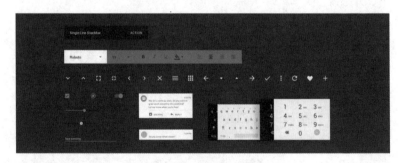

谷歌安卓 M 系统的示例样式

图片来源：网友作品 @HONEYtle

- **字体样式**：我们需要把设计图中所有的字体样式（大小、重量、颜色、样式、行间距）都提炼出来。通常如果没有设计系统，在字体这个审计环节中就能看出问题：可能同一个职能的地方运用了不同的字体样式，或者同一个字体样式被用在了几个功能截然不同的地方，又或者不同字体样式出现在同一个屏幕里无法展现出视觉顺序，又或者我们发现字体样式太多太杂了。

如果你有现有的项目，工程师很有可能已经在代码里面编写好了样式表，去挖掘这些样式表是如何定义的，有助于你挖掘现有的设计系统。总而言之，把字体样式收集起来，后面我们再深入讨论思考。

- **颜色**：颜色和字体样式有异曲同工之处。把设计中使用过的颜色都统计出来，便于后面做一轮"减法"练习，这会大大降低颜色的滥用率，让设计清爽很多。鲜明的颜色往往便于统计，反而是各种灰色因为视觉差异不大，在设计过程中常常不会主动形成清晰的系统，需要花时间去关注。

- **图标**：把设计里所有的图标都整理出来，关注他们的大小、用处是否有冲突。是否有两种不同的图标来表达一个意思，或者一个图标被用到了两个动作上。关注图标的状态，比如"加入收藏夹"和"已经加入收藏"两个图标。最后，关注图标的实现方式，是使用图标字体文件还是 svg 文件，调用方式是什么。

- **间距**：界面元素之间的间距是定义界面负空间的关键组件。读者在 Sketch 软件里选中一个元素，按住键盘上的 option 键，然后把鼠标再移动到另一个组件上，Sketch 就会自动显示出两个组件之间的像素距离。在审计环节中，先不要考虑解决方案，先考虑我们都需要定义哪些类别的间距。在安卓手机上，由于安卓手机的屏幕大小和比例各不相同，不像 iPhone 那样有限，我们有可能还要策划一个比例系统，动态地规划出间距。

第二步　给设计系统制订计划

房子打扫干净了，设计语言的"字"与"词"都被分门别类整理好了。在开始大幅度构造设计系统前，我们需要给系统制订一个计划。

- **制定设计原则**。前面我们已经讨论过设计原则的概念和方法。我们可以为设计系统本身也规定一套设计原则。与产品的设计原则不同的是，设计系统的原则影响的是所有会运用设计系统的产品，自然所规定的原则会更底层和基本，而不是针对某一款产品的应用。例如，iOS 作为一个平台，上面有众多运用 iOS 设计系统打造的原生应用程序（邮件、日历、浏览器、天气等）。我们可以感受到这些原生应用都是如何遵守 iOS 设计原则的——美学完整性、直接操作性、运用比喻、保持一致、提供反馈、让用户掌控。这些设计原则看似"虚无缥缈"，但是能为"下一步创造设计系统的操作"提供很多方向上的依据。例如，谷歌的 Material Design 理念源自于物理的纸张和卡片，这个隐喻在设计团队去创建关于阴影与高度时，就能提供一个清晰的思维框架——运用不同的阴影值表达不同的高度，来体现纸张之间的层级关系。
- **获得组织上的支持**。相信读者已经能够看出，创建设计系统已经不是一个人在茶余饭后可以完成的小项目，而是需要建立一支团队，花费全职工作时间来做的事情。所以这时是跟组织上级以及关键合作者沟通工作计划的好时机。可以考虑做一个幻灯片展示，解释你在审计设计元素时发现的各种不一致和问题，然后解释设计系统为什么是一个很好的解决方案，对各方的好处是什么，以后的应用前景，以及你需要的人力资源和预算。如果你是在为一个较小的设计项目做设计系统，虽然不会涉及人力资源的投入，但是也同样涉及你的工作计划和时间安排。跟工程师团队去沟通设计系统的工作计划时，着重需要沟通清楚这个设计系统如何与工程团队的工作流程结合起来，提高他们的效率和思考如何高效交付（一套纯 CSS 样式库更好，还是一套基于 React.js 和 CSS 结合的系统更好）。确保你获得了他们明确的支持，并且了解自己在设计系统项目上可用的资源有多少。我认为任何完整的设计项目在交付前都应该有一个创建设计系统的过程。这个系统可以是非常简单的组件、字体、颜色的样式系统，也可以是像谷歌 Material Design 那样跨维度的综合系统，但是有和没有设计系统对一个设计来说在设计质量上的体现是非常大的。

- **招兵买马**：如果设计系统项目是一个多人项目，那么招兵买马的过程也是决定项目成败的关键时刻。根据项目对人员技能需求的不同，你需要招揽视觉设计师、动效设计师、原型工程师，如果设计系统涉及大量技术细节需要与工程师团队对接，你还要请对设计系统感兴趣的前端工程师加入你的阵营。根据项目的大小，团队可能还需要产品运营方面的人才去衔接所有的工作。这些招兵买马的计划可以是分阶段性进行的。一开始可能所有的责任都会落在你的身上，但是随着工作量的增加，可以再为团队增设必要的角色。

第三步　创建设计系统

设计之所以有了系统，是因为我们在字体、颜色、组件等方面注入了意向性，所以其实设计系统是各种系统性的思维框架在驱动它的创造。

创建字体样式系统

前面收集了很多字体样式，现在要开始做减法了。创建字体样式系统的核心思路是要给每个字体样式一个功用，比如，标题文字是为了给屏幕一个醒目的抬头，副标题要与标题相辅相成，正文便于用户阅读等。这些功用驱动着具体字体样式的选择。老实说这会是一个很艰难的过程，因为实际上的设计远远要比这里描述的复杂。每个字体样式都有它存在的理由，如何删减样式仍然保持设计的美感与可用性？有个简单的小贴士：如果你不确定是否应该删去一个字体样式，可以先把这个字体样式拷贝一份然后删减掉，你会发现其实没有这个样式也照样没问题。如果发现其是必需的，我们还有存档。

除了样式的数量，字体样式还有更多的考量，下面列举几个。

- **跨平台考虑**。不同的平台（比如手机与平板电脑）对同样功能的字体样式的要求是不一样的。比如博客的标题，在手持设备上我们可能用 14 号字，但是到了桌面电脑设备上我们就需要增大到 20 号字，来达到同样的对比效果。在这种情况下我们可以考虑下面这张表格，其按功能与平台做了整理以规整字体的样式。

	手机	平板电脑	桌面电脑	智能手表
标题	样式 a1	样式 a2	样式 a3	样式 a4
正文	样式 b1	样式 b2	样式 b3	样式 b4
解释文字	样式 c1	样式 c2	样式 c3	样式 c4
……	……	……	……	……

字体样式整理参考表格

- **跨语言考虑**。如果你的产品会发布到世界不同的地区，在文字本地化的同时，对字体样式也提出了细微的不同的要求。中文、日文、韩文都属于相对比较紧凑的字符，视觉上是一排排小方块。这种紧凑的语言文字相较于英文，常常需要多一点的行距让文字有呼吸的空间。即使是同样的字号，紧凑的字符看起来会比同字号的英文小，所以有时我们还需要根据语言去调整字号大小来达到视觉感知的一致性。英文单词一般都是长方形，同一个意思的词相对应的中文的横向距离会增大。如果是翻译成德语等语言横向距离会更大。这时考虑字体样式的同时，还要考虑这个样式所在的屏幕横向距离的限制。比如在手持设备上的标题，如果太大的话很多词组就会被迫换行而影响美观。最后，阿拉伯语、泰语、越南语等则属于比较"高"的文字，这样的"高"类别的语言则需要更多的空间来承载文字。
- **独家字体的运用**。如果设计团队有自己的品牌字体，这些字体如何运用在字体样式中也有考量：是全部都用这个品牌字体，还是仅有一些标志性的样式（例如标题）会采用品牌字体，这背后的原因是什么，都值得去细细品味。

对字体样式考量感兴趣的读者，可以参考谷歌的 Material Design 字体样式的页面了解更多内容。[⊖]

创建颜色版

前面收集了设计里面的各种颜色，又到了打意向性这张牌的时候了。考虑下面几个问题：

- 产品的品牌颜色是什么？
- 有时产品的品牌颜色不止一个，例如宜家的蓝色与亮黄色，

⊖ Material Design，字体样式，https://material.io/guidelines/style/typography.html#typography-language-categories-reference。

那么哪个是主品牌色，哪个是副品牌色？它们都被运用到什么地方？

- 文字的颜色有哪些？文字的颜色与所有可能出现的背景色反差足够满足无障碍标准码？

- 背景色有哪些？这些背景色所代表的层级关系有哪些？不同的背景色之间的差异是否足够明显？

- 产品有没有"夜间"模式？是否能在白色与黑色主题之间切换？

一个好的颜色系统可以马上成为"白标签"系统：如果替换品牌颜色和明暗模式，一个品牌色主导的设计可以马上被置换成另一个品牌色的设计。

图标系统

使用同一风格的图标很重要，而创建一套让所有设计师方便运用或更新图标的工作流程同等重要。好在现在有很多类似于 iconjar 这样的图标管理程序，方便设计团队管理图标，用拖拽的方式轻松地把图标加入到设计当中。

间距系统

如果你发现自己的产品设计中有太多不同的间距，有一个最简单的方法就是创造一个简单的间距系统然后严格遵守它。比如，我们可以把所有的间距都规定为 8 个像素的倍数，所以间距可以是4、8、16、24、32、40 等。给读者推荐一个很好用的 Sketch 插件，它可以帮助设计师精准方便地移动设计元素（见 http://nudg.it/）。我们在 Sketch 里移动一个元素时按一次方向键是一个像素，如果按住 shift 键然后再按一次方向键则是 10 个像素。nudg.it 的这个插件可以根据你的间距系统来修改这两个数值。比如，我的产品设计里采用了以 8 为倍数的间距系统，我可以把 10 调整成 8。如此一来，每次我按住 shift 键移动设计元素时，它都会自动移动 8 个像素，而不是 10 个。这个小方法可以节省很多时间！

其他设计特征

圆角有多大，是否采用阴影，是否使用半透明，是否使用玻璃模糊，是否使用高斯模糊等特征都能在感情基调上影响设计系统。严加遵守这些设计特征会让设计看起来更加严谨。

现在的设计工具都已经非常强大。以 Sketch 为例，"共享样式"（shared style）就是设计师的好朋友。通过定义好的样式，字体、颜色等都能一键套用。"符号"（symbol）功能则可以建立共享的组件，让所有引用这个符号的画板都能同步任何对该符号的修改。网上有很多关于共享样式和符号的教程，还有更多针对开发设计系统的小插件，有兴趣的读者不妨研究一下。

第四步　发布与交付

设计系统就像是团队的胶水，只有真正被活用起来的设计系统才是有效的系统。设计系统的交付有一种"魔鬼在于细节"的意味。如何发布给所有人看，如何管理权限，如何控制更新等，这里面包含了很多运营设计系统的思考，在此略举一二。

- 如何发布设计系统的技术方式与细节：如何让所有人查阅最新的设计系统细节，是否要建立一个设计系统的网站？如果做网站，网站的信息架构是什么？谷歌的 Material Design 指南[⊖]的页面架构是一个很好的参考。这里面主要参考的是设计系统有哪些板块，可以把设计元素打散成不同粒度的系统模块来做横向设计。比如有"样式""布局""组件""模式"几个重要的板块。读者稍加浏览，就能感到这个分类的合理性，可以通过这几个板块创造出具有无限可能性的设计。

- 如何让设计师方便地获得设计系统最新的设计决策？是用共

⊖　Material Design 指南，https://material.io/guidelines/#introduction-principles。

享文件夹还是定期发布更新？同样的，如何让工程师的工作流程兼容设计系统的最新决策？是通过 GitHub 还是定期发布更新？

- 如何鼓励各个团队把设计系统活用起来？这里面的要点是把设计系统融入到每个团队的工作流程里面去，能为每个团队带来效率，人们才会愿意去使用它。设计系统如何为各个团队服务？

- 如何制订设计系统工作的 KPI？如同任何工作项目一样，在我们工作开始前不妨制订设计系统的关键成绩指标。这些指标在每个组织都各不相同，但是指标大致可以分为三类：各个产品设计对设计系统的直接采纳率、对产出产品的影响以及设计团队文化的建设作用。

  - 直接采纳率：比如在设计系统发布的 12 个月里核心产品对这个设计系统的采纳率；
  - 产品的影响：对无障碍（accessibility）的提高、对产品开发节省的周期、采纳设计系统前后产品的用研评价等；
  - 设计团队文化建设：设计系统团队参加的设计评审数量，设计系统网站的访问量、反馈量等数字，都可以反映设计系统是否融入到了公司的设计流程里去了。

上面这些问题没有统一的答案，在每个组织里都有最适合自己的方式去处理，但是相信读者看到这里，可以进一步理解为什么设计系统可以帮助"可持续交付"。

7.2.2　交付设计的工作流

几年前，当设计师交付设计时，我们还在手动地把 photoshop 里面的图片素材切出来发给前端工程师，工作流程相当碎片化。如今在 Sketch 的世界里，已经有很多工具把这个过程自动化起来。

设计师可以直接用像 Zeplin 或者 Specctr，Sketch measure 这样的工具把设计直接导出，甚至还可以自动总结出设计里面的颜色版和字体样式（如下图），生成前端开发所需的样式代码，供前端工程师直接拷贝。

Zeplin 里自动生成的颜色版、字体样式和 CSS 代码

图片来源：Zeplin 官方 Blog

这些交付工具可以极大地提高设计师的效率，把他们从标注设计规格（specification）的机械劳动里解放出来，把精力更加集中在设计系统的构造上。但在实际使用这些工具的时候，还是有很多事项需要注意：

- 因为这个工具将会精确地标注出每一个设计细节，那么设计师导出规格之前一定要把设计清理得非常干净。如果你在一个设计图里的某个间距是 24 像素，而另外一个设计图里变成了 26 像素，阅读这个规格的人就不知道哪个是对的了。目前还没有一款智能的工具可以自动识别设计里间距、颜色等的不一致，所以这一步劳动还是必不可少的。

- 这些工具很难追踪变化。如果你更改了设计然后重新导出，新的规格会直接覆盖旧的规格，阅读这个规格的人没有什么有效的工具可以对更改的地方一目了然。所以我们需要辅助一些"版本控制"的内容，比如发布到一个新的项目，起码可以新旧对比；或者用邮件的方式把变化列举出来。

- 这些工具仍然是基于静态设计的交付而产生的，如果你的项目涉及响应式设计（responsive design）或者是安卓手机的响应式布局（constraint layout），这些工具暂时还无法帮上忙。

目前这些工具也不是完美的。在用户体验设计师的工作流程里，往往需要在好几种不同类型的工具里切换。下面这张表格大致列举了工作流程里的常见工具。随着设计工具的演变，一个重要的趋势是这些设计工具逐渐趋向一体化。比如即将发布的 InVision Studio，就标榜着可以从前到后一步到位。

线框图设计	视觉设计	动效设计、快速原型	设计交付
Axure	Sketch	After Effect	Zeplin
Sketch	Photoshop	Principle	Sketch Measure
InDesign	Illustrator	Flinto	Specctr（适用于 Adobe 产品交付）
Figma	Figma	Framer	Markly
……	……	Origami Studio	……
		ProtoPie	
		……	

感谢这些为设计师社区奉献的团队们，不断地把设计师从重复劳动中解放出来，让设计师得以把精力集中在设计创造、设计沟通和全局把控上。

7.2.3 体验指标

很多时候人们会觉得指标和数据是产品经理和数据科学家应该

关心的内容，设计师管好体验设计就好了。但是这种想法其实是不健康的。很多时候设计师容易体察到小范围、小规模的数据来量化体验设计，但是要对一个大型的项目有一个清晰的了解，体验指标非常重要。对体验指标关心的设计师会对产品的表现有更客观的认识，如果操作得当，体验指标能够成为对设计的一种系统性反馈，促进产品增长。我们首先来聊聊体验指标究竟包括什么，它的利与弊是什么，最后再聊聊产品增长的最佳实践。

在我们跳入任何抽象的概念之前，我们先来说说体验指标到底是干什么的。

任何一个产品，都可以被归纳成下面这个概念：产品的存在是为了满足用户的需求。用户有需求要满足，问题要解决，手头上的时间和金钱作为自己衡量决策的一部分，也是对产品的投入。产品输出包括结果、方案、成效、价值等。简而言之，你的产品对他人的价值是什么。当这些输出达到甚至超过用户的预期时，我们就有了一款用户喜爱的产品。

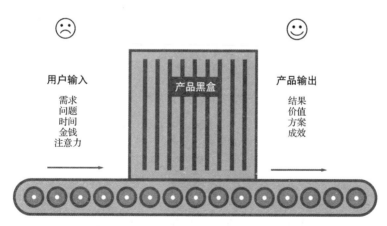

把产品抽象成一个传送带，把用户的输入转变成期待的输出

每个产品是与人来交互的。一个产品会有一系列的用户界面所

承载的动作（action）来帮助用户达成他们的需求。换句话说，用户目标驱动产品动作，而产品动作则正是体验指标可以量化衡量的信号来源。所谓体验指标，就是去衡量对最初设计的产品目标的完成程度。从另外一个角度来说，任何产品的出现都是怀抱着改善世界的某方面的初心。"改善"是产品的价值所在，也是我们要着重衡量的焦点。

进一步说，体验指标所要做的，首先是梳理清楚产品要解决用户的什么需求，进而寻找合适的信号去理解产品满足这些需求的表现。当这些工作做好了以后，就可以开始思考动作与输出的对应关系（correlation）与因果关系（causality），进而思考我们想要优化哪些指标（比如提高用户粘合度、提高阅读时间、提升付费用户转化率等），需要优化哪些动作。

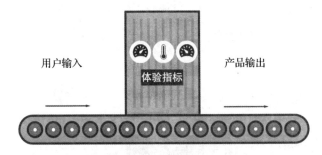

体验指标来衡量产品黑盒里的各种表现

具体衡量体验的哪些方面可以给我们一个全面的有意义的体验指标体系呢？

谷歌的研究团队总结出了一套经典的衡量用户体验的"HEART框架"[⊖]，可以作为我们的起点。这套框架既适用于大规模产品，也适用于小规模产品。"HEART"代表量化用户体验的 5 个基本

⊖ Google's HEART Framework for Measuring #UX, https://www.interaction-design.org/literature/article/google-s-heart-framework-for-measuring-ux.

指标的英文首字母，每个指标维度上，我们都可以运用一套目标
（goal）、信号（signal）和衡量指标（metric）的方法去寻找有意义
的指标（如下表）。下面做一个简单的讨论：

	目标	信号	指标
满意度			
粘合度			
采纳度			
挽留度			
任务完成率			

满意度（happiness）

满意度是用户对产品的满意程度，是涵盖了大量内容的一个综
合指标。这个概念看似简单，但是非常不好操作。首先，我们必须
避免使用一些主观的指标（比如我喜欢这个产品），因为每个人对
"喜欢"和"满意"的定义都不一样。产品团队应该衡量一些客观
的指标，比如净推荐值（Net Promoter Score，NPS）⊖，依照人
们把你的产品推荐给朋友的可能性评分。满意度同时也是一个直接
操作性很低的指标。产品团队通常的做法是从研究报告中寻找主要
的拉分项目，然后把这个木桶的短板给补上。需要注意的是，应用
商店里的评价与实际的用户满意度可能有差距。因为应用商店里的
评价可以被很多行为影响（很常见的做法就是在用户开心的时候邀
请他们去写评价，如果发现用户不开心则把他们导向一个内部的反
馈系统，数据不会流向应用商店）。想要测量到实际的用户满意度，
需要长期地询问他们对产品的态度。

某些时刻，满意度可以被合理地置换成产品升级前后的对比评

⊖ 什么是净推荐值，http://wiki.mbalib.com/wiki/%E5%87%80%E6%8E%A
8%E8%8D%90%E5%80%BC。

价，以及愿意为产品付费的用户比例等更加客观的丈量。这些指标可以更清晰地让产品团队接收到用户对产品的满意程度。

粘合度（engagement）

粘合度是在测量用户与产品的交互频率。一般来说，产品的粘合度越高说明用户越愿意使用这款产品。比如，人们用一款音乐软件听歌的时间；在社交网络上分享文章的次数；在新闻网站上浏览信息的频率等。但是我们在观察判断产品粘合度的时候要结合产品本身的实际性质：企业级产品用户的粘合度并不来源于用户对产品的满意度，用户没有别的选择，又或者像 Houzz 这样家居装修设计的服务，他们的用户有自己独特的周期。你会看到 Houzz 的用户在搬进新的居所前后粘合度高，装修完成以后可能就不怎么关心装修的事宜，粘合度也就会随之下降。在这种情况下，粘合度则不能为团队提供直接的参考信息。

采纳度（adoption）

采纳度是某段单位时间内新进用户的数量，是产品本身与市场宣传活动的综合结果。短期内市场活动对采纳度的影响可能会更大，但是在较长时间范围内的采纳度还是由产品本身的质量所决定的。

挽留度（retention）

挽留度是产品或者服务能够挽留用户的时间发展。很显然一个产品的成功需要高的采纳度和挽留度，说明用户愿意用你的产品，并且持续使用你的产品。挽留度是衡量产品市场契合度（product-market fit）的一个重要指标[⊖]。因为挽留度在短时间内可以被大

⊖ Metrics Versus Experience, https://medium.com/the-year-of-the-looking-glass/metrics-versus-experience-a9347d6b80b。

规模的强势宣传所快速影响，试想可以在用户每次打开你设计的
App 时推荐某某新功能，但是你却无法人为地把用户留在你的平台
上让他们反复使用，除非这个功能符合用户的需求，并且市场上其
他竞争产品没有你做得好。

任务完成率（task success）

每个产品都有自己的"任务"。任务完成率顾名思义是去衡量
用户自主完成一款产品关键任务的完成率。比如，一座图书馆，用
户能够顺利地到达、停车、进入图书馆是一项关键任务；用户浏览
和找到需要阅览的书籍是另一项关键任务；用户能够借书、还书、
给书本延期又是好几项关键任务。产品团队在产品发布前，常见的
一种做法是列举 N 个产品的关键任务，然后通过用户研究去观察人
们能否自主地完成关键任务。这是在产品上线前对质量和风险把控
的一个最佳实践。

GSM（Goals，Signals，Metrics；目标，信号，指标）讨论

谷歌的 HEART 框架里还包含 GSM 讨论，帮助团队找到有意
义的指标。每一个用户指标都应该有高度的可操作性（actionable）
且与产品的商业成功息息相关。

从满意度到任务完成率，我们都可以为之定义一个针对你的产
品的目标。这些目标必须是具体的、可衡量的。在与产品团队讨
论的过程中，你会惊讶于每个人对产品目标的想法有多么不一致。
统一目标是寻找有意义的指标的第一步，然后思考哪些用户动作
（action）最能够揭示这方面的指标（这一点说得容易，实际上你
可能需要好几个有博士学位的数据科学家才能有一个初步的答案），
最后把信号综合总结成指标。信号与指标的关系是，指标由一系列
信号组成。比如一个指标是用户完成注册流程，这个指标是由很多
个动作所发出的信号构建而成的。

希望读者看到这里，可以理解谷歌的 HEART 框架仅仅只是一个起点：想要得到真实、有意义的体验指标，产品团队还需要把这个框架里的内容"翻译"成契合产品实际的内容。下面以橙子通信的自助客服为例，来填写一个 HEART 可能的版本（如下表）。

	目标	信号	指标
采纳度	提高所有非高级会员用户对自助服务的采纳率 15%	自助服务的访问频率、自助服务搜索关键词的搜索频率、自助服务的每位用户使用次数、成功率、使用时长、用户满意度、与人工服务对比的满意度等	衡量用户对自助服务的采纳度与满意度
挽留度	提高重复使用自助服务的用户比例	用户第一次使用自助服务的时间、用户再次使用自助服务的时间、用户每次使用自助服务的入口、成功率、使用时长、用户满意度、与人工服务对比的满意度等	衡量用户是否愿意持续使用橙子通信的自助服务来满足他们的服务需求

随定义体验指标体系而来的一个对话是对这些指标的优先级进行排序。排序以后我们就可以考虑影响和改变它们。这就正好让我们把注意力转移到"增长模型"这个话题上。

增长模型

弄清楚用户体验指标有什么作用呢？最直接的应用就是形成一个增长模型（growth model）：假设我们布局好了各种测量指标，那么就可以开始做一系列的实验来优化这些指标了。当你列出一系列这样的增长实验时，你就为产品创造了一个增长模型。具体来说，有这么几个步骤：

- 团队应当先定义好要优化的总体指标，通常这些指标与产品的商业层面直接挂钩（比如付费用户数量或者平均使用时长）。

- 建立一个用户模型。统计用户从进入这个产品的生命周期开始的所有动作，列出一个流程图，再把第一步里的总体指标细分回溯到具体可以操作的流程上来。以付费用户为例，我们可以在用户模型里回溯到产品价值的沟通、产品付费提醒和付费过程等几个流程。从这些流程的指标里，我们就可以逐渐归纳出值得优化的地方（比如产品价值沟通缺失，导致用户对产品价值理解不清，付费提醒转化率过低，或者付费过程放弃率高等）。

- 建立增长模型。上面这些值得优化的地方和实际的解决方法的集合共同构成了增长模型。增长模型的核心思想是实验与排列优先级。因为任何一个问题都有很多种不同的解法，所对应的投入与产出也难以预料。所以增长模型强调优先级排序和实验，首先拿下低投入高产出的增长实验，同时用科学实验的思想去论证实验的有效性，然后逐步推广。

体验指标的利与弊

体验指标有很多好处，但是也有它的问题。产品的体验本身远远大于几个体验指标。如果我们过分关注数字而忽略了人的体验，很有可能的结果就是我们的数字上去了，但是体验本身却下降了。试想我们要想提高某个产品新功能的采纳率，可以用市场和广告的手段，短期内这个功能的采纳率一定会提高，但是用户体验的质量可能会随之下降。

产品团队还要避免过分地使用一些"浮夸和功利"的指标，比如付费转化率，广告点击率等。这些指标是商业上的目标，也是体验的结果，但是不能代表体验指标本身。很多时候，损害用户利益的东西往往会被包装成"改善体验指标"溜进产品里，过分地使用这些浮夸的指标会让产品变得唯利是图，用户第二。相反，粘合度、挽留度等指标更能代表用户对待产品的实际态度。

为了制衡这种情况，产品团队可以考虑对产品指标设定反指标。可能会与指标 A 呈负相关的指标 B 就是这个指标 A 的反指标。比如前面提到的用户粘合度，如果把用户停留时间作为粘合度的信号，我们有很多方法提高用户粘合度，包括把产品制作得很复杂，让用户在里面打转很久出不来。从账面上我们是提高了用户停留时间与粘合度，但是实际上用户可能会因为讨厌这款产品而停止使用它，从而降低了产品的挽留度。那么这个时候挽留度则成为一个反指标。

反指标没有统一的规律或者配方，但是这里我们讨论它的目的在于提醒读者们，用户体验指标是对整个体验的抽象化，任何从具体到抽象的过程中都存在着失真与错误表达。认识到指标的复杂性与片面性有助于我们更健康地看待增长模型。

最后，体验指标也不能用于摆布一个具体的设计细节。你可以去设计一个增长实验来测试这个按钮应该是黄色的还是红色的，很有可能得到的结论是红色比黄色更好，人们更愿意点击它，但是这个实验揭示的道理是不可复制的。当你换了一个视觉设计时，很有可能黄色就比红色好，设计师如果被这些实验支配而进行设计的话，是不会有系统可言的。

7.2.4 小结

体验指标是一个强调系统性思维的设计工具。运用得当，我们可以以它来驱动产品的开发计划和增长计划。很多强调数据驱动设计的硅谷公司文化里都有很多经验值得我们学习借鉴。但是体验指标又是一个很难把握的领域，运用不恰当，团队可能会走入一个偏执的误区，反而损害用户的体验。

7.3　设计沟通

在硅谷你常常会听到设计师们抱怨自己的日程全部被塞满了会议，感觉只有会议期间"插个空做一点设计"。为了能够保证设计产出的质量，设计师们也是想尽了办法：在日程表上提前把工作时间划分出来，或者清早去完健身房后，在一整天的会议开始前，马上把设计都做了。听起来夸张但这也是无奈的事实。硅谷的很多科技公司每个季度专门规划出一周不开会，或者是规定每周某一天不开会，为的就是平衡会议与有效产出工作的时间。

会议的本质是沟通，而沟通是设计工作必不可少的一个元素。从计划到设计，从反馈到交付，没有哪个步骤能够在无沟通的情况下完成。在公司的环境里沟通要追求效率。设计师的设计沟通都有哪些心态和思路呢？

7.3.1　量体裁衣

首先，沟通要量体裁衣。与人沟通，不是需要向对方兜售你的布料，而是为对方缝制合身的衣服。沟通最重要的一点，是知道对方关心什么，并能阐述清楚自己想要什么。这一点说得简单，但是能做好实在太难了。在美国这样一个崇尚个人主义的社会里，人们总是希望自己的声音被听到，但却忽略了对方的需要。如果现在给我一个空白文档，让我写出今天一整天的需求，我可能马上能写满一整页，但是你若现在给我一个空白文档，让我写出下一个参加会议的甲、乙、丙、丁……他们有什么需求，我可能只能写出粗略的几条。

设计师常常要和不同经验级别的人打交道。由于工作性质涉及产品规划，设计师会接触到各种不同级别的客户，从刚毕业的同事到公司 CEO 等。这就对我们理解对方的需求提出了很高的要求。

　　设计师最容易走入的误区是，在沟通时向对方解释自己的"心路历程"——展示我做了哪些事，经过哪些繁复的过程才得出了今天的设计。设计师应该谈论对自己有价值的内容，然后寄希望于自己的会议或者通过沟通达到目的。但是这样的沟通是在要求他人而不是服务于他人。无论是一封邮件，一条微信，还是一个25分钟的幻灯片展示，在为自己的沟通做设计时，都可以先从"对方需要知道什么，我想要获得什么"这个基本思路出发。Bryan A. Garner在他的《更好的商业写作》⊖一书里总结得很好："你的读者（或者听众）非常忙，他们没有什么义务花费心力来听你说话……你需要迅速地证明你有对他们有价值的（而不是仅仅对你自己有价值）信息，他们才会花时间聆听。"有了聆听才有沟通，有了沟通才有你想要的行动。

　　沟通需要反复精心设计，才能让对话变得有效率。

　　举一个小例子。我们在公司都会收到篇幅很长广播邮件或者信息，宣布一个政策的变化或者内部新闻。这种信息往往不痛不痒，信息量很大，不能完全忽略，但我们也不可能花大量的时间去阅读它。大部分人最后都选择不去理会这种邮件，直接删掉或者忽略，结果便使沟通的效率大大降低。如果你是广播邮件的发件人，你会如何尽量增加人们阅读它的可能性呢？即使有大量的内容要表达，我们也可以采用"金字塔"结构来架构信息。邮件的开始是金字塔尖——用最简短的话来表达信息最核心的价值。如果你希望人们有任何动作或者反馈，在一开始也用最简洁的语言表达出来。然后逐步往金字塔下面展开，再写出更多的细节。比如，"如果你对帮助

⊖　HBR Guide to Better Business Writing (HBR Guide Series): Engage Readers, Tighten and Brighten, Make Your Case, https://www.amazon.com/HBR-Guide-Better-Business-Writing/dp/142218403X/ref=sr_1_1?ie=UTF8&qid=1516063979&sr=8-1&keywords=better+business+writing。

无家可归的人士有热情，记得登记参加三月份的志愿者活动"（广告），或者是"喜欢听音乐的人有哪几种聆听习惯？我们的用研总结出了 ABC 三种"（用研报告），又或者是"上个季度表现超出预期，这个季度我们主攻 XYZ 方面"（汇报信息）。使用金字塔结构来设计你的沟通，既是对受众的一种尊重，也是在对方可能在任何时候走神的前提下最优化的沟通方式。

在谷歌，一般会在广播邮件的最开始写上 tl;dr（"too long;didn't read"：太长了，不想看），有兴趣的可以继续阅读这封邮件。

7.3.2　铺垫上下文

我的母校加州大学尔湾分校的 Gloria Marks 教授和她的团队有一个很有名的研究⊖，发现人的注意力一旦被打断，平均需要花费 25 分钟的时间才能再回到被打断前的状态。我们现代工作生活充满了各种打扰，我们的注意力也被打成了碎片。糟糕的是，加州大学尔湾分校的这个研究还发现，人们会加速工作来补偿被打断而产生的时间损耗，因而产生"更多的压力、沮丧，和时间的压力"，造成恶性循环。这个事实让我们充分地认识到，在现代社会，人们从一个会议室走向另一个会议室不断地切换上下文的过程，是一个十分消耗脑力的过程。

做设计沟通，或做任何的沟通，在这样一个注意力短缺的社会，需要为沟通铺垫上下文。根据你对听众的了解，他们知道什么，不知道什么，用 30 秒的时间来为你的沟通做一个上下文铺垫，能极大地帮助沟通受众完成上下文转换。

回想一下，你是否有过这种经历：有个朋友过来跟你说了好长一段话，你发现自己什么也没听懂，因为你不知道他在讲关于什么

⊖　The cost of interrupted work: more speed and stress, https://dl.acm.org/citation.cfm?id=1357072。

方面的内容。这个时候往往你需要被提醒一下这个对话是关于什么内容的，才会回过神来。所以铺垫上下文，是对对方的尊重，也是优化沟通效率的重要手段。

7.3.3　易于消化

我们都知道图片比文字好消化，视频比图片好消化。但是当你看到日常工作中大家的幻灯片展示时就会发现，因为时间、工作职能的关系，常常看到整页整页的文字，然后突然出现一些信息量很大的图表，让人不知所措。虽说演讲与幻灯片设计超出了本书的范围，但是沟通设计的一个基本原则是不变的：让信息易于消化。原理也很简单，如果信息无法消化，还不如不要沟通。当然在实际操作中，也没有人打开电脑对自己说，"我今天要来刁难一下我的听众，介绍一套及其高深的内容震慑一下大家"。只是究竟如何把信息设计得尽量易于消化呢？

需要注意的是，易于消化的信息不等同于"简易的信息"。恰恰相反，易于消化的信息是精心组织设计过的。总结一下：

- 图片比文字好消化，视频比图片好消化。
- 少的文字比多的文字好消化：如果你在现场讲述，可以考虑不用把完整的句子放在幻灯片上，幻灯片只是辅助和强调你的信息要点。如果你撰写一份文档或者幻灯片供人们稍后阅读，那么你可以考虑通过排版把大段的文字打散成更小的区块，让读者有一个停顿。
- 运用比喻：运用比喻有两个要点，一是准确地评估哪些概念较为复杂需要比喻来辅助理解，二是寻找一个更简单、接近生活的例子来帮助人们理解概念。比如，我们说到用户增长模型如何如何，虽说我们可能已经把概念最大化地简化了，但是直觉还是告诉我们"用户增长模型"应该不是一个大家日常都会频繁接触的概念。这时我们就可以运用比喻：用户增长模型就好像一个有洞的水桶。桶里留下的水是你现在的用户；你不断倒入的水是你新获得的用户；从洞里漏出去的水则是你流失掉的用户。这个时候"用户增长模型"这个抽象的概念一下子就被关联到了一个水桶上，信息就更好消化了。

- 给出不同的视角：如果我说地球到月球的距离为 384 400 公里，大部分的读者是不会对这一串数字有清晰的概念的。但是如果我们说地球到月球的距离是 46.4 万个迪拜哈利法塔的高度（哈利法塔原名迪拜塔，是世界第一高楼与人工构造物，塔高 828 米，楼层总数 162 层[⊖]），读者就会通过新的视角对这串数字有更清晰的认识。所以"给出不同的视角"，常常是把晦涩的概念，尤其是数字，置换成人们可以关联的更容易理解的概念。我们甚至不需要把原来的数字讲出来就能达到目的。比如，"YouTube 每分钟都有接近 400 个小时的内容正在被上传到服务器供全世界观看"[⊖]。这句话里并没有提到 YouTube 每个月究竟有多少内容在挑战服务器的存储能力，但是它已经通过每分钟与 400 小时的反差让读者迅速理解了这一点。

- 举例子：举例子的道理很直白，基本上就是对抽象的道理，用具体的例子来解释这个道理。我们在举例子的过程中需要考虑的是先讲道理再讲例子好，还是反过来更好。我喜欢的处理方法是视其被理解的难易而定。如果概念本身很直白，可以考虑先直接讲出来，然后举例即可。如果概念本身很复

⊖　https://en.wikipedia.org/wiki/Burj_Khalifa
⊖　160 amazing YouTube Statistics and Facts, https://expandedramblings.com/index.php/youtube-statistics/。

杂，说太简单了难以理解，说太多了又显得啰嗦，那么可以
先举例子，再总结概念。这样一来，总结概念时人们已经有
前面的例子作为参照物。上面介绍"运用比喻"时因为概念
相对简单，我们就直接把概念抛了出来。而"给出不同的视
角"相对复杂，我们就先举了例子再来说道理。

- 运用对比：在日常生活中我们常常有这个感受。在网上买了
  一个书架放到家里特定的位置（或者是其他任何生活用品），
  结果送到了以后发现比想象中小，因为你在网上看到的图片
  没有与你熟知的物体摆到一起做对比，而你也疏忽了没有用
  尺子好好测量一番。我们阐述任何抽象概念也是一样。如果
  人们对一个概念的量级、数目、程度没有直观的理解，这时
  你可以运用对比来把你想要表达的概念衬托出来。举个例
  子，在美国每年有大量的狗狗在收容所没有人领养。事实
  上，据 APPA 的调查⊖显示，美国一百只宠物狗里只有 23
  只是领养的，而有 34 只是从繁殖商购买的。当读者看到 23
  只这个数字时，并不能一下子判断这个数字是大还是小，但
  是看到从繁殖商购买的有 34 只这个对比数据时，读者马上
  就能理解到这个数字比较小，且小于另一个重要概念约三分
  之一。这时如果你再抛出"美国每年有一百五十万只宠物在
  收容所因为没有人领养而被迫安乐死"这个震撼数据时，你
  的听众马上就会自发地产生一个想法：我们如何能让更多的
  人去领养，而不是从繁殖商那边购买宠物。而如果这正好是
  你沟通要讨论的问题，那么恭喜你，读者已经成功地坐上了
  你驾驶的思维的列车。

- 激发好奇心：在本章的最开始我们提出了键盘布局为什么会

⊖　Shelter Intake and Surrender, https://www.aspca.org/animal-homelessness/
　　shelter-intake-and-surrender/pet-statistics。

是今天这个样子的问题。如果这个例子成功地吸引了读者继续读下去，后面各种晦涩的名字与历史信息一下子就变得有意义和好消化起来，其原因就在于我们调动了读者的好奇心。试想如果我们一上来就开始讲键盘布局，并没有通过一个提问来把内容聚焦在一个思路上，读者很有可能在想的就是另外一个问题了：为什么你要告诉我这些内容。所以在你展现信息之前，不妨试试提出一个让人产生强烈好奇心的问题。

上面这些小贴士都是局部微范围地使信息设计得更好消化，下面我们放眼宏观，会发现每个沟通单位（会议展示、演讲、工作文档、对话）都有自己的目的。在这个宏观层次，如何做沟通设计呢？这时我们的好朋友"故事思维"就要上场了。

7.3.4　设计沟通的故事思维

本章我们强调了系统思维与故事思维的交织。在设计沟通的过程中，故事思维并不是要把所有严肃的信息都转化成天真的童话，而是运用故事思维的核心要素让人们愿意接收你的信息，能够接收你的信息，记得你传达的重要信息并且采取你需要的行动。

我有个生活习惯，会在一个人吃早餐的时候看 TED 演讲[⊖]。喜欢看 TED 演讲的读者知道，所有的 TED 演讲都是 5～15 分钟，讲述一个值得传播的想法（ideas worth spreading）。很多 TED 演讲都是一个科研成果，或者是一个令人深省的话题。其实想想，这样的话题很容易就变成科研报告而让人觉得高深莫测、不知所云，但是 TED 演讲之所以能够成为我的（可能也是很多人的）早餐伴侣，是因为每个 TED 演讲都非常生动有趣，让我隔着电视也能参

⊖　TED talk 网站，https://www.ted.com/。

与其中。这究竟是为什么呢？ TED 演讲究竟为什么如此有吸引力呢？

TED 的创始人 Chris Anderson 在他的书里跟大家揭示了 TED 演讲的"秘方"。在谷歌有一门课叫作"打造有说服力的信息"，跟 Anderson 的书有很多精彩的共通点。TED 演讲和"打造有说服力的信息"虽说不是直接与设计沟通相关，但是这三者的本质都是沟通，有很多可以互相借鉴的地方。所以这里我们从设计沟通的角度做一个简单的综合梳理。

建立个人的连接

很多 TED 演讲都会以一个个人故事开场，为什么？ Anderson 有一句话："知识不能被推送到别人的脑海里，它只能被主动吸取。[注]"我们要承认人与人沟通绝对不是坐在一间房里就跟蓝牙似的自动建立好了的。在同一个会议室里有人可能在想午饭吃什么，有人在想早上跟媳妇吵的那两句嘴，有人在想我为什么要坐在这个鬼会议室里。有了连接才有真正有效的沟通。我们做沟通设计的第一步是确认这个连接状态，想办法把"连接"建立起来。在展示一个完整的设计时，这个连接可以从一个具有铺垫性的故事做起。在一个简短的半个小时的会议里，这个连接可以从一张简述问题的幻灯片做起。在和隔壁桌同事聊设计时，这个连接甚至可以从简短的闲聊做起。每个人都有自己惯用的一些"小伎俩"，比如我在会议开始前就喜欢插入一个轻松搞笑但又跟话题相关的 gif 动画，幽默一下，由一部分人的笑声把所有人的注意力都集中在我的幻灯片上。又比如在展示一个完整的设计项目时，我会先展示一张有故事

⊖ TED Talks: The Official TED Guide to Public Speaking, https://www.
   amazon.com/TED-Talks-Official-Public-Speaking/dp/1328710289/ref=sr_1_3
   ?ie=UTF8&qid=1516068348&sr=8-3&keywords=ted+talks。

的照片，用 10 秒钟从一个故事入手，不失专业但又能把连接建立起来。当你看到大家眼睛都投向幻灯片屏幕并放下了手中的手机时，你就知道你的设计沟通可以正式开始了。

讲述故事

人类天生就对他人的故事有兴趣，有兴趣就有了注意力，这样听众才能与演讲者产生连接去吸取演讲者传达的信息。在设计沟通里面，讲故事的思路影响着我们描述自己设计方案的方式。虽然大家都知道"设计用例"和"用户故事"，但是很多人在描述设计时会像在念菜谱的原料清单一样："这是一个帮助用户按时搭乘航班，但又不用提早太多到机场浪费时间的应用……这时用户点了 A 按钮，我们弹出一个对话框，用户选择确认，这时前方出现交通事故，我们后台发现了以后又弹出一个对话框……"

设计师在描述自己的设计时永远要描述故事，而不是描述功能。这非常重要。

"搭乘航班"这段话，就是在描述功能。

"大家都知道赶飞机是一个很不确定的体验。去得太早会浪费时间，去得晚又让人焦虑。我们调查发现 85% 的用户习惯踩点到达，那么如何用这款设计来缓解用户赶飞机的焦虑呢？设想用户在赶飞机的路上点了 A 按钮，为了这个场景，特意设计 A 按钮为方便在行走时点选。因为涉及的选项有点多，我们在确认按钮这里加入了"XYZ"，以防止用户在匆忙之中出错。这时用户做好决定了，按下了确认。我们突然发现参考了手机传来的各种信息比如机票、GPS 位置、交通以后，前方的一个交通事故会导致车程至少延误 20 分钟，这时地铁反而成为最快的交通工具，没有关系，我们的系统一直在后台监控这些即时事件，于是我们提醒用户生成了一个新的对话框来帮助其赶上飞机……"

这是用讲故事的方法描述设计。一个故事有背景铺垫、有陈述、有冲突、有高潮、有结尾。前面提过故事能从生理的角度激活人们大脑更多的区域，用同理心去感受用户的情境，来评审设计。这个故事不用太过夸张，或者可以在设计项目的主要用例中加入一些真实感，就已经是一个很好的故事了。

解释关键概念

Anderson 在书中讲了很多如何向观众解释复杂晦涩的概念的技巧，这对应到设计沟通里提醒了我们尤其要注意设计里有哪些概念是关键但又复杂的。这是相对较难的一步。"知识的诅咒"⊖说的就是人们一旦获得某个知识以后，就会下意识地假设对方也有同样的知识背景，这是一种认知学现象。换句话说，我们一旦把一个问题理解清楚了，我们就很难再去回想起不理解这个知识时的感觉，难以辨认什么概念比较难懂。这个时候我们就需要在设计沟通里倾注更多的心力来解释关键概念、关键问题、关键设计。

劝导，改变他人的想法

要改变一个人的想法，我们需要先"拆掉"他们现有的想法，然后来论证你的想法的合理性。还是结合前面提到的宠物的例子。人们从宠物繁殖商购买宠物时，都觉得这样更安全。人们普遍认为领养的宠物会带有疾病，很不听话、很老、不可爱，不然为什么它们的前一任主人会遗弃它们呢？当我们要劝导并改变他人的想法时，第一步就是要把他们的想法分析清楚，向对方传达一个你了解并且尊重他们想法的讯号。然后你就可以逐步拆掉这些想法了。拆掉的方法可以是例子、数据、有震撼力的图片、第三方的验证等。以"老"为例，美国俄亥俄州一个小型宠物收容所一年大约收容

⊖ Curse of knowledge-Wikipedia, https://en.wikipedia.org/wiki/Curse_of_knowledge。

1000 只猫，在任何时刻你走进他们的收容所，至少都有 20 只年幼的猫咪。等你把这些想法拆掉后，你的听众起码愿意听你的陈述，以健全自己的观点。这时便是你逐一重新论证你的想法并且劝导听众的时刻。所以要劝导你的听众，一个重要的手段是拆解他们的现有想法，再重构你的想法。通过对比与论证赢得听众的心。

创造 S.T.A.R 时刻

S.T.A.R 指的是"Something They'll Always Remember"（一样他们会永远记得的东西）。人们每天接触大量的信息，除非你的演讲是有关期末考试的内容，听众（学生们）才会复习几次，不然最乐观的估计人们只能记住你演讲的一个核心要点。所以我们的沟通设计策略是要通过各种技巧反复强化这个核心要点。到现在我都能回想起马丁·路德·金在"我有一个梦想"的演讲中，反复强化"我有一个梦想"这个 S.T.A.R 时刻。也能回想起 Steve Jobs 介绍第一代 iPhone 时，说他要发布三款新设备，最后揭晓集齐三个设备功能的是一部手机的 S.T.A.R 时刻。在设计沟通中，我们不一定都需要为所有的对话创造 S.T.A.R 时刻，但是需要让人们在聆听你对设计的解说时起码记得一个概念。那么问题来了，你在沟通设计中需要强化哪个概念呢？

7.3.5　为沟通做设计

设计师如果每天把如此之多的时间花在与人沟通上，那么沟通本身就值得被精心设计和定期维护。这个时候一些系统性思维又可以派上用场了。下面就讨论几个沟通设计的小贴士，希望对无论是例行会议还是咖啡间的谈话都有帮助。

通过重复来展现领导力

什么？通过"重复自己"来展现自己的领导力？但是事实上，

就跟明星要反复演唱自己的成名作一样，如果你有一个好的信息需要让所有人知道，你就要做好反复讲同一个故事、演绎同一段内容的准备。LinkedIn 的 CEO Jeff Weiner 曾经说过[⊖]："如果你想要让你的观点被听到，尤其是被更广大的受众接收到，你需要频繁地重复自己，人们才会真正理解你的观点。

设定议程，主动跟进

会议沟通最怕的是没有结构，没有目的。解决这个问题的最简单的方法就是设定沟通结构，明确沟通目的。如果是非常具体的内容，议程比较容易设定，我们就把 ABC 问题讨论清楚即可。如果内容较为模糊，或者有很大争议（人较多时沟通效率往往很低，很难在人多的时候解决一个争议），沟通的组织者就需要主动地在沟通前把参与争议的人跟进一下。这样一来，尽量让会议变成一个"统一意见并让大家分头各自行动"的里程碑。

每个行动都要有一个主要驱动者。在会议结束前，与会者可以一起梳理一遍讨论得出的行动，以及谁负责哪一个行动。可以默认如果一个行动没有人去驱动，团队就不采取这个行动。

有记录可寻

在谷歌大家有个工作习惯，很多的例会会建立一个谷歌文档，然后分享给参会者。这个文档通常会设定会议结构，记录今天会议的重要信息，谁要做什么工作。如此一来，这个文档便成了一个"备忘录"，下一次会议时组织者就可以跟大家一起过一遍上次的内容，询问进度。对于每个参会者来说，这个文档既是一个承诺，也是一个备忘录。

⊖　The Power of Repetition: the Secret of Successful Leaders, https://getlighthouse.com/blog/power-of-repetition-successful-leaders/。

定期清理会议

工作会议是为了提高效率而生的，会议的结构需要精心设计。但是工作的内容和团队面临的问题一直都在变化，所以团队也要定期清理会议，尤其是每周的例会。

Show, don't tell

如果一个东西好，直接去展示（show）它有多好，不要去讲（tell）它有多好。这句话听起来有点绕，但是非常有道理。你要说红木林国家公园的树干很粗，与其反复强调它的粗，不如放一张 10 个孩子手拉手环绕树干的照片。你要表现设计方案的贴心与合理，与其强调哪些地方特别贴心，不如用一个代入感强的故事展示它的贴心合理的地方。这样一来，你的读者或听众心里会有一个结论。

7.4 设计领导力

美国企业家 Harvey S. Firestone 有一句话："领导力的最高形式是给他人带来的发展与成长。"传统定义中的"领导"更像是一个领头羊，一个领军人物，由他 / 她来告诉追随他的人应该怎么做。但是在创意为主导的行业里，每个人都在主导自己的项目，设计领导者不可能事无巨细地"布置任务，发号命令"。Steve Jobs 有一句名言："你请了聪明人来，然后告诉他们要做什么，这是没有道理的。你请了聪明人来，是让他们告诉你你应该做什么"。在谷歌我们衡量一位应聘者时，很重要的一部分是评价他展现出来的领导力。如果一个团队里都是领导力强的人，那么很显然设计团队的领导者要做的不是逐一去告知这些人应该做什么，不应该做什么。

从另外一个角度来提问，我们常常听到有人说"他是我见过的最好的领导"。这句话究竟是什么意思？我们如何衡量自己所在的组织里的设计领导者们的表现，他们应该做什么不应该做什么？遇到一个好的领导者，他／她的好究竟在哪里？或者我遇到一个有问题的团队，问题出在了哪里？

我们可以在设计领导力里寻找答案。

7.4.1 设计领导力的三个要素

设计领导者 Jason Coudriet 在他的一个专栏[⊖]里分享了创意行业的领导力的三个要素，分别是激励、引导和支持。

- **激励团队**。人在被激励了之后的状态是怎样的呢？你会感到思如泉涌，感到有无限可能，感到自己的行动可以产生实质的影响。创意行业的领导者最重要的一个能力，是激励他人。这其中包括提出具有启发性的问题，鼓励团队探索常规解决方案以外的空间，帮助他们建立更广阔的人际网络和学习网络，增加团队工作的可见性。这一部分，是给团队的大脑提供更多的氧气。另外一部分，是关心团队的士气与心态，确保团队有放松和减压的时间，与团队发展出紧密的一对一关系，了解每个人的职业发展目标，化解团队项目的冲突。创意行业的产出难以量化，唯有激励自己的团队让他们发挥自己的创造力，才能够提高团队的产出。

- **引导团队**。设计领导者在团队需要帮助时能够提供及时有效的引导至关重要。帮助设计师在一堆模糊不清的情况里定义要解决的问题，在不知道各项工作的优先级时排清优先级，倾听和理解设计师遇到的困难。Andrew S. Grove 在他的《高产出管理》[⊜]一书里反复提到，一个独立工作者的产出是

⊖ Three Simple Principles for Creative Leadership, https://uxdesign.cc/three-simple-principles-for-creative-leadership-3270bf17c6c1。

⊜ High Output Management, https://www.amazon.com/High-Output-Management-Andrew-Grove/dp/0679762884。

他的工作本身，而一个管理者的产出是他团队里所有人的工作产出之和。也就是说一个领导者本身可以是没有实质产出的，但是他对于组织的价值就在于为团队提供引导。

- **支持团队**。引导与支持的概念很相似但又不同。引导是提供方向的指引，而支持则是把自己垫在底下，让团队最大化地发光发热。比如保护团队不受官僚主义的影响，挡住来自上级的压力，拒绝外界对团队不合理的要求，运营团队上上下下的各种基础架构，让团队可以最大化地输出生产力。设计是一个需要专注的工作，每个设计师如果在做设计的同时还要操心太多与设计不相关的事宜，势必会影响效率。好的设计领导者，可以让每个人都专注于设计，而不是工作。

谷歌的 re:Work 团队也在研究怎样才算一个好的管理者[⊖]。re:Work 团队采取的是另外一个方法：他们先假设管理者不重要，无论管理者具备或不具备怎样的素质，它不会影响团队的表现。之所以这样假设，是因为人们认为经理、总监这些职位都是组织架构的一些副产品或者是官僚主义的衍生品。基于这个假设，re:Work 团队开始收集在谷歌的管理者的工作表现数据和谷歌的年度员工调查数据。结果马上就显示出管理者的重要性。好的管理者带领的团队生产力更高，工作也更顺心。经过更加深入的调查，re:Work 团队从谷歌的员工反馈过来的信息中，总结出了一个好的谷歌的管理者具有哪些品质：

- 是一个好教练
- 给团队赋能但是不会微管理（micro-manage）
- 对团队成员的成功和个人发展表现出兴趣与担心

⊖ Learn about Google's manager research, https://rework.withgoogle.com/guides/managers-identify-what-makes-a-great-manager/steps/learn-about-googles-manager-research/。

- 有效率且以结果说话
- 是一个会沟通的人
- 帮助团队职业发展
- 给团队设定好的发展策略与未来视野
- 有关键的技术能力给团队提供咨询

正如哈佛商业评论⊖写的那样，逊色的管理者下的是一盘跳棋，每个棋子没有区别，而且都向着同一个目的行动。一个伟大的管理者下的是象棋，每个棋子都扮演者不可或缺的角色，每一个角色都有各自的功能。

7.4.2　让每个人在每个层面都展现领导力

设计领导力不是只有经理才需要关心的话题。每个独立贡献者（非任何人的经理）都有一样的机会在设计工作中展现自己的设计领导力。前面提到过谷歌在面试时会衡量所有应聘者的领导力，在设计师的职业发展阶梯上设计领导力也是一个重要的衡量项目。那么作为独立贡献者，你的设计领导力又表现在哪里呢？ Facebook 的设计经理 Andrew Lucas-Walsh 跟大家分享了他的观点⊖："一个人不需要成为经理就可以在公司里领导他人。"结合设计师实际的日常工作，下面我们一起分析一下独立设计师如何锻炼、展现自己的领导力：

- **做一个带头人。**无论是一场讨论，一个产品的某个合作细节，还是一个项目，你都可以向前走一步成为它的领导者。
  - 在一场讨论里，有什么话题大家还没有讨论到？如何通过这场讨论实质性地推进项目？最难解决的最大的问题是什

⊖ What Great Managers Do, https://hbr.org/2005/03/what-great-managers-do。

⊖ Tips for Becoming a Design Leader, https://medium.com/facebook-design/tips-for-becoming-a-design-leader-7f32513b4c3f。

么？很多时候你会发现大家都在"放养式"地讨论。这时便是你的一个机会，去把讨论转移到一个重要的话题，获得重要的反馈。如果你已经观察到跟某个部门或者某个人的合作出现了问题，主动地进行沟通来探讨解决问题的方法，而不是想"反正这不是我的问题"，以上就是一个领导力的最好例子。

- 当你发现项目里的一个方面出现问题，但是预计到不会有人留意到时，主动地把团队的注意力转移到这个问题上，并且驱动工作来解决这个问题，也是领导力的另一个表现。

- 当一个项目应该有人做但是却没有人想到 / 肯做 / 有时间做的时候，你主动把项目驱动起来，给团队带来效益，是领导力的最佳表现。在大部分的硅谷公司文化里，没有人会告诉你不要做任何一件事，永远都是每个人自己去定义自己的职能：更少或者是更多。英语里有句话说得好，请求原谅要比请求许可容易。很多时候职场人在合理范围里要少一些自我束缚，当你发现项目有一个机会或者空缺，应该主动地去把它变成自己工作的一部分。

- **做一个更好的协作者**。个人的力量总是有限的，当你能够与更多的团队协作起来，释放的生产力也将会大幅提升。

 - 增加跨部门的合作，了解其他部门的职能、需求、目标，成为跨部门合作的桥梁是展现个人领导力的重要部分。平时设计师可以多与其他职能、部门的同事交流，建立有意义的关系。在合理的情况下，你甚至不需要认识其他部门的任何人，仅仅只需要建立主动的沟通渠道。

 - 增加项目的能见度，通过各种渠道主动为团队、项目做宣传。增加项目的能见度绝对不仅仅是增加团队的名声，也在为团队提供更多的接口，增加未来各种合作的可能性。

- 为项目寻求更多的反馈。团队里很有可能已经有了既定的工作方式，因而收到的设计反馈很有可能不全面。前面我们探讨过获得更多的设计反馈是设计师打磨设计的最佳途径，帮助设计团队寻求更多的设计反馈，比如来自无障碍设计的反馈、设计系统的反馈、用户的可量化反馈、测试用户的定性反馈等方法，都是值得设计师考虑的。

- **帮助他人。**工作几年后，设计师会发现自己除了向别人不断学习以外，自己也积累了不少值得分享的经验。Lucas-Walsh 的一句话说得好："你不必样样精通才可以开始辅导他人。"在你熟悉的领域开始帮助他人成长，除了展现自身的领导力，也可以从此过程中学到更多。

设计领导力是一个有无穷魅力的话题。每个组织、每个团队都有不同的问题要解决。为了让我们更进一步地理解硅谷的设计文化，理解设计领导力，我们找到了谷歌的设计 VP Catherine Courage、Salesforce 的设计 VP Noah Richardson 以及 Uber 的设计经理 Joseph Huang 来跟大家聊聊设计领导力。

7.4.3 与 Uber 设计经理的对话

我一直想要梳理清楚的，也是很多设计师读者想要了解的，是如何在日常中与自己的主管经理打交道，如何寻找导师并且维系良好的关系。在法国里昂的一次会议上，我认识了 Joseph Huang，他现在 Uber 做设计经理，是 Andreessen Horowitz 的导师，曾经做过很成功的创业公司，做过产品的 VP 然后回到设计领域做领导者。我有机会找到了 Joseph，向他请教领导力是什么，如何向团队提供反馈等。与他的对话中最打动我的是他对帮助团队成员成长的投入，也提醒了我们每一个设计师如何思考自己的成长。

笔者：Joseph 您好，很高兴再次见到您。感谢您今天与我们分享对设计部领导的见解。您在这一行经验丰富。您在产品部做过副总裁，在初创公司也有经验，在微软这类大公司也工作过，现在在 Uber。您能和我们谈谈您的工作轨迹吗？您是如何走到今天这一步的呢？

Joseph：我是从手机设计起步的，最初做的是给功能手机设计操作系统，之后在黑莓公司工作，再之后就开始设计智能手机操作系统。我当时参与设计了黑莓 10 的操作系统及 BBM（黑莓短信），还有日历及核心软件。之后我就进入了 App 软件的世界，因为那个时候应用软件商店已经更为成熟，需要更多 App 软件。那个时候有很多初创公司，很多都是设计手机 App 软件的。我也有机会与不同的人合作解决相关的问题。

我觉得做设计有趣的事情之一就是，与设计同事合作的同时，还要与产品经理合作。在技术方面，产品经理与设计师的预期有很多交叠之处。我当时对产品管理方面就产生了兴趣，之后我就有幸进入这一行，自己尝试了管理者的角色。我在 Wand Labs 做产品副总裁时既负责产品也负责设计。这段经历很有趣，也提供给我一个去了解产品经理需要做什么的视角。不过最后我还是决定回归做设计，因为我觉得做产品经理缺少了对解决方案的创意过程。产品经理要花很多时间在高层次上确定要解决什么问题，从而也花更少的时间去思考实际的创意问题。于是我决定回归设计职能。

笔者：有时候我觉得产品经理在设计项目开始之前，不论是商业模式还是初步设计流程，方案就已经完成了一部分，这也需要创意。您能再给我们讲讲产品经理的工作对你来说缺少了哪些元素吗？

Joseph：我应该事先说明，这同时还取决于公司规模的大小。小一点的公司，一个人同时负责产品和设计更为常见。但大一些的公司则需要专业化。按我的观察，产品经理需要确定问题空间，写出产品需求文档，而将实际中的细节交给设计师完成。所以从这个角度看，设计师有机会深入思考问题，创造出实际解决方案的草图，将更详细的设计要求付诸实际。

笔者：这方面更引人入胜。

Joseph：对我来说确实如此。我需要回到设计和创意的过程里。

笔者：你在大型与小型公司都任过职，您怎么界定两类公司环境的区别呢？如果我是一位设计师，我应该怎么选择适合自己发展的公司类型呢？

Joseph：这个问题很好。我觉得总体来说，对于小型公司以及才起步的初创公司，你有机会身兼数职，投身尝试不同的事物。而手上资源有限，每个人随时准备就绪，过程更短，文档更少，也没那么正式，每个人必须要尽全力保证公司成功运转。你也一直有要为产品找市场的压力，这就意味着你需要不断迭代。要知道，找到投资方之前，你的时间和跑道都是有限的。这种情况下工作压力可能相比大公司会更大。如果你跃跃欲试想要尝试不同工种的机会，那么小公司或初创公司就适合你大展拳脚。

大公司的职位要求与层级要结构化得多。工作是和很多其他人分工合作完成的，这就会让你向上晋升变得很困难。因此大公司设计师的个人影响力就可能没有像在小公司那么大。但在大公司工作的益处在于你会与很多设计师合作，他们会给你启发，影响你，你也更容易找到导师来帮助你训练设计技能，你的设计技艺就会得到更多的发展。你还会接触到很多最佳实践，以及更多有体系的过程，这些都有助于你组织规划你的职业，了解思考问题解决问题的过程以及整个产品开发流程。

笔者：是什么推动您职业前进呢？您在评估各种职业选择的时候，都曾考虑了什么呢？

Joseph：就个人而言，我在年轻时候寻找刺激。我更愿意冒风险承担更少的责任。自然地，初创公司更适合我。随着经验的慢慢积累，我也就很自然地选择在中型或大型企业发展了。因为这么多年的多角色经验积累，我学到了很多技术，可以传递给他人。这在大公司可以得到最好的实现，因为大公司会非常重视人才与企业文化的培养。

笔者：在一个大团队里，有一个"乘数型领导"去为组织里的成员赋能非常重要。这正好带出了设计领导力这个话题。我想把"管理"与"领导"这两个词抛出来。您现在在优步是一位设计领导者，你管理着一帮非常有天赋的设计师。成为他们的领导者意味着什么？

Joseph：说到管理，我想到的是管理每天的日常与运营：保证整个团队井然有序，如果员工遇到困难，要帮他们解决。

对我而言，成为他们的领导实际上就是激励和鼓舞他们。作为领导者我需要阐释企业的愿景，并将愿景传达给团队与合作伙伴，让他们追随你的方向。这当中包括各方伙伴，比如产品经理、工程项目领导、数据科学家和用户研究员等，以赢得这些团队的尊重，并巩固设计团队的话语权。

笔者：在领英上，您的职位描述是"带领一群有天赋的设计师创造奇迹"。跟我们讲讲奇迹的含义吧。

Joseph：好的。对我来说，在 Uber 工作是一个非常神奇的体验。我记得第一次用 Uber 的时候，按了一个按钮，车就来了。车到之前，我甚至还可以在地图上看着车往我这里开。对我来说这段经历很奇妙，这已经超越了我们当时习以为常的传统出租车体验。我常常回想这件事，想想当时的感受多么神奇，我想要我们记住那个时刻。而今天 Uber 已经面世了这么久。现在在哪里都不再是稀奇的事了。但我提醒大家，在某个时间点，这种体验的确十分神奇。更重要的是，我们能思考并且继续寻找这种奇妙的时刻，找到能让用户感到惊叹的途径。

笔者：这让我想起自己的第一部 iPhone，我可以在地图应用上找到星巴克咖啡然后直接给他们打电话，我可以用手指放大照片。这些发明刚出现的时候，的确令人振奋，但我们今天忘记了这些发明在当时多么神奇。

您刚谈到领导团队意味着激励鼓舞他们，那您如何培养团队呢？您会从哪些方面来发展一个团队呢？

Joseph：我尝试着做了几件不同的事情。

一是指导培训，我很关注这个，因为我认为每个人都应该始终处于学习与成长的状态。我花了很多时间为下属提供指导，帮助他们提高技能水平，增强他们的设计功底，帮助他们理解如何与他人共事，尤其与跨职能的部门的同事共事。我发现很多设计师，尤其是年轻设计师，都专注于与设计师合作。但往往当涉及跨职能合作互动时，他们可能会缺乏沟通的能力。举个例子，一个资历尚浅的设计师和一个工程师的沟通可能完全不在一个频道。他们需要一起协作来设计、打造和发布产品，工程师可能会说出很多专业术语，而从艺术学校毕业的设计师可能之前没有接触过这些术语。所以我花了大量时间向团队提供指导，帮助他们理解如何与不同专业的人沟通交流，以便一起合作打造产品。

二是消除下属工作中的障碍。无论是人际关系的问题还是沟通里的误解，我都会尝试为他们排除这些障碍，让他们可以继续自己的工作。我有点像一个幕后工作者，确保一切运行正常。

笔者：您怎么鉴别工作的障碍呢？我敢说，设计者不可能总是拿着电子表格告诉您他们每时每刻遇到的障碍。有时候他们希望看起来能独当一面，所以很有可能会有所保留。那么您怎么做到"鉴别出问题，为他们解决"与"给予他们充分自主"之间的平衡呢？

Joseph：对我而言，我会采用和用户体验研究一样的方法。很多时候我会倾听，一边观察一边提问。我倾向于旁听各种会议，以及观察员工的反应。我还会注意人们细微的言谈举止。不仅是言语，还包括身体语言，以及一些暗示潜在问题的细节。举个例子来说，在我与下属一对一聊天时，我会尝试问一些问题，以便更好地理解发生了什么，矛盾的原因是什么，根本问题是什么？沟通是否有问题？还是双方期待相左？

当然，有时候他们不愿意说出自己的想法。我也一直在努力地改进自己观察与提问的能力。更多时候，我的建议都是"对于这个方案你是怎么想的"或者"你觉得我们可以试试这个方案吗"，这样就不会太有诊断性，而是提供一种可能性。我也像所有设计师一样，在这个过程中不断接受反馈与迭代。也许第一次我的方法不对，但我会重新尝试，反复尝试直到找到正确的解决方案。

笔者：那么您觉得设计师对您这种提问和一起想方案的管理风格的反应如何？

Joseph：他们的反应很积极。如果你规定得过于严格，往往会导致其防御心理，会给沟通带来很多阻碍。如果你真诚参与讨论，并对他们的现状表现出足够的同理心，那么就会在你们之间产生更多的信任，自然而然地就会有很多建设性的思考，寻找新的可能性。有时候人们会觉得没有人倾听自己。这就是我会问很多问题的原因，因为我想给他们机会，让他们说出自己的感受，让他们意识到有人倾听他们。

笔者：这是一个领导力的绝佳例子。每个人都想要做出最好的产品，但每个人观点不尽相同。我们都在用自己不同的创造力来解决问题。您不仅为下属提供方案、思路，还着重丰富了他们的观点，这让他们可以从您处理问题的方式上有所学习。

你也是 Andreessen Horowitz（一家美国风险投资公司）的导师。您指导的学徒遍及各个优秀的企业。我对导师关系比较好奇的一件事是，作为一名被指导的学徒，我可能会有所拘束，因为我总是在寻求导师帮助，也就总在占用您的时间。我何以为报呢？我总是在索取，没有回报。您对此有何看法？

Joseph：我认为那些自愿当导师的人已经从他们是导师和帮助别人的事实中得到了回报，因此我觉得学徒不应该因为自己没有给导师足够的回报而愧疚。我觉得成为一名导师是非常值得骄傲的，因为我在回馈社会。当我还是个年轻的设计师时，很多年来我都没有导师，部分原因是因为我在一家以工程项目为中心的公司工作，所以没有太多设计师可以合作。当时的用户体验设计行业还是比较新兴的行业，也很难找到一个导师。如果当时我有导师指点，那我自己的发展会得到极大的提速。所以现在我有机会成为一名导师，我很想回馈社会和帮助年轻设计师。

另一方面，我发现当我必须向别人解释或阐明我的流程、经验、决定时，这会迫使我深入地思考。这个过程本身也是非常有价值的。就像写作一样，你必须要坐下来，思考你的工作并写到纸面上，这个过程本身就很有意义：它有助于你总结和提炼自己一直在做的事情，也让你更好地与他人进行交流。就像我们现在的采访，我必须要深入地思考我所做的事情，然后用明确的方式表达出来，这个过程对我而言很值得。

笔者：这个超级有趣。所以您是说，成为导师"自动"地就有回报。从导师的角度来看，一个学徒如何能建立一个更成功的导师关系呢？我们常常提到学徒要主动建立目标，将导师的建议付诸行动，但什么能帮助学徒建立一个成功的导师关系，并且让导师也想要来维系这份关系呢？

Joseph：第一点就是学徒要保持开放的心态。用初学者的心态接受不同的想法与观点。第二点就是要多问问题。我确实认为在导师关系中没有愚蠢或错误的问题。显然每个人在某个阶段都是初学者，会有很多初学者的问题，但他们并不笨。第三点就是你需要去证明这段导师关系有价值。你可以用行动证明你在听取建议。例如，导师给了你改进作品集或修改简历的建议，你确实有在积极改善，然后再给你的导师看。这有助于发展与导师的关系。

笔者：之前我开玩笑说，回报是"自动的"，实则不然。导师需要时间明确思维，并表达出来，学徒也需要准备并提出大量的深思熟虑的问题，并积极反思，采取行动。双方都需要真正投入到这段关系中，这样的导师关系才会对双方有回报。

最后一个问题，作为一个设计领导者，您面对过什么样的挑战？如何去解决呢？

Joseph：领导一个有创造力的团队，其中一个挑战是我需要对每个人采取不同的方法来帮助他们提高。对有些人来说，你只需要给他们一些工具，他们拿到之后就可以开始做事了。另一些人则不然。他们可能不知道如何使用这些工具，因此你就必须要给出示例。这里对领导力的挑战是，如何确定这个人属于哪种类型，并修正自己的方法适应他。但这需要反复试验。

笔者：要读懂一个人很难，看清楚哪种方法对他们有效更难。例如，如果一个设计师不知道如何接收设计反馈，那么你的很多反馈和建议都会被他当作是强硬的指令规定。管理者面临的挑战是如何传达关怀，打开而不是关闭沟通的渠道。做到这一点不简单。

Joseph：你说的很对。每个个体感知反馈的方式都不同。所以，这里重要的是完善你的方法去适应每个个体。挑战在于，领导者尝试找到最适合下属的沟通方式的次数有限。如果你的方法失败了两三次，就有"失去"这个人的风险。这个时候，关系就很难恢复了。

笔者：在听取反馈的时候，从个体设计师的角度出发，要有开放接纳的态度；但还有一点，从领导人的角度出发，需要给团队建立一个安全的团队环境，让团队提供和接受反馈。你是怎么做到呢？

Joseph：我觉得归根结底就是培养信任。一旦团队成员了解到，彼此之间的所有反馈都是善意的，且是为其自身的发展而考虑的，而不是推动某些人的动机或目的，你就能在团队中培养出这种信任的心理。

根据我的了解，给予反馈有三大要素，三者形成三角共同作用。分别是同理心（empathy）、真切性（authenticity）以及逻辑性（logic），我在这些反馈中发现，如果你过于偏向逻辑性，那么你可能会忽略一些潜在的情感情绪，你可能就对对方所经历的无法感同身受。但是如果你过于偏重同理心，那么你可能就达不到商业目标，因为你可能放更多精力在安抚对方的感受上。真切性则说的是建立信任，确信你所有给出的反馈都是出于帮助他人的发展的目的。要根据你沟通的对象，平衡这三个方面，调整你的方法。

笔者：这对我们来说是一个很好的思维框架，尤其需要进行关键谈话的时候，我们可以跳出来评估一下，我们自己在给予反馈时，对于这三个方面，哪个部分过了，哪个部分不够。

非常感谢您今天花时间与我交谈，跟您聊天很愉快，从您的见解中，我们受益匪浅。

Joseph：不客气！

7.4.4 与 Salesforce 设计 VP 的对话

很多时候有对话才会有见解，如果用同样的问题与硅谷不同的设计领导者对话，我们可以从他们的答案中窥见不同的领导风格与哲学，以及他们所关心的问题。按照这个思路，我找到了 Salesforce 的设计 VP Noah Richardson，他带领着 Salesforce 最核心的产品进行持续地创新。如果你去参加旧金山一年一度的 Dreamforce 大会，很多舞台上的明星产品都是由 Noah 的团队设计出来的。我想跟 Noah 从企业设计的角度，来聊一聊设计的领导力。我曾经与 Noah 一起工作过，他是我见过的最有人格魅力的领导。很多人会慕名而来想要加入他的团队。我一直都很好奇他的管理哲学，是什么让他的团队对设计师来说有如此之大的吸引力。我在我们俩超过一个小时的对话中找到了答案。

笔者：很高兴再次见到您，感谢您今天能与我们进行分享。首先我想问问关于管理与领导的概念。我曾在您的团队任过职，觉得您是位以鼓励为主的领导，那么在您看来，领导一队有创新力的人意味着什么呢？

Noah：好的，在用户体验与设计方面，有趣的是，我发现如果你能做好用户体验，那么你就能成为一位好的领导，但这并非放诸四海皆准。要在用户体验方面进一步发展，你要有同理心，也要能适应自己作为促进者的角色。要想推动建设得出成果，必须要建立各规约之间的联系。同时你还得充当倡导者的角色。你必须要懂得为用户而战，为你认为正确的体验而战。你还要有自己的观点，对自己的目标有所认识，你还必须要有积极应对的姿态。这些都是伟大领导者的共通之处。我觉得领导的成功源自一定程度的乐观，能感受到未来会更好。所有这些都是一位设计领导应具备的质素，对更美好的未来有愿景，却为人谦逊，对实现这一未来目标有信心和信念。

笔者：这一点很有趣。所以设计领导者不是一味地推动团队到想要的方向，而是赋能团队，让团队更好地与利益相关者协作。

Noah：有各种各样的领导风格与领导方式，但我认为你所描述的可能是你没有看到很多设计师发展到首席执行官位置的原因。高层的领导，往往需要很多自我宣传，急躁与韧性这种领导的特性，很难与"谦逊、合作以及给他人表达机会的"设计师性格兼容，而这些性格正是伟大的设计师的特点。

我觉得经营最好的设计团队，往往都会在未来规划与每日日常执行中达到一个很好的平衡。作为一个设计领导者，要做到这种平衡非常困难，因为这两者要求的技能各不相同。例如，那些擅长畅想愿景的人，往往与那些在软件开发里最后追求像素级完美的人不同。作为一个设计领导者，我需要打造一个"头在云端，脚在地面"（指的是可以高瞻远瞩，也可以脚踏实地）的团队。

笔者：那么您是怎么做到的呢？又是怎么达到这个平衡的呢？是通过招募团队还是鼓励员工进入这个角色呢？

Noah：两者都有吧。另外还有一点是注重和留意过程。我的管理风格不是特别强调过程，但我认为设计管理者很重要的一个职责是，对整个团队的时间分配有明确的目的：团队的精力有多少花在什么类型的工作上，这个很少是能够自然而然发生的。人们随时随地都会被拉入不同的工作中，要做到"我们会花 30% 的时间来看未来几个发布周期要做什么"，这需要一定程度的信念和承诺。它并不意味着每天 30% 的时间或者是每个小时 30% 的时间都会这样使用，但在分配工作的时候必须要说，今天 60% 的时间要用来与开发人员合作，明天就要出成果，另外我们必须要把 30% 的时间花在前瞻上。

然后你所说的建立足够多元化的团队也很重要。确保你拥有一个足够多元化的团队，这样你的员工就能在不同的工作中会发挥出他们不同的优势与专长。而且作为团队里的个体，每个人都能接触到机会，都能被邀请去扩展自己的技能。比如有人的特长是与开发人员密切合作，你应该给他空间，让他参与到产品的未来规划中。同样的，如果有人整日天马行空，那么让他参与到实际的开发过程中，通过过程得到成长，这也是非常重要的一部分。

笔者：领导者思考创意团队的平衡策略是非常重要的。您能跟我们分享您是如何分配时间并把精力花在哪些问题上吗？

Noah：如果说我是那种"处处留心自己时间花在哪里"的领导，那肯定说的不是真话。你可能会听说一些领导能够将日程表的时间具体到 5 分钟，并确保事事跟进。但我绝对不会这样做，是因为我不够细心也不够自律。所以逐渐地我开始采用"价值驱动"的方式来分配我的时间。

也许这正好回答了你的第一个关于我的管理风格的问题。人们对管理存在一种误解，认为，管理者就是要围绕绩效展开所有的管理。你常常会听到"管理绩效"这个词。我的方法可能有所不同。我认为我的职责首先是管理我的员工的参与度。我认为自己有责任确保团队中，每个人都有很高的参与度。因此如果你问我的时间如何分配，我会从"管理参与度"的目标开始，并围绕这个展开我的"价值驱动"的管理工作。我在做决定的时候，我想谁需要更多的时间，他们需要什么帮助？他们的动机正在消退吗？他们需要额外的支持吗？他们能建立公司愿景与自己手头工作的联系吗？我们是不是需要一起喝杯咖啡，发泄一下，找一个倾诉对象？是不是有些人的家庭生活出了问题，让他们很难全身心投入工作？或者还是他们需要更多具体的指导与设计建议，来扫除项目设计中的障碍？

对我来说，这一切都是为了创造出一个环境，让团队中的每个人都觉得自己可以做出职业生涯中最好的工作，产生最好的价值。最能预测一个人的表现，效率或者其他任何常见的工作绩效的，实际上就是他们对工作的参与度。在知识经济中，高度参与时间就是一切。

笔者：我很想深入探讨"管理参与度"的概念。很多领导者专注于产品的卓越性，这样就会得到一个直接和实际的结果。而你关注的是员工的参与度，但是这种关注如何转化成产品的质量呢？

Noah：我明白这可能会有一点抽象和理论化，但参与度高的员工会更有动力去创造出好的产品。如果他们能看到自己在公司有所发展，有所前进，如果他们相信自己的同事和他们一样感到安全，乐意去冒险，如果他们找到工作与更高使命的关联，所有这些都是打造好的设计，好的创新以及有创造力的产品的前提。

作为一个设计者，反馈尤其重要。如果你没有一个人人愿意参与的环境，没有建立高度的信任感，他们就不会受到激励，就不愿意花时间与别人合作工作。他们也不愿意分享自己的工作。

笔者：我一直觉得，如果你眼盯着结果就会得到结果。但是你所建议的其实是说在这个创意产业，除非领导者真的为团队打造了合适的创意环境，否则很难直接控制最终结果。反之如果你真的做到了，好的结果就自然而然地到来了。

Noah：有几点要说明一下。创造出来伟大的产品，并没有秘诀。如果有秘诀的话每个人都会创造出伟大的产品了，对吧？所以你只要放弃寻找创意的秘诀这样的观念，就会发现创新并没有那么缥缈和模糊。

另一方面，如果你真的很重视产品质量，你可能会保证你的产品质量优质，但挑战在于，你很难按这个模式扩张。如果一个领导者真的是事无巨细盯着每个员工，把你自己变成团队成败的关键点，那么你的团队是不可能持续扩张的。作为领导者，我做的决定，很多都是如何让这个团队扩张发展，而很少是关于某个人对产品的影响。

对我来说唯一有效的方法，这是确保我身边的其他领导者拥有我所没有的技能水平。这需要领导者有一定程度的自我认知和对团队的充分理解。举个例子，我的一个下属就有着极高的设计水平、工匠精神以及对产品质量的追求。我从他以及很多跟他一样的人身上获益颇多。所以我在这里给的很多建议都是去打造一个良好的团队基础，运用你充分的自我意识去确保你的团队的能力与你所设计的发展方向都是相辅相成的。

笔者：那么如果您与团队意见不相同呢？这是个假设的问题，但是因为您给他们足够的空间，您帮助他们积极参与工作，实现他们的价值，如果你们意见产生分歧时，您会怎么办？

Noah：这很常见。要看是哪种领导风格了。如果我是"创意总监"类型的领导，我看到一件和我想法不同的作品，我会马上要求修改。很多成功的设计领导者都是这样子。对我来说，我会在脑海中做一个很快的审计，要推翻这个团队成员的意见，我的成本收益比率是多少？通过审计对产品的影响，对我们关系的影响，以及对个体员工参与度的影响，我会愿意放弃一些决定。事实上，谁都会有对不赞同的东西放手不管的时候，但我会试着考虑除了工作质量以外的后果。

举一个例子。今天早上我在看一个同事的幻灯片展示时，里面有几个无伤大雅的小错误。那时我可以要求他更正那些细节，但我很快评估了其中的得失：我要求他修改细节所带来的项目所有权的损失感，与忽略掉这个小问题对项目的实际影响孰轻孰重。如果这个产品即将面市，数百万用户将看到它，那么我会非常清楚地表达我们需要干什么。如果这只是内部演示的一个细节部分，我可能就会改天再来讨论这个话题。

这里并不存在硬性规定，只有对成本和收益的认识。作为一个领导者，我倾向于优化长期的结果以及人际关系。我常常指导 Salesforce 新员工的一件事是，在遇到跨职能团队问题的时候，比如在产品中看到一些需要修改的东西时，他们会想竭力来解决问题以及优化产品。我可能会同意改进产品，但是我给的指导意见会是这短期内保持现状。凡事都需要时间来完成，与开发人员和产品经理建立好关系更重要。如果一个产品发布周期里产品不够好，我不会因为这个而怪你。对你来说，更重要的是建立关系与信任，然后在接下来的产品中逐渐做出改善，我们总会达到我们想要的效果，但是一旦踏错第一步则很难恢复。我承认，"有时间来改善"这是企业软件行业的一种奢侈。

笔者：我觉得你在这里所说的"关系"一词很有趣。不同的公司里，"关系"这个词表示不同的意思。因为 Salesforce 的发布周期，你会鼓励员工存下善意，以期久远效益。

Noah：是的，这可以是奢侈，也可以是诅咒，取决于你怎么看

待。交付 Salesforce 平台的企业级体验，包括解决所有其中的复杂内容，打造一个好的设置体验以及注重无障碍设计。你建立的良好关系会给你带来巨大的回报。当你开始加入团队的时候，可能回报不会很明显。

　　笔者：前几天我在和一家中国企业软件公司创始人吃午餐时，他告诉我，他的团队招募设计人才很困难。企业软件这个课题在中国相对比较新，人才储备规模较小。还有一种看法是，企业设计空间会比较枯燥无趣。然而，Salesforce 在设计界内久负盛名，而且能留得住员工。其中的魔力是什么，是什么吸引并留住了这些设计人才呢？

　　Noah：实际上，很大一部分原因在于公司愿意花大量的时间去寻找适合自己团队的人，另外 Salesforce 的强大品牌知名度对留住员工肯定有所帮助。但有的时候你会发现，很多消费级产品的明星设计者来到这里很快就走了。你真正要找的，是具有消费级产品美学品位的企业级设计师。这有天壤之别。举个例子，如果你问一些设计师如何设计产品的无障碍性，如何在不同的企业环境和跨平台上工作，如何配置它，他们会认为这是一个额外的负担。他们会想，"我只不过想做一个简单的应用程序，你却让我做这么多其他的事情"。但是有些特别的设计师在面对这些问题时，他们会全情投入。他们想弄清楚如何在所有这些不同的维度上进行这项工作，并使之成功。这可能是我们所有团队成员的最大特点，也是他们与消费级产品设计师最大的区别。

　　笔者：因为他们自然而然受到企业级产品挑战的吸引。如果他们在这个公司待得更久一点，职业生涯会更好。

　　Noah：是的，我也在尝试用一种不会过于评判性的方式让我们来讨论这个话题。有很多优秀的设计师对这种复杂的企业级问题并不感兴趣。想要留住员工主要是要让他们找到能与其长远兴趣匹配的工作。

笔者：我还想围绕您刚刚提到的复杂性再多问几个问题。设计行业在中国是一个快速发展的行业，很多设计团队都希望自己在公司高层能有一席之地。您是如何带领您的团队产生更多的价值的，尤其是在产品空间相对复杂的时候？

Noah：首先很多设计团队都有这种感觉，无论是中国的设计团队还是 Salesforce 的设计团队。但我认为设计团队的优势之一，是我们背景范围很广。用户体验设计专业人员有着各种各样的背景。正因为如此，我们能够适应各种情况，有很多的工具可以借用。

所以我想要给那些希望在公司机构中有所发展的团队最大的建议是，自己做好功课，诚实地总结自己所在的组织是怎样的类型，然后思考自己可以怎样化见解为优势。举个例子，在 Salesforce 我们总希望通过设计产生更大影响力。那么 Salesforce 最核心的东西是什么呢？是以客户为中心，以故事为中心。我们爱 Dreamforce 年度大会就在于我们让客户成为英雄。我们的组织对我们的客户有极大的同理心，并将他们的声音推到大众面前。这就是 Salesforce 在我们行业中独一无二的本质。所有的这些都与用户体验的目标非常一致。我觉得这就是为什么 Salesforce 的设计的影响力越来越大的原因。我们满足了公司想要创造有说服力的愿景和演示的愿望，我们的高层可以带着这些愿景和演示上台演讲，与我们的客户分享。这个说来话长，这只是我们作为设计团队在做的其中的一部分，但是它可以把我们加入到更大的对话中，并成为一个很好的立足点。当你被邀请去创造别人都无法创造出的故事，谈论未来规划的时候，你已经获得了越来越多的角色。

笔者：这个见解十分重要，每个设计师与设计团队都应该通过公司和组织的思维方式来进行思考，并且运用我们的设计技能来为这些对话增加价值。

Noah：是的，我再给你举个例子。我们的技术与产品团队，都以工程为中心。你知道工程团队关心的是效率与一致性。几年前我们才开发出了 Salesforce 的设计系统，这个设计系统成为我们的工程师和开发者社区增加价值的重要环节。我们所创造的价值，受到工程团队的尊重、赞赏，并且从中受益。正如你所说，要意识到你所在组织的类型，他们的价值观是什么。因为用户体验很广泛，总有一些角度你可以从其切入。我们应该利用这个角度，慢慢扩大，但首先要证明设计的价值。

笔者：我们谈了很多 Salesforce 优秀设计师的特点，包括帮助解决复杂的问题，思考公司目标。那么您是如何选拔 Salesforce 的设计人才的呢？您的标准是什么？

Noah：我想的这些也适用于消费空间，并且对于团队来说非常重要的是：我雇的是有趣的人。有时候人们会觉得企业设计这个职位会很难吸引到人才。但是如果你看看我们 Service Cloud 的设计团队，人们来自于各个不同的背景。你必须要冒一些风险。

对我来说，选拔人才基本上有四个标准。聪明，我需要聪明的人。不仅仅是智商和智力方面，还有他们天生的好奇心。和善，这个人一定要很和善。换句话说，那个人需要善于与他人合作，一起工作创造出好的作品来。有野心，这说明他们心里始终有动力，有追求。尤其对那些刚开始工作的人来说，这一点很重要。最后一点，与众不同。这个这怎么强调都不过分。我们已经谈过很多关于如何找到合适人选的话题，但我们需要重新思考，思考如何为团队找到合适的增量。这迫使我们寻找团队里还缺少什么——与我们价值观一致，符合前三条标准。

笔者：显然您在领导招募队员的时候，总是从优化团队的长期利益考虑，而不是为短期的手头问题考虑解决方案。

Noah：我觉得文化长胜，确实这样。文化决定了一家公司的成功与否，在于领导者是否能创造一个让员工能把真实的自我带到工作中去的环境。其他一切才能再由此展开。

笔者：非常感谢您抽出时间和我们的读者分享您的管理理念，谢谢！

Noah：不客气！

7.4.5　与 Facebook 设计 VP 的对话

在本书中，我们讨论了用户体验设计流程中的各种设计策略。Facebook 的设计可能是我们可以研究的最好的例子了。我有幸与 Facebook 的设计副总裁 Julie Zhuo 坐下来，探讨关于设计领导力和 Facebook 设计的各种话题。朱莉在十多年前作为工程师实习生加入 Facebook，一路成长为今天的设计副总裁，她不仅是过去十年中硅谷最受尊敬的产品设计师之一，而且还是一位热情的作家，在 Medium 博客上分享了许多必读文章，博客名为" The Year of the Looking Glass"。包括我在内的许多人都从 Julie 的产品设计博文中获益良多。

为了让这次采访问到中国读者更加关心的话题，我在几个微信群中进行了简单的调研，收集了 100 多个问题，选择出一些有代表性的好问题。带着这些问题，我驱车前往 Facebook 位于 Menlo Park 的新办公室，与朱莉一起坐在一间名字也叫" the Looking Glass"的会议室里。

笔者：嗨，很高兴今天在这里见到你。

Julie：很高兴见到你。

起点

笔者：在中国有很多人都很喜欢你所写的关于设计的博客。我之前向他们收集了一些问题，所以我们所有人都对今天的对话感到非常兴奋。首先，你能否向我们描述一下 Facebook 早期的样子，以及你是如何加入、如何一路发展至今的？

Julie：刚从大学毕业时，我就开始在 Facebook 工作。Facebook 当时是一家创业公司，拥有约 100 名员工。我实际上是 Facebook 的第一个工程师实习生，并且当时也不知道设计可以是一种职业。我知道我喜欢构建东西，我尤其喜欢从用户的角度考虑体验。从中学开始，我学会了使用 Photoshop 去创造有趣的数字艺术作品，然后我会设计和创建网站来展示我的作品。

实习的第一天，我的导师（她是 Facebook 最早的工程师之一）问我："嘿，你对什么感兴趣？我告诉她我很喜欢思考并构造前端的体验。然后她说："哦，那你应该和设计团队坐在一起，要不你去那里找一张桌子，和他们坐在一起吧。"

当时，Facebook 设计团队基本上也是一个工程师团队。你必须设计用户体验，但你也需要负责前端实现。这意味着所有的设计师实际上都是相当精于技术的，他们除了做体验设计，也会亲自编写前端 PHP 层、Javascript、CSS 层等。当时我们面试所有的设计师，都希望确保他们的工程技术是过硬的，所以我们会将编码问题作为面试过程的一部分。所以当年的情况不是"你是一个设计师，你做好这些就可以了"，而是"你在一家创业公司，所以你必须'戴上很多不同的帽子'，做很多不同的事情"。

扩张的挑战

笔者：这个早期的故事非常有趣！今天我们还是能看到很多这个故事的影子，Facebook 设计团队现在的规模远远超出了 10 年前的大小，但是它仍然是世界上最好的设计团队之一。你是如何打造 Facebook 设计团队，以适应不断扩张的规模的？

Julie：在早期，团队的特征是每个人都能够同时做很多不同的事情。团队会比较散乱，因为团队一共只有 10 个人，每个人都必须扮演很多不同的角色。你可能也无法拥有所有的领域专家，因为你需要更多的人是"多面手"。我们大家都是非常积极主动地深入一个问题，弄清楚如何解决它，然后驶向下一个问题。

但随着时间的推移和团队的扩张，我们开始需要引入领域专家。这样除了能解决广泛问题之外，还可以解决非常深入的问题。现在我们可以聘请世界上最好的视觉设计或图标设计专家。但也许对于一个 10 人的创业公司，没有必要雇用一名全职的图标设计师。拥有领域专家后，整个设计团队的工作都可以从这些不同的领域专家那里获益。例如在 Facebook 的设计团队中，我们拥有擅长设计系统架构、交互设计、视觉设计、战略设计等众多不同维度的专家人员。

但我们仍然在寻找通才。我依然认为所有设计师都应该是"产品设计师"，因为你最终关心的还是"你是否构建了一个很多人愿意使用并从中获得价值的产品？"这是所有产品设计团队人员的共同目标。而且我认为我们也应该寻找那些可以提高整个团队标杆的人。以上是我觉得我们的团队与过去有什么不一样的地方。

另外，我们在整个 Facebook 发展过程中学到的一件事是如何建立一个"可扩展的组织"——如何让员工在保持整体视角的同时分工协作。当你只有三四个人时，每个人都可以很容易地了解这个产品应该是什么样的。但是，当你与数百人打交道时，想要确保每个人仍然觉得他们是从整体的角度做出贡献的，我认为这是可扩展的组织面临的挑战之一。

还有一个挑战是如何让不同的人能够很好地合作。因为一个人只设计一件产品是比较容易的，但如果有四个人同时负责一个领域，那么他们如何一起工作呢？这些是我们在组织扩展时必须考虑的事情。

笔者：随着组织不断扩展，有哪些东西是你试图保留的？我们知道 Facebook 仍然保留有"快速行动，打破事物"（move fast and break things）的文化，即使设计团队现在由数百人组成，你尝试保留的价值是什么？

Julie：我认为最重要的事情之一是团队成员对自己的领域感受到他们的所有权（ownership）。所有权始于一份使命。假设你有这么一个问题，你想弄清楚如何解决它。再次举这个例子，如果是三四个人的小团队，自然而然，环境会迫使你去拿起这个问题，竭尽全力来解决它。

但对于更大的团队，有时因为房间里有这么多其他人，人们很容易认为别人才应该解决这个问题，而不是自己。人们很难觉得他们拥有产品的全部。但是我们必须承认，当每个人都认为他们应该竭尽其所能时，最好的产品开发过程和最佳的结果才会出现。人们仍然需要认为自己的工作是"确保让自己想要发生的事情一定能发生"。这意味着有时候你必须和不同的合作伙伴沟通，或者即使你不是产品经理也要去写一份文档，你想到了就应该毫无顾虑地去做，因为这样才能给团队带来实在的结果。无论组织大小，我认为打造一份很强的所有权感，让每个人都带着主人翁精神去运营这个组织，最终才会带来最佳的结果。所以我想确保团队中的每个人都感受到这份赋权，感觉他们可以做到、他们应该做到。

笔者：你的观点很好地阐释了团队如何扩张并且仍然凝聚在一起。

Julie：是的。因为如果你还是在等他人告诉你应该做什么，或者认为这是别人的工作，就缺少了主人翁精神了。

联结世界

笔者：很有道理。这对组织的成长和鼓励人们更好地合作都很有帮助。我很好奇，是什么让 Facebook 与众不同？这里显然有很多有才华的人，但硅谷有才华的人也很多。什么是区别 Facebook 设计的特质？

Julie：其实不只是设计团队，在 Facebook 真正重要的事情之一，是我们真正地关心为大规模人群解决重大的问题（solve problem at scale）。无论何时设计任何东西，你都必须了解谁是受众。如果你能清楚地了解他们的问题，并且知晓如何解决这些问题，那么显然你会有更好的成绩。

我认为 Facebook 设计的独特之处在于我们一直在思考规模很大的问题，我们也尽可能普遍地去思考。这意味着我们要解决的问题是世界上数亿人将面临的问题。我们有这种愿望和需求，因此我们想要设计一些我们认为可以影响这么大规模人群的东西。我们一直认为 Facebook 的使命是联结世界。哪怕在 Facebook 最早期的时候，扎克伯格的使命从来都不是"让我们建一个大学生用的网站"，而是"让我们联结世界"，因为这样的使命是对世界有益的。我们认为通过建立一个在线沟通、分享和交流的互动平台，可以创造一个更美好的世界。更多的人被赋能，来一起做更多的事情。这始终是我们的使命与章程。这意味着当我们处理问题时，我们正在考虑为最多的人提供最大的利益。

笔者：你谈到了大规模地把人联结在一起。作为一名设计师，我对"数字健康"（digital wellbeing）这个话题很感兴趣。Facebook 在连接世界各地的人们方面做得很好，但我总是对接下来 Facebook 要如何发展感到好奇。在这个有时"过度连接"的互联网世界中，人们有时会不由自主地焦虑地打开各种应用刷取信息。研究表明，人们使用互联网过度超时后会产生消极情绪。我认为这对 YouTube、Facebook 和 Instagram 等许多成功的服务都是一个挑战：如何吸引用户，为他们创造价值，让他们度过高质量的时间。从 Facebook 的角度来讲，你对"建立有意义的联系"并为人们创造"数字健康"有什么看法？

　　Julie：我相信在任何设计问题中，你要做的都是真正地理解这个问题。当你越多地试图了解设计问题时，你的解决方案就会越好。在基础研究上增加投入很重要，我们也开始与学者和其他做过大量研究的人合作。我们开始更深入地思考正在构建的每一个功能：（这个体验）可以为用户完成什么工作（Jobs to be done）？建立一个社区意味着什么？什么是人们之间的良好互动和良好社交体验？显然，这些关键概念非常微妙，因为人类就是非常微妙的，我们的人际关系也非常微妙。这就是为什么我特别很喜欢我的工作，因为我们可以解决这些非常有趣而又微妙的人类问题。Facebook 正在设计的是人际关系和社会习俗，这些都是非常困难、细致和复杂的。

　　第二件事是人们觉得"对如何花时间有很好的掌控感"很重要。我最终相信，如果是有意而为（intentional）的话，人们在网上的体验会更有意义。我们如果能更多地帮助用户感受到对时间的掌控感，并且对他们的行为有更多的意向性，他们将会越快乐。

　　笔者：很有道理。今天，很多公司都有智能推荐算法，那些链接和按钮也都非常容易打开，这些精心的设计皆旨在吸引用户流连忘返。我认为让人们对自己如何花时间建立清晰的意识，是将控制权交还给用户的关键的第一步。

不断学习

　　笔者：我接下来要改变话题方向，向你询问一些很多读者感兴趣的职业相关的话题了。你很早就加入了 Facebook，并且你的职业生涯也非常成功。许多读者都有很兴趣了解你如何发展自己的职业生涯，以及如何找到下一个机会。你能给大家一些思路或者提示吗？

　　Julie：当然可以。我能给予任何人的最有帮助和最具战术性的建议就是，想想你的经理和老板所做的工作，并表现得好像那是你的工作。

笔者：能详细解释一下吗？

Julie：举个例子，如果想要发展事业、获得晋升或者成为领导者开始管理团队，我会找到今天已经在这样做的、自己希望有一天可以拥有与他同样的工作或担任同样的角色的人。然后可以想想："他们在做什么，我怎样才能开始改变我的行为，好像我已经拥有了这份工作。"大部分的晋升机会和领导能力，都是去奖励那些证明他们已经在这个级别上运作的人的。所以不要等到有人说，"嘿，你可以这样做，或者你应该那样做"，而是去做你想扮演的角色。想一想"如果我今天就是那个人，我将有何行为举止？我现在要有哪些行动？"然后就去做那些事情。

笔者：这确实是考虑如何前进发展的一个很好的原则。

Julie：因为在最顶端，你会开始想到的是，如果我现在是首席执行官，如果我负责整个公司，我该怎么办？如果你正在处理一个问题，"想你的经理所想"不仅会让你对做各种艰难抉择有更深的理解，体会这其中的权衡，而且还会迫使你担起责任从全局的角度来看待问题。我认为拥有最终所有权就像你是首席执行官一样，你就是所有人向你汇报的那个人，你对公司发生的一切负责。

笔者：成长的一个重要环节是学习。你写过一篇博客讨论"不断学习"，谈到了向他人学习、阅读和反思。我很好奇，在这个信息超载的时代，你如何决定学习什么以及在哪些领域来投入你有限的时间？

Julie：我认为这取决于你的目标是什么。第一个练习可以是想象你在三年内想要成为谁。想象一下你未来的理想版本。与现在相比，三年后的版本有什么不同？让我们描绘出那幅画：其他人将要怎么理解你？你将有什么成就？非常清楚地描绘这幅图画。

然后就可以开始从那个目标倒着向现在推举。试着找出今天的差距，你还没有完成的事情是什么。一旦你理解了这个差距，就可以开始考虑哪些技能是你需要更好地掌握的。然后你可以开始专注和投入这些事情。三年的理想画面对每个人来说都是不同的，因此很难一概而论地回答这个问题。

假设你想成为一名领导者，你可能需要的是增长自信，提升沟通、人际关系和对他人影响力的相关技能。或者假设你的愿望是成为一个技艺精湛的设计师。那很棒，你钦佩的设计师是谁？你们之间的技能差距是什么？有哪些设计技巧需要更深入地了解？好，那么现在让我们开始研究这些事情吧。

笔者：是的。这让我想起了 Bill Burnett 和 Dave Evans 所写的《设计你的生活》这本书，他们提到设计你的生活就像是一个设计项目。你可以从项目的愿景和成果开始，尝试头脑风暴并为你的未来打造不同版本的原型去试错与迭代。朱莉，我很好奇，如果你职业生涯的未来三年是一个设计项目，你会如何设计它并赢得成功？

Julie：我的第一件事是大规模有效运作（一个组织）。帮助我实现愿望和取得成果的，已经不是我自己的行动，而是通过理解许多人的需求和愿望，使他们朝着一个特定的方向前进。这是我正在积极研习的技能之一。

另一个是了解更多的业务和产品策略。我认为，如果作为设计师继续成长，你必须更具战略性，了解如何激励他人，了解市场和行业等方面。对每个设计师来说，对这些因素拥有好奇心都很重要。

练习自己的意向性

笔者：你的博客谈到很多伟大的设计师都思虑周全（thoughtful）、常常反思（reflective）并具有非常强烈的意向性（intentional）。但我认为，让事物回归本原好让我们专注于下一件事情是我们人类进化出来的一大优势。对所有事物都不断反思，实际上有点"怪异"，对吧？换句话说，这对我们人类来说并不自然。你能谈一谈如何练习这种思虑、反思以及意向性吗？

Julie：一个非常简单的练习是留出一些时间来反思一段时间。例如每周做一个这样的练习。也许在每周初，周一早上，你自己选择半个小时，想象周五下午已经到了，什么会让你回头觉得"这是很棒的一周，这些都是我完成的事情"。我认为这就是你如何向前推进，并思考你希望如何分配时间的一个很好的练习。

然后在星期五下午，你可以回过头来思考你的一周。这对我们来说很容易校准：

- 如果我轻松地做到了这些事情，那么我可能可以做到更多。所以下次我应该在周一定五件事而不是三件事，或者更困难的事。
- 如果我最终没有完成这三件事，发生了什么？
  - 为什么？是因为我分心吗？在这种情况下，我可以考虑如何帮助未来的自己更加专注。我需要创建边界，以便处理更重要的事情。
  - 如果是因为这三件事实际上并不是最重要的事情，那么我需要尝试更好地预测三件最重要的事情。

这个练习的目的不是创造一个任务清单，而是去反思（reflection）。这种反思可以帮助我们更好地专注于更重要的工作。

笔者：这对于人们有效地做工作规划是一个很好的建议。那么对于设计师而言呢？设计师具体如何练习这种思虑、反思以及意向性呢？

Julie：我所学到的，创造出色的、有意向性的设计有双重考虑。

首先，"你在为谁设计？"越具体越好。你的受众有哪些特点？特别是早期，当你正在开发一种新产品时，你对受众专注度越高越好。最终，你可以广泛地向更多的人展示你的产品，但我认为你必须在一开始的时候非常专注。你需要考虑哪些人群是最容易喜欢这个产品的。

然后，"哪些用例？"我们试图为这一群人解决哪些问题？我认为，当你非常严谨地去了解你的用户，了解你正在为他们创造用例时，你可以通过这个视角来评估产品的方方面面。

我们有时会遇到的一个常见错误，就是没有清楚地了解用户的行为、兴趣和心理模型。然后一直在主观上去辩论设计，"我不认为这会起作用"，或者"我觉得它会有效"。实际上，我们辩论的原因是自己心中有不同的心理模型、不同的受众或不同的用例。因此，我们可以避免这个错误，在一开始就开门见山，清楚地指定设计所服务的人群与用例。能就此达成一致，我们才可以面对各种各样的设计工作，并较容易根据该标准去评估设计。这样一来设计自然将更加有意向性。

设计是理解人

笔者：是的，很多时候是通过将主观设计基础客观化，并用用例来客观化设计的主观性，以便我们有明确的标准，去探讨方案的可行性。

我对设计团队也有一个类似的问题。Facebook 有很多才华横溢的设计师，他们为公司增添了强大的价值。但是很多公司仍然在努力帮助他们的组织了解设计的价值，或者试图说服他们的组织在设计上投入更多资源。请问你对于如何改善这种情况有何想法？

Julie：对我而言，设计就是理解人。对于消费者、客户、用户或者任何这样的名词，设计的宗旨都是了解他们的需求并为他们提供有价值的解决方案。这显然是任何公司的目标。你必须开发对于客户有价值的东西。因此，设计是一种优先考虑客户需求和愿望的思考方式。

每当听到有人说"我不明白设计的价值"时，我问的第一个问题就是，"好吧，你想了解你的客户是谁，想知道你需要做些什么来为他们创造价值吗？"如果他们说："是的，我当然希望这样。"那么我就会告诉他们："那就是设计。"设计不是画出完美的像素，不关乎东西怎么好看。设计是了解人，了解他们的需求，并提供一个对他们有价值的优秀体验。

笔者：谢谢朱莉分享这个见地。这也就是设计团队如何为公司增加价值的重要思路。

Julie：是的。我们设计师所关心的一切，你都可以从它对人的价值谈起。我们设计师使用这种语言越多，就越容易传达为什么设计很重要。

笔者：最后一个问题。沃顿商学院教授亚当·格兰特谈到创新的人都是不守规矩的。他们不怕冒险。从你的角度来看，优秀与糟糕设计团队的标志是什么？

Julie：这是一个很好的问题。我认为一个优秀的设计团队最终是能够产出好的、有价值的解决方案的团队。这个团队的解决方案能为人们提供有价值的体验吗？这就是你最终衡量一个团队好与不好的方法。

笔者：这是一个很棒的评论，非常感谢你今天花时间接受我的采访。

Julie：不客气！

7.4.6　与 Google 设计 VP 的对话

Catherine 在谷歌领导着 400 多名设计师，打造世界级的产品来推进谷歌用户忠诚度、获得商业上的成功。她与前面我们对话过的 Kathy Baxter 一起编写了《Understand Your Users》一书，被多家媒体评为"科技行业最有影响力的 50 位女性""Top10

世界最有创新力公司的新星"等。在加入谷歌之前，Catherine 曾在 DocuSign 和 Citrix 做 Senior Vice President，在 Salesforce 做设计总监。当我跟 Catherine 提到有机会一起聊聊设计领导力这个话题时，她爽快地答应了。在这段采访中我们谈到了她眼中的设计领导力，谈到了谷歌在"人工智能优先"（AI first）时代的位置，谈到了她眼中的谷歌文化，也谈到了女性在美国职场的发展。

笔者：你好，感谢你今天抽出时间来跟我们聊聊设计领导力。你来谷歌一年多了，管理一个由 400 多名设计师组成的庞大团队。我想抛出"管理者"与"领导者"这两个名词。你虽然管理着这个庞大的设计团队，但真正成为他们的领导者对你来说意味着什么？

Catherine：这是个好问题。我想我们所有的设计领导者都有一个成长的过程。第一步是管理一个团队。我认为，当你管理一个团队时，更多地是在处理日常工作的细节与琐事。当你的团队开始规模化成长时，你必须弄清楚你需要把精力放在哪些事情上，要从哪些事情中脱身出来。领导者要为团队提供强有力的支撑（bench strength），并在日常工作中专注于帮助团队确定战略，同时确保他们拥有所需的资源来做好自己的工作。不仅如此，领导者还需要对他的上级进行管理，以确保他们的工作在公司不同的领导层和同事间都有能见度，确保大家了解设计的价值。我的真正工作，是去消除妨碍他们工作的障碍，以及分散他们注意力的事情。比如我的下属就不需要担心类似于财务预算或者人力资源类似的琐事。培养一个真正快乐而健康的团队的关键，是让团队理解他们的使命是什么，并且让他们感到自己被赋能去做、去实现。

笔者：这让我想起了你上次在午餐聚会时提到的"乘数效应"（"乘数效应"是一个管理学概念，指的是设计领导者复制他们自身的核心竞争优势，让整个团队都获得这种优势，高效运转，如同一个公式里的乘数一样）。作为一个"乘数"领导者，你做的都是服务工作，去消除障碍，让下属专注于他们的使命。设计和科技行业是一个快速变化的行业，在谷歌的一年，你如何为谷歌的团队设定未来的发展方向？

Catherine：像谷歌这样的大公司，我的团队只是这个庞大社区的一部分。在我们的世界里，有很多机会，我们很容易被这么多不同的机会分散注意力。因此，我的使命的重要部分就是帮助团队学会专注在正确的事情上，而不是尝试所有的事情。很多团队陷入了"试图做所有事情"的陷阱，这导致他们最后反而做得很少而且很平庸。比起挑起更多的任务，我宁愿与团队一起协作，帮助他们理解他们应该关注的最重要的事情，并且把这几件事做好。这意味着他们需要对很多事情说不，我总是很乐意唱黑脸成为那个不得不说"不，这些是我们明确不做"的"坏人"。这真的是制订未来方向的关键部分。

我需要了解 Sundar 和 Sridhar（谷歌高管），以及他们关心的事情，然后向我们的团队清晰地阐述我们应该关注的内容。"明确地选择不去做很多诱人的事情"这一点其实很难做到，需要自律精神。

笔者：是的，这份自律很有意义。您谈到了重点方向，谷歌正在加速进入这个"人工智能优先"（AI first）的时代，并且谷歌在这一战略中具有优势。我们很多在中国的读者都对人工智能的话题感兴趣，也不乏人才。这个 AI first 的世界对设计师意味着什么？假设人工智能如此强大，我们正在设计的很多东西，特别是用户界面，以后可能将不再需要了，人工智能都为你处理好了，你如何看待这个极速变化的领域？

Catherine：是的，在谷歌我们谈了很多人工智能相关的话题。人们往往不太了解它。人工智能，特别是在企业软件领域，实际上是非常有意义的。如果我们想要很好地实现人工智能的愿景，UX 设计师将扮演很重要的角色。因为人工智能并不意味着将"人"从这个过程中移除，而是意味着机器与人类建立真正明确的关系，特别是在技术建立信任被认为很重要的今天。人们需要相信像谷歌这样的公司和其他公司一样，正在以一种真正有利于他们的方式来使用人工智能，而不是以任何方式蒙蔽他们。

在商业情境中，我们也在思考如何使用机器学习。随着时间的推移，我们可以（运用机器学习）发现规律，并且帮助用户了解接下来会发生什么。比如什么是最适合他们的广告活动（ad campaign）。我们也可以采取主动预测的方式，提前告诉他们："基于某某因素，我们认为广告活动效果可能会下降或可能发生变化，也许你还有更好的选择。"但我们不光要把信息成功地带给用户，还需要帮助用户了解我们是如何做出这些预测的，并为他们提供主动信息和控制权，让他们可以选择作出及时的回应。我们在这方面做了很多测试，发现这些都是非常重要的考量。人们需要智能的机器开始学习和帮助他们，但他们想知道发生了什么。"不要把我当成一个门外汉"，"帮助我理解发生了什么"。这种心态是谷歌获得用户的信任的源泉。如果我们自动化一切，人们会拒绝这个系统，我们必须耐心地解释这些系统如何运作。相信随着时间的推移，我们会逐渐越来越少地去解释人工智能，因为人们会越来越习惯它。

笔者：是的，为用户设定明确的期望，建造信息透明度，并且让人们完全控制。所有这些思考听起来都非常有意义，尤其我也是企业软件设计背景，更能理解他们的重要性。但谷歌也在消费级产品领域树立了很多行业标杆，无论是 Gmail 收件箱中的建议答复，还是 Waymo 的全自动驾驶，谷歌在这个 AI first 的策略里扮演着领导者的角色，你对这个角色有什么看法？

Catherine：我认为，无论是企业领域还是消费领域的产品，都需要非常重视和尊重用户。我们所做的一切，都是希望用户能够充分理解我们的产品给他们带来的好处和价值。

笔者：感谢你的分享。我想再回到设计领导力这个话题上来。谷歌在公司内部培育了一个非常优秀的设计团队。在你看来，一个优秀的设计团队的秘方是什么？

Catherine：这是一个很好的问题。每个公司每个团队的答案可能会有所不同，因为你必须了解公司文化，并聘请那些能在这种文化中茁壮成长的人。

对于我来说，当我与应征者谈话时，无论他们将要扮演的角色如何，我总是会看两个部分。一是他们的技能：基于我们的工作需求，他们的技能和工作能力是否相关，他们是否能够对谷歌产生影响力（impact）？二是他们的工作方式是否能适应谷歌的思维。谷歌是一个高度合作的环境。我加入谷歌前，我以为谷歌更像是一个工程师专治的文化，然而在加入谷歌之后，我意识到它实际上是非常"关系驱动"（relationship oriented）⊖的文化。对我来说这真是一个非常有趣的见解。

合作不是在寻找房间里最聪明的人，而是如何真正有效地改善产品，与产品经理和工程师团队合作。谷歌的文化非常重视将产品经理、工程师和 UX 设计师的多种观点融合到一起。这些不同的观点将为我们的用户创造最佳的设计结果，懂得构建这样合作关系的设计师才是真正能在谷歌茁壮成长的设计师。如果你没有和你的团队建立这种关系，那么无论你是多么优秀的设计师也没什么用。

笔者：是的，只是从 Noogler（新 Google 员工）的角度来看，我认为谷歌的文化非常"民主化"。让我们在此稍微深入探讨一下你刚刚说的"关系驱动"这件事情。从我的观察来看，人们有权也被鼓励着互相挑战彼此的思路，并且享受彼此作为"思想合作伙伴"的关系。

Catherine：嗯，我完全同意你的想法。一年前，我读了这本名

⊖　英语里的"relationship"和中文里的"关系"略有不同，但是这里我就采取了字面上的翻译。

为《彻底坦率》(Radical Candor)的好书。它谈到了管理学中不同的交流类型，其中最好的一个是"彻底坦率"：你对某人非常诚实，而且非常直接，以一种非常尊重与关心的方式进行坦诚、直接地表达。你去直接地沟通是因为你关心这个人，并且关心一个问题的结果。我认为谷歌的文化真的擅长这样彻底坦率，人们对于提供和接受反馈抱有非常成熟的态度。如果大家在谈话时都达成"试图改进产品而不是针对个人"的共识，它会让对话变得容易许多。因为我知道如果你告诉我我的设计有问题时，那不是关于我，而是关于你真的很在乎产品的好坏，并正在努力帮助完善我的设计。我认为这是谷歌文化的一个基础，它往往使事情的运作非常顺利，人们可以非常坦诚。我非常重视并尊重这一点。⊖

我发现谷歌的文化中有一件事很独特，就是人们不会有很强的"领土意识"，这里的"领土意识"与"井水不犯河水"类似。我们的系统中存在着很多混乱，人们有权在一定程度上做他们想做的任何事情。因此，你会发现一个团队与另外一个团队的工作非常相似。我们觉得是可以的，我们不会仅仅因为某个团队应该拥有这个技术或者另一个团队应有拥有这个产品，就花费大量时间精力去压制各种类似的想法。我们让它们蓬勃发展一阵子，相信最理想的点子自然会浮现出来，其他的可能就慢慢褪去了。之后我们还可以去想如何把这些东西结合在一起。我知道这种所谓的混乱对很多人来说是很不舒服的，很多企业都有非常强的"领土意识"，他们会想"我应该从事这些工作，而不是你"。在谷歌我们可以包容一定程度上的混乱，而且人们都可以接受它，这种文化非常独特。如果员工看到一个问题，无论这一切是否和他们日常工作相关，他们都有权利或被赋能去深入挖掘并且寻

⊖ 在全世界不同的文化里，"坦率"与"直接"蕴含着很多不同甚至是相反的意义。Catherine 在这里主要讨论的是谷歌美国总部的文化，但是依然有很多管理学上的借鉴之处。

找解决办法。我认为谷歌文化创造了一些非常特别的东西，它令我们每天醒来都觉得自己是一名企业家。通常创业公司会有这样的文化，令我惊讶的是，谷歌如此庞大，创始人依然找到了方法来保留这种文化。

笔者：是的，在谷歌我能感到人们因这种文化而自豪。这在美国企业的大背景下确实是一件奢侈品。但即使在谷歌，我们仍需要非常有意识地保护这种心态和关系，才能让其继续留存下去。谷歌为数十亿人打造产品，这些产品以深刻的方式影响着人们的生活，光靠员工对产品坦诚的关怀是不够的。在谷歌我们讨论了很多关于包容性和社会责任（inclusiveness and responsibility）的话题，你如何确保谷歌在继续创新的同时还能兼顾产品的包容性和社会责任？

Catherine：我认为这当中最为关键的是，我们永远不能自满。每天有数十亿用户使用我们的产品，我们希望为他们服务。我们有责任提供一系列他们希望每天都会反复使用的产品，这意味着我们需要不断改进和创新。我认为谷歌有非常伟大的企业文化，我们不会因在某领域排名第一而感到自满，我们总是希望继续改善，并能保持客户的忠诚度。对于那些我们没有排名第一的业务领域，我们正在努力研究如何让自己脱颖而出，将谷歌独特的价值带入市场，并真正在这些业务领域获得成绩。我们认为我们有更多的价值可以带来给用户。你知道我喜欢这里的"极客精神"。这种"极客精神"让我们一直想挖掘并找出这些琐碎而复杂的东西，有时这些东西非常微小，但非常有意义；最后它可能是很"大"的东西，会对亿万用户造成影响。我想每个人每天醒来，都想要做出他们真正引以为傲的产品。这是一个很酷的环境，我很幸运成为其中的一部分。

笔者：所以建立一种"不自满"的文化，并注重细节，可以有助于发现很多不太明显的问题。

Catherine：是的，有时人们会对谷歌的文化皱眉，认为其是一种工程驱动的文化，而我喜欢在工程驱动的文化中工作，因为它有一个高效运转的系统来支撑。我感到非常荣幸能够与这么多杰出的工程师合作，作为设计师，工程师们把我们的疯狂想法变为现实。我认为我们真的很幸运，在这种特殊环境下工作。

笔者：非常感谢你的见解。我想谈谈女性与领导力。中国的 UX 行业中，51% 是女性，而在其领导层中，60% 是男性。你是一位非常积极的领导者，你能否跟我们分享一下，作为女性领导者，你曾面临过什么样的挑战？你想传达什么样的信息给女性领导者，或者是希望发展成为领导角色的设计师们？

Catherine：这真的很有趣，因为我的职业生涯中，我并没有太多地考虑到性别问题。我只是很努力地做我想要做的事情。我的动力是不断地推动并挑战自己，找到我下一个挑战目标的所在。我们今天在职场里围绕性别有很多热议的话题，所以我开始回顾并尝试梳理我做了些什么，或许这些思考可以帮助正在挣扎或者遭遇困难的后人。我不得不提的是被很多人推荐过的 Sheryl Sandberg 的《向前一步》（Lean In）这本书。她确实非常棒，把很多女性感受到的事物贴上了明确的标签，勇敢地提出了那些没有被说出来的普遍现象。"冒牌症候群"（imposter syndrome）是其中非常大的一个陷阱。我常常遇到过这样的事情：当我得到了一个工作机会，我就会想："我不敢相信他们真的把这份工作给了我，我准备好了吗？我不知道我是否适合这份工作。"我们开始质疑一切，而不是认为："这太棒了。他们需要我做这份工作。他们认为我是这份工作的合适人选。我可以做这份工作。"？冒牌症候群是一个严重的问题，因为你让冒名顶替者症候群的声音比你自信的声音更响亮。我认为我们女性有时会让自我质疑占领上风，这时我们必须记住："不管那么多了，我就是要抓住这个机会，我知道我身边有一群人会帮助我并支持我。"

所以我真的很赞同 Sheryl Sandberg 把冒名顶替者综合征给贴上

了标签。我们真的需要向前一步，在会议室坐在桌子的第一排而不是靠后，你必须成为谈话的一部分，你必须参与。我们（女性）经常会保留自己的意见，让其他人首先发言，而不会意识到这对我们的职业生涯是一个真正的伤害。所以《Lean In》这本书提出了很多我之前没有意识到的，但回想起来却在职业生涯中一直帮助我的重要原则。

笔者：你说得非常精彩。我是一名移民，我对你所说的感同身受。我还记得我初入职场第一次走进一间会议室时，发现自己有些怯场，感慨到："这些人都是美国人……"

Catherine：是的，就是那种感受，你会自我质疑："我是怎么到这里来的？我是否有足够的能力？"

笔者：我开始意识到，在冒牌综合征的影响下，人们都有不同的理由让这个综合征拽住自己。这些理由可能各不相同，但是它都是与我们给自己贴上的标签有关，认为自己与其他人不同。

Catherine：是的，有时候你就是全场那个"不同"的人，这种心理会给你带来自我质疑："因为我和会议室里的其他人不一样，我需要更小心。"其实恰恰相反，我们要意识到人们实际上希望听到不同背景不同视角的声音，并且大家都希望你为会话做出贡献。如果我们因为这些所谓的不同而保持了沉默，那才真的会影响我们的职业发展。

笔者：我想进一步问一问，很多设计师，特别是初级设计师，想要在对话中有一席之地，想要作出贡献，他们应该怎么做？

Catherine：我总是会参考一个设计师发展的简单框架，它是一种叠加模式。当初级设计师投身设计组织工作时，他们经常从基层设计开始。他们做了漂亮的设计稿，他们在项目的中后期投入大量的工作时间。他们用心设计出很漂亮的产品，人们会认为他是个让设计焕发光彩的人，是一个执行人。这些设计师应当注意展示设计而不是描述设计，让好的设计自己说话。然后下一层设计师应该更多地转向产品体验，这意味着设计研究成为你思考的一部分，意味着你更早参与项目，或者全程都参与其中。这就是我们刚才聊过的话题：产品经理，工程师和设计师需要一起建立良好的工作关系。最后是更高一层，谷歌很多时候仍在努力实现这一目标：更多地关注客户体验，因此它不仅仅聚焦于特定产品，而是关注产品如何融入整个生态系统。你需要考虑从品牌到市场，再到产品设计和服务。即使你只拥有此链条中的一个环节，也要从客户每个接触点的整体角度来思考。我认为设计师需要认识到，通常情况下，如果这是一个新的没有与设计合作过的组织，那么你不应该期待你在第一天开始工作就能直接参与和影响这些高层次的对话。你可能只能做很少的增量工作，但是你可以慢慢赢得人们的信任，让人们了解设计团队更多的能力，看看设计在哪里还可以增加价值。

有时候人们一开始就会默认对于设计的认可。但是信誉和名声是必须随着时间的推移才能赢得的。你必须证明你如何为这个组织带来价值。因此，请尝试了解你的组织在任何时候都需要什么，并思考如何立即开始为其增值。

当你开始这样做时，会注意到，"他的设计工作很棒"，然后你就可以顺势推销自己，"你应该看看我（设计团队）还有什么本领"，接下来你就可以开始做更高层次的工作，比如你可以将设计研究介绍给你的组织。我们需要认识到产生最大的影响力是需要时间的，你必须有耐心，但也要有一点"野蛮"的力量。关键是要找到这两者之间的平衡点。因为如果你像"公牛进了瓷器店"那样的话，是不会受到好评的。但如果你只是被动地等待别人邀请你参加会议，那什么也不会发生。因此我们需要找到一个推动自己为组织增加价值的平衡点，同时也可以让组织看到设计如何产生更大的影响力。

笔者：这是个超级有用的建议。相信很多设计师会从这个建议中受益。你之前曾经分享过，在你的职业生涯中，你从不会"逃离一件事情", 只会 "奔向一件事情"。对于设计师应该如何评估职业发展的下一个机会, 你有什么建议吗? 咱们这里所指的机会可能不仅仅是一份工作, 它可能是一个不同的项目, 不同的团队或不同的工作技能。

Catherine: 完全理解。对我而言, 我必须保证有至少一件事对我有挑战性, 把我推出舒适区域。如果我缺少了这种挑战, 并且在目前的情况下无法找到合适的替代, 那么我知道是时候继续前进去做其他的事情了。

通常你需要主动去寻找这些机会。如果你觉得我已经知道如何做这些事情, 开始感到有点无聊, 那么请考虑我还能为公司做些什么, 或者我可以在哪些领域与业务的不同部分相连, 并开始为组织增值。你需要通过很多方式来为自己主动创造下一个学习的机会。但有时候, 你会觉得你已经在这个特定的工作中尽可能地探索过了, 而且你真的准备好要改变和学习新的经验了, 那么就去做吧, 没有什么可以后悔的。

在我的职业生涯中, 有时候我主动寻找这些新的经历。有时这些机会会 "找到" 我, 这些机会绝无仅有, 那么我也会抓住它。谷歌就是一个很好的例子。如果我不接受这份工作, 我会非常后悔的。

你会发现总有些原因让你认为现在不是对的时间。所以, 如果你觉得这些东西真的让你迸发激情, 并且会为你带来新挑战, 那么就去做吧。我一直把这当作我的个人哲学。

笔者: 谷歌很幸运能有你。

Catherine: 谢谢。

很多时候有对话才会有见解, 如果向硅谷不同的设计领导提出同样的问题, 我们可以从他们的答案中窥见不同的领导风格与哲学和他们所关心的问题。

篇尾结语

写到这里，我们已经把硅谷的体验设计都梳理了一遍，包括各种流程、思维框架、工具，希望这些梳理对读者能起到抛砖引玉的作用。我们也跟很多设计的从业者、领导者对话，尝试了解他们的观点。在本书的末尾，我想抛出"设计 v.s. 艺术"这样一个话题。

设计的手段飞速变化，但是其方法与思路都是有迹可循的。现在我们跳出"设计"的世界，通过讨论"设计与艺术的区别"进一步理解设计。更重要的，我想跟大家讨论一下"我们为什么要做设计"。

8.1 设计与艺术

设计是为解决问题而生的。设计美观而实用的椅子、无障碍的建筑、商场的标识系统、电子产品的操作系统等都有一个"亟待解决"的问题。每一个问题的背后都有"用户"。这个"用户"往往不是设计者本人。通过观察和理解用户，设计可以不断迭代，让设计"不言而喻"，无需解释。

艺术则不同，艺术归根结底是一种自我表达。艺术家观察世界，然后运用美的韵律将其表达出来。艺术不一定要直击一个问题所在，艺术也不必追求"通俗易懂"，我们往往需要接受艺术教育、了解艺术历史才能欣赏艺术。艺术的魅力在于它的鉴赏，以及在每个观赏者心中引起的不同的共鸣。

之前跟谷歌的声音设计师史蒂芬·克拉克在晚餐时聊起他的工作领域，非常有意思：声音设计依赖于艺术性的自我表达，但声音设计在产品设计里却有实用需求。这是一份艺术与设计高度融合的工作，也是对他而言最大的挑战。在他的工作中，人们在对声音设计提出反馈时，常常难以找到合适的语言来表达，从而很难客观地对设计方案进行调整，而且不同的人对声音有不同的主观反应，确实非常难以把控质量标准。

设计与艺术的联系在于它们都有对美的追求。但是在追求美的过程中，设计有妥协，而艺术则追求完美。所以设计更像是一个服务人员，它贴近生活，服务生活；而艺术则像是世界的精神领袖，它引导和激发人们的想象。从这个角度，我们更能理解苹果公司为什么如此难能可贵：它在设计的过程中（在一个充满了用户的需求、妥协、限制的世界里）坚持着对艺术的追求，这其中可能就包含着对物理材料、制造工艺的极限挑战，也包括对体验设计的极其自律与人文关怀。这样来看，之前的报道⊖说神经科学家通过 MRI 扫描发现苹果的粉丝们在谈论苹果这个品牌时，大脑中触发的是思考宗教和信仰的区域，倒有几分理论依据。跟苹果的设计师聊天，总能感受到这份信仰和执着对他们做产品决策时潜移默化的影响。

8.2 设计理念

我享受设计，大概是因为我自身对人生的追求与服务大众更加贴合（而且感觉自身的定位与一名精神领袖也相差甚远）。倒不是

⊖ Apple triggers 'religious' reaction in fans' brains, report says, http://www.cnn.com/2011/TECH/gaming.gadgets/05/19/apple.religion/index.html。

说一定要有精神领袖的气质才能去追求艺术，而是说设计服务于大众的能力使我更能感受到共鸣并且为之兴奋。

如果说设计是解决问题的过程，那么设计理念则是对"如何解决问题"的思考。同一个问题，我们可以有很多种解法，但是每一种解法的背后都有不同的理念在驱动着它。有的时候你的设计方案完美地解决了一个问题，但是它对人们生活的其他方面的影响却常常被忽视。举个例子来说，中国社会现在飞速发展，"快"总是包含着正面的积极意义：盖房子的速度更快，列车的速度更快，支付的速度更快，物流的速度更快。尤其是这两年，我每次回到深圳、北京这样的大城市，都在感慨社会发展的日新月异。但是"快"就都是好的吗？以前坐卧铺火车花十几个小时从武汉到广州时，我总可以看看窗外的世界，沿线美丽或者破败的村庄，每停一站上上下下的那些人，触发一些或许无用但是有意思的思考。现在坐在舒适明亮的高铁上，不知道为什么，总觉得终点马上就要到了，也就懒得关心沿途的人和事了。在微信支付如此便捷的今天，我们终于又减少了一步"人与人"之间的交流，把它变成了人与二维码的交流。由于长期在国外生活，我已习惯了跟咖啡师或者售货员寒暄几句，回国后发现，微信支付在我们庆祝着这些"快"给我们带来的便捷与经济利益的同时，也带走了跟这些陌生人交流的时间。其实也大抵是些无关痛痒的对话，但一想到结账速度很快，就干脆别打开话匣子了。所以在我的理念里，"快"不一定好，于是我的设计方案里悄悄地融入很多"慢"的元素。

设计理念，是重新思考这些产品设计背后所传达的价值观。在一个"快"等于"好"的时代，我们需要通过设计向世界传达设计师对世界的思考，来提出"快是否就等于好"的问题。在这个层面上，设计不仅仅是服务人员了，它还扮演着意见领导者的角色，从人们与产品交互的行为上根本地塑造着这个社会的思考方式。

8.3 祖先思维

2018 年的交互设计大会 IxDA 在法国的里昂举办。交互设计之父 Alan Cooper 在开场致辞上以 "Oppenheimer moment" (Robert Oppenheimer 是美国物理学家,也是原子弹之父) 为由头提出了 "祖先思维" (ancestry thinking) 这个概念。Oppenheimer 在日本原子弹爆炸以后曾经说过:"现在我变成了死亡的代名词,变成了世界的摧毁者。[⊖]" 在二战结束之后,Oppenheimer 一直致力于加强国际社会对核武器的管控,想要改变各个国家对核武器的追逐局面[⊜]。我们在探索和研究世界的同时,也在深刻地影响着世界本身。Cooper 提出设计师要在设计的理念里加入 "祖先思维",即 "我们如何成为一个好的祖先,为后世创造好的世界"。听起来很缥缈,但是读者再看看我们现在所处的世界,污染、战争、气候、难民等话题都关系着每一个人,可是为之付出努力希望给后世留下一个好的世界的人又有多少? Cooper 之所以在交互设计大会上提出这个理念,是因为现在的数字产品设计已经深深地影响并改变我们的社会了:我们在谈论人工智能时,不要忘记人工智能可以将人类已有的问题放大(比如歧视与社会的不平等);我们在设计一个开放式的言论平台(比如 Twitter)时,不要忘记世界上还有极端主义者在利用它给民众洗脑;我们在如火如荼地讨论区块链时,不要忘记毒品和洗钱的罪犯最喜欢的就是难以追踪的交易;我们在为一个群体做设计时,不要忘记提醒自己我们选择了放弃为另外哪些群体做设计(设计的包容性)。

⊖ Hijiya, James A. (June 2000). "The Gita of Robert Oppenheimer" (PDF). Proceedings of the American Philosophical Society. 144 (2). ISSN 0003-049X. Archived from the original (PDF) on November 26, 2013. Retrieved December 23, 2013.

⊜ https://en.wikipedia.org/wiki/J._Robert_Oppenheimer

　　Cooper 提醒我们想起"externalities"这个概念，非常值得思考：问题从来没有被根本地解决与消失，问题只是被转移了。就好比你扔出去的垃圾，从你的角度来说问题是解决了，垃圾从家里消失了，但是垃圾并没有真正消失。垃圾如果没有进行有效的分类处理与回收，就只是到另一个国家或地区去祸害他人。Cooper 敦促每一位设计师都站在我们的人生乃至历史时间线的角度，思考"如何成为一个好祖先"。这个话题很大，但是这里我想指出并且赞同的是，Cooper 在强调设计的理念和意义，不仅仅停留在产品层面，而是站在人类作为一个需要繁衍下去的物种和作为地球的一名客人的责任与义务的角度去思考。对这个话题感兴趣的读者可以在网站 http://ancestrythinking.com/ 以及其在加州大学伯克利分校讲授的这门课上获得更多的信息。

　　最近在谷歌的设计师邮件组里，设计师们也在热烈地讨论如何衡量我们的产品设计的社会责任，并且鼓励我们平台上的开发者参与进来，开发更多具有社会责任感的产品。中国现在每天都有更多的科技企业走到海外，对更多人的生活带来改变。我们设计师在做产品设计时所要表达的理念，也会变得更加重要。因为我们的产品设计不仅仅是从功能的层面在影响着用户，我们在解决一个问题时也会产生新的问题。祖先思维、社会责任是每一个想要做文化与科技输出的从业者所要认真考虑的话题。

　　我们设计师需要思考的，是在产品的设计开发流程中，如何加入这些我们认为重要的价值观。在谷歌，为鼓励员工建立有包容性的文化、开发有包容性的产品，开设了一些专门的培训课程。里面有句话说得特别好：鼓励多样性是邀请大家来参加这个舞会，而鼓励包容性则是真正邀请对方与你跳一支舞。为了能够让谷歌的包容性深入到产品设计的各个环节中，谷歌发起了很多公司范围内的项目，确保产品在最初设计、获得反馈、开发测试、循环迭代的所有过程中都考虑到包容性。所以在谷歌的设计理念里，它的意义在于让所有人无障碍地访问世界上所有被谷歌搜集整理好的信息。

8.4　对设计的敬畏

最近跟一位中国有名的科技公司创始人吃早餐，聊起硅谷给我们这一代海外国人带来的财富是什么时，他犀利地指出了是创新的思维模式和以世界为舞台的全局思维习惯。

本书从构思到今天的出版，一直在努力记录"创新的思维模式"，以及其反映在用户体验设计上时实际操作方法是怎样的。希望读者已经能感受到硅谷人对待产品、对待设计的这份敬畏之心：我们在创新的过程中如同在黑夜里摸索着石头过河，一边犯错一边前行，在此积累了一些过河的经验，不敢独享。怀着对设计的敬畏之心，让我们能诚实地面对自己，时刻保持警醒。不能忘记我们从哪里来，更要审视我们要去向何方。

以"世界为舞台"，在我看来，剑指的是设计的意义。让产品好用并不是我们设计师存在的意义，因为好用的产品不一定能改善世界，它甚至能破坏世界的秩序。让设计能够改善世界才是设计的意义。很多硅谷人都怀着改变世界的梦想，我们每个设计师在这个时代也都是如此幸运，能有这样独特的机遇，成为变化的催化剂，用自己的设计理念去改善世界。

推荐阅读

UX权威指南：确保良好用户体验的流程和最佳实践

作者：Rex Hartson；Pardha Pyla ISBN：978-7-111-55087-7 定价：129.00元

成功的用户体验：打造优秀产品的UX策略与行动路线图

作者：Elizabeth Rosenzweig ISBN：978-7-111-55440-0 定价：59.00元

交互系统新概念设计：用户绩效和用户体验设计准则

作者：Avi Parush ISBN：978-7-111-55873-6 定价：79.00元

用户至上：用户研究方法与实践（原书第2版）

作者：Kathy Baxter, Catherine Courage, Kelly Caine ISBN：978-7-111-56438-6 定价：99.00元